탈국가의 역사로 본 과학의 궤적

서구과학의 태동기부터
세른(CERN)까지

이 저서는 2016년 정부(교육부)의 재원으로 한국연구재단의 지원을
받아 수행된 연구임(NRF-2016S1A6A4A01018427).

탈국가의 역사로 본 과학의 궤적

서구과학의 태동기부터
세른(CERN)까지

정혜경 지음

서문

본서는 탈국가적(transnational) 지식활동으로서 과학이 걸어온 역사적 궤적을 조망한다. 과학의 탐구대상이 되는 자연현상들은 본질적으로 보편적이다. 그러나 보편적인 현상에 대해서도 그 해석의 체계는 국가 또는 문화권별로 다를 수 있다. 예를 들어, 천체의 운동이라는 공통의 현상을 두고도, 기계론적·환원주의적 세계관으로 무장했던 뉴턴의 만유인력의 법칙은 다른 문화적 전통에 입각한 여타 이론(가령, 성리학적 자연인식 체계에 바탕을 두었던 최한기의 기륜설)과는 이질성을 지닐 수밖에 없다. 이러한 측면에서 볼 때, 오늘날의 과학이 보여주고 있는 보편성(universalism)은 과학지식이 국가의 경계를 넘은 탈국가적 이동과 상호작용을 통해 변천해 온 결과라고 할 수 있다.

최근 들어, 문화적 현상들을 탈국가적·탈경계적 관점에서 해석하려는 시도들이 활발하게 진행 중이다. 국내 학계의 경우, 비교역사문화연구소, 유럽-아프리카 연구소, 탈경계 인문학 연구단, 한국아프리카학회, 한국 라틴아메리카 학회 등 다양한 연구단체들이 각 지역·국가에 대한 조명과 더불어 이들 지역별·국가별 경계를 넘는 탈국가적·탈경계적 문화현상에 대한 연구들을 선보이고 있다. 그럼에도 불구하고 탈국가적·탈경계적 문화현상을 과학의 발전사와 관련하여 고찰한 시도는 상대적으로 찾아보기 어렵다.

해외 학계의 경우, 과학의 탈국가적 전파와 전개에 관한 초기의 연구는 주로 '과학과 제국'(Science and Empire)의 프레임, 즉 제국주의의 확산을 통한 서구과학의 범세계적 전파에 초점을 맞춘 경향이 있다. 보다 최근에는, 접촉지대(contact zone)를 배경으로 제국주의자와 토착민 간의 문화적 조우(cultural encounter)가 서구 과학지식의 재구성에 끼친 영향에 주목하는 등, 이분법적 구도와 과학의 단방향성 전파에 치우친 면이 있는 기존연구들을 극복 또는 보완하고자 하는 연구동향들 역시 나타나고 있다.

과학의 탈국가적 면모와 관련하여, 기존의 고찰들이 보여주는 성취와는 별도로 추가적 연구노력이 요구되는 지점 역시 존재한다. 예를 들어, 제국주의의 확산 도상에서 과학이 보여주었던 탈국가적 전개 과정에 대한 이해는 비교적 한정된 특정 시기에 과학이 보여준 횡단적 특성에 대한 이해에 가깝다. 반면 과학이 발전해 온 자취를 보다 긴 시간대에 관해 종단적으로 들여다보면, 과학의 탈국가적 전개는 과학의 발전 도상의 도처에서 발견되는 현상임을 알 수 있다.

기원전 6~7세기경 그리스에서 발흥한 서구과학의 전통이 기원전후 수백 년간의 헬레니즘 시대의 세계와 7세기 이후의 이슬람 제국을 거쳐 다시 중세 후반기의 유럽에 안착한 것은 과학지식이 국경은 물론 문화적·인종적·종교적인 경계를 넘어 전파된 결과, 즉, 탈경계적 이동의 결과였다. 또한 12세기 이후의 중세 유럽에서 대학은 국경을 초월한 연구 네트워크의 거점으로 작용했으며, 17세기 유럽 지식인들이 정신적으로 향유하던, '문필공화국'으로 대변되는 탈국가적 문화공동체는 과학의 세계주의(cosmopolitanism)를 독려했다. 20세기 초반까지 맹위를 떨친 제국주의 시대에는 탈국가적 과학은 소위 '제국주의 과학'의 형태로 나타났다. 제국주의 시대 종식 이후 독립국과 개발도상국에서 탈식민주의 과학(post-colonial science)을 추구하는 움직임이 일었다. 현대에는 다국적의 복수 연구자들 간의 협력을 통한 탈국가적 협력(transnational cooperation) 연구는 물론, 다양한 국가로부터의 과학자들이 조직적으로 기구를 구성하여 협업으로 과학연구를 수행하는 과학의 초국적 협업(denational collaboration) 역시 일어나고 있다.

즉, 과학의 탈국가적 전개는 서구과학의 태동으로부터 현대에 이르기까지 과학이 걸어온 길의 도처에서 일어난 현상이라고 할 수 있다. 이에 본서는 탈국가적 지식활동으로서 과학이 걸어온 역사적 궤적을 보여주는 다양한 사례들을 다룬다. 이 과정에서 관련 이론에 대한 조명과 과학사적 분석을 통해, 과학의 탈국가적 궤적이 보여주는 흐름을 조망한다.

차례

2부 과학지식의 탈국가화와 과학의 국제화

프롤로그

탈국가적 지식활동으로서의 과학, 그리고 관련 프레임들

과학의 탈국가성

과학이 탐구대상으로 하는 자연현상들은 본질적으로 국경을 초월하는 보편적인 것들이다. 가령 F=ma, $E=mc^2$, PV=nRT 등의 공식이 나타내는 현상 그 자체들은 특정 국가 내에서만 성립하는 것은 아니다. 이러한 맥락에서, 과학연구라는 행위 역시 국가의 경계를 넘어 세계적 보편성을 지닌다는 인식이 현대에는 낯설지 않다. 그러나 역사적으로 볼 때, 과학의 보편성에 대한 인식은 결코 자동적인 것은 아니다. 과학의 이론과 활동에 국제적 보편성이 강하게 흐르고 있다는 점은 반박하기 힘든 사실이지만, 이는 다양한 시대적·사회적 맥락 하에서 수행된 과학연구들이 애초에 공통적으로 보편적 특성을 지니고 각자 성장해 왔다고 보는 것보다는, 이러한 다양한 과학활동들이 소위 탈국가적인(transnational) 과정을 통해 보편성을 강화해 온 것으로 보는 편이 타당할 것이다. 역사학자 티렐(Ian Tyrrell)에 따르면 탈국가적 역사 연구란 사람과 아이디어 · 기술 · 제도가 국가의 경계를 넘어 이동하는 과정에 초점을 둔 역사 서술 및 분석이다. 이러한 시각은 과학의 역사를 기술하는 데 있어서도 여전히 유효하게 적용될 수 있을 것이다. 즉, 과학의 탈국가적 과정이란, 과학의 인적 · 지적 자산들이 국가의 경계를 넘어 서로 영향을 주고받으면서 이동 · 확산되고, 그 결과 과학의 내용과 인식론의 틀이 지역적 · 국가적 협소성을 벗어나서 국제화된(globalized) 단계에 이르는 과정이라고 할 수 있다.[1]

과학의 탈국가성에 대한 많은 연구들은 제국주의의 확산을 통한 서구과학의 범세계적 전파 과정에 초점을 두고 있다. 유럽의 역사를 통해 볼 때, '지리상의 발견'이 시작된 르네상스 말기부터 유럽인의 대외탐험은 정치적으로는 신세계 개척을 통한 식민지 확대를, 종교적으로는 기독교 전파를, 그리고 경제적으로는 새로운 교역 대상의 발굴을 목적으로 하는 것이었으며 이는 서구 제국주의의 시작을 열었다. 먼저, 15세기 말 지리상의 대발견 이후 포르투갈과 스페인이 중남미 식민지의 광물을 기반으로 종주국의 경제적 이익과 패권을 고양하는 제국주의 활동을 폈다. 스페인과 포르투갈이 지녔던 패권은 이후 영국 · 프랑스 · 네덜란드로 넘어가게 되고, 이들 국

1) 'Transnational'의 번역과 관련하여, 본 연구에서 사용하는 '탈국가적' 이외에도 '탈국경적' 등 다른 번역어 역시 고려할 수 있을 것이다. 일반적으로 국경은 정치적-지리적 경계선을 의미하는 뉘앙스가 짙은데 반해, 근대 이전 많은 국가들의 경우 국가의 영역은 명확한 경계선을 지녔다기보다는 일종의 세력권을 의미하여 경계가 모호한 경우가 많았다. 따라서 본 연구에서는 'transnational'을 '국가의 영역을 초월한'이라는 의미에서 '탈국가적'으로 번역한다. 다만 이 경우 '국가'라는 단어는 좁은 의미에서 근대 이후의 국민국가를 지칭하기보다는, 본 연구에서 등장하는 많은 나라들, 특히 1장에서 등장하는 고대와 중세시대의 나라들의 경우처럼 일반적인 '나라'를 지칭하는 것임을 독자들께서 염두에 두기를 권한다.

가들은 17세기부터는 동인도 회사의 사례에서 보듯 무역을 빌미로 아시아에까지 군사적·정치적 영향력을 펼치기 시작했다. 17세기 이후에는 북아메리카에, 19세기에는 호주에도 유럽인들의 식민지가 본격적으로 건설되기 시작했다. 19세기에는 아시아의 식민화가 고착 상태에 빠지고 유럽의 산업화가 가속되자 유럽 열강은 아프리카 내륙까지 진입하여 식민지로 삼기 시작했다. 식민지 쟁탈을 두고 벌어진 유럽 열강들 간의 경쟁은 20세기에는 세계대전으로까지 번져 갔다.

유럽의 이러한 수세기에 걸친 제국주의적 팽창의 이면에는 과학이 자리 잡고 있었다. 과학은 제국주의적 팽창에 능동적으로 관여하고 과학 역시 제국주의의 이념에 의해 영향을 받음으로써 과학과 제국주의가 직접적인 관련성을 가지는 경우가 빈번했다. 예를 들어, 1970년 치폴라(Carlo Cipolla)는 그의 저서 『유럽 문화와 해외 팽창』(European Culture and Overseas Expansion)에서 유럽인의 과학기술적 성취는 그들의 해외정복을 용이하게 해주었다고 분석하면서, 제국의 역사는 곧 과학기술의 역사였다고 주장했다. 과학은 제국의 지배를 위한 도구이자 토대가 되었고, 그 과정에서 제국주의의 팽창을 타고 서구과학의 범세계적인 전파가 이루어졌다는 것이다.

19세기 이후 가속화된 통신·교통·수송 수단의 비약적 발달에 힘입어 국가 간 재화와 인력, 그리고 지식의 교류는 한층 더 용이해짐에 따라, 20세기에는 국경을 넘어선 과학자 간 협력 활동이 더욱 더 용이하게 되었다. 따라서 과학지식의 탈국가화와 과학의 국제화는 더욱 가속화되었으며, 이러한 가속화의 결과로 과학분야의 국제화가 한층 더 범세계적인 범위에서 이루어지는 세계화의 흐름 역시 대두되었다.

한편, 제2차 세계대전 이후 식민지들의 대거 독립과 더불어 제국주의는 종말을 고하였다. 이에 따라 각 분야에서 식민주의 유산의 청산을 위한 노력이 독립국과 개발도상국들에서 진행되면서, 이들 국가들은 서구과학 중심부에의 종속과 의존을 탈피하고자 하는 움직임을 보였다. 이와 같은 과학의 탈식민주의를 달성하고자 하는 강렬한 목표의식 아래, 식민지 경험을 가진 독립국이 과학의 최일선에 서기 위한 노력도 시도되었다.

또한 제2차 세계대전 이후 각국에서는 국가적 과학연구 지원체제를 통해 과학연구의 인프라가 대거 확립되었으며, 이에 힘입어 과학의 국제화는 어느 한 국가로부터 다른 국가로의 일방적 전수나 이식보다도 상호 간의 국제적 공조를 통해 이루어지는 경향이 전개되었다. 이러한 시대적 변화 속에서, 다국적의 복수 연구자들 간의 협력을 통한 탈국가적 협력(transnational cooperation) 연구의 양상은 물론, 다양한 국가로부터의 과학자들이 조직적으로 기구를 구성하여 과학연구를 협업으로 수행하는 과학의 초국적 협업(denational collaboration) 역시 일어나고 있다.

즉, 지난 수백 년간의 역사를 통해 볼 때, 과학의 지식이 국경을 넘은 이동과 교류를 통해 축적되고 발전되어 온 과정은 점차적으로 심화되어 왔다. 따라서 지식활동으로서 과학이 걸어온 역사적 궤적을 탈국가성이라는 프리즘을 통해 이해하는 것이 필요하다.

서구과학의 전파와 식민지 과학

과학의 탈국가성과 탈국가화 과정에 대한 분석은 유럽의 제국주의와 과학 간의 관계에 대한 고찰로부터 시작되었다. 앞서 언급된 치폴라에 앞서, 1967년 바살라(George Basalla)는 논문 <서구과학의 확산>(The Spread of Western Science)을 내놓았는데, 이는 서구과학의 전파에 관한 고전의 반열에 올랐다.

바살라의 관심사는 16~17세기에 유럽에서 발흥한 근대 서구과학이 그 발흥지를 넘어 전 세계에서 꽃을 피워 간 과정이었으며, 그는 이러한 과정을 크게 3단계로 정리했다. 제1단계인 현지 답사(reconnaissance) 단계에서는 유럽으로부터의 관찰자들(탐험가·여행가·선교사 등)이 비(非)서구 지역에서 정착이나 자원 탐사를 목적으로 해당 지역의 동식물 자연과 물리적 특성에 대한 조사·수집·평가를 한다. 제2단계는 1단계에서의 답사결과를 토대로 해당 지역에서 '식민지 과학'(colonial science)이 전개되는 과정이다. 이 과정에서 식민지 과학자들은 본국의 과학단체와의 연계 하에 본국의 과학계로 진출 또는 편입하기도 하는데, 예를 들어 본국의 학술지에서의 출간을 통해 전문성과 명예를 인정받는 등의 경우이다. 바살라가 주장한 소위 제3단계는 본국에 의존적인 식민지 과학의 단계를 지나 식민지에서도 국민주의 의식이 발흥하면서 독자적·자생적인 과학전통이 확립되는 단계이다. 이와 같은 바살라의 3단계 모델은 서구과학이 비서구 세계로 전파되는 과정, 유럽의 소위 중심부 과학문화에 대한 비서구 세계의 의존성, 그리고 그러한 의존성의 극복을 키워드로 하고 있다.

바살라의 모델과 유사한 분석은 플레밍(Donald Fleming)에 의해 제기되었다. 플레밍은 19세기 말까지 호주·캐나다·미국 등 3개국에서의 과학을 지배했던 박물학 탐사활동이야말로 '주변부' 식민지 과학의 입지를 보여준다고 설명했다. 플레밍은 이들 세 나라에서의 연구자들은 식민 종주국의 약탈자 또는 협력자로서 식민지 지역에서 과학정보 수집을 도맡았던 반면, 박물학의 보편적 이론의 고안은 영국·프랑스·독일 등 유럽의 학자들의 몫이었다고 설명했다. 즉, 플레밍 역시 바살라의 요지와 유사한 맥락에서, 유럽 중심부 과학에 대한 식민지 주변주 과학의 과도기적 의존은 과학이 유럽 중심부에서 주변부로 전개되는 과정의 핵심적인 특징이었다고 강조했다. 동시에 플레밍이 조명한, 사실 수집에 치우친 주변부 식민지 과학의 지지부진한 활동은 당시 유럽과 식민지 지역 사이에 놓여있던 제국주의적 불균형 관계가 투영된 것이기도 했다.

제국주의라는 이러한 시대적 변수의 영향이 과학의 전파에 미친 영향에 대한 고찰은 1970년대와 1980년대 사회과학계를 풍미했던 종속이론(dependency theory)의 영향으로 더욱 구체화된다. 종속이론 자체는 제2차 세계대전 이후 선진국과 후진국 간의 관계를 이전의 식민 종주국과 식민지 간의 관계에 빗대어 고찰한 것으로, 과학과 관련된 이론은 아니다. 그러나 경제와 자본이 국가 간 지배와 착취의 도구로 쓰일 수 있음에 주목한 종속이론은 과학과 제국주의 간의 관계를 바라보는 시각에도 영향을 끼쳐, 학자들은 식민지에서의 과학이 제국주의를 위한 통제와 착취의 도구로서 활용되었던 측면에 관심을 기울였다. 프랭크(Andre G. Frank)의 비유에 의하면, 제국주의적 중심지(metropole)와 그 식민지 위성(satellites)은 거대한 불공평한 착취적 교환체계로 묶여 버렸으며, 과학의 지식과 표본들 역시 마치 원자재가 생산기지로 수송되듯이 유럽으로 전달되었던 반면 그 반대의 현상은 좀처럼 일어나지 않았다는 것이다.

과학과 제국주의의 역사학자들은 이른바 '탐사의 과학'에 내재된 식민지 착취의 본성에 초점을 맞췄다. 이들은 천문학・지도제작법・지리학・기상학・박물학・해양학 등의 발달이 유럽의 대외팽창과 긴밀하게 중첩되어 있음에 주목했다. 그들에 따르면 이러한 과학분야들은 식민지의 자원을 발굴・조사・분류하고 식민지 주민의 특성을 이해하는 데 크게 기여했던 분야들이다. 이러한 분야의 발달이 제국주의의 발흥과 긴밀한 연관이 있었던 것은, 16~17세기 과학혁명과 18세기 계몽시대의 과학 이데올로기의 형성이 영국 제국의 발흥과 시기를 함께 했음에도 드러난다. 예를 들어 1760년대와 1770년대 쿡(James Cook) 선장의 태평양 항해는 지리・자연의 탐사에서 기초조사의 범위와 정확성에 대한 새로운 기준을 제시했는데, 이는 쿡 선장의 1차 항해에 영국 박물학계를 대변하는 식물학자인 뱅크스(Joseph Banks)가 직접 동행했던 것과 무관하지 않다. 학자인 동시에 왕립학회(Royal Society)의 회장까지 맡았을 뿐 아니라 영국 국왕・수상의 자문관이라는 정치적 역할도 겸하고 있던 뱅크스는 전략적・경제적 중요성을 띤 해외지역에서 영국 제국의 지배를 확충하는 수단으로서 해양 과학탐사가 지닌 중요성을 설파했다. 즉, 뱅크스는 제국의 건설에 있어서 과학이 지니는 중요성을 주장한 인물이었다.

뱅크스의 조언에 힘입어 영국 해군은 광범위한 해양탐사와 해도편찬을 통해 세계 곳곳에 대한 지리와 수상교통 지식을 확충하여,

제국의 건설에 과학지식을 활용하였다. 뱅크스로부터 시작된 관행, 즉, 박물학자의 해군탐사선 승선은 과학의 발전에도 기여했다. 박물학자를 동행한 영국 해군은 중남미 카리브해 지역으로부터 태평양과 동남아시아에 이르기까지 세계 각지에 걸친 과학 데이터 수집을 가능케 했다. 영국 해군과 함께 했던 과학자는 뱅크스뿐이 아니었다. 다윈(Charles Darwin)과 후커(Joseph Hooker) 등의 박물학자들 역시 영국 해군의 탐사지로부터 수천 개의 종자와 식물 표본을 수집했다. 이러한 엄청난 식물 수집물에 힘입어 런던 큐 왕실식물원(Kew Gardens)은 식물연구의 중심지로 성장했다. 세계 도처의 서식지로부터 큐 왕실식물원으로 반입된 식물들은 식물원과 연계된 과학자들에 의해 개량종(improved species)으로 거듭났다. 이들 중 상업적으로 가치 있는 개량종들은 역으로 식민지의 재배자들에게 보급되어, 식민지에서 재식농업(plantation)을 산업화시켰다. 즉, '탐사의 과학'은 영국 제국으로 하여금 본국의 산업은 제조업 위주로 강화하고 해외 식민지는 농업 공급기지로 활용하는 전지구적 산업구조 개편의 출발점이 되었다.

19세기 중반에 이르러서는 세계의 주요 연안·강에 대한 측량과 지도 작성이 완결되어 갔다. 이에 영국 제국의 다음 관심사는 아프리카와 호주·아시아 등에서의 내륙탐사로 이어졌으며, 지리학·박물학의 지식체계는 식민지 통제의 수단으로 강화되어 갔다. 이처럼 과학지식과 기술이 제국의 지배에 필수불가결한 도구였다는 점은 다수의 연구들이 보여준 바 있다. 예를 들어 헤드릭(Daniel Headrick)의 1981년작 『제국의 도구 : 기술과 19세기 유럽의 제국주의』(The Tools of Empire : Technology and European Imperialism in the

Nineteenth Century)는 19세기에 유럽의 식민지 정복과 팽창이 전례 없는 속도와 효율로 이루어졌던 것은 상당 부분 과학기술의 혁신 덕이었음을 보여준다. 우선 화약무기의 개량은 유럽인에게 아시아와 아프리카를 굴복시킬 수 있는 군사력을 안겨주었다. 말라리아 치료약인 키니네(quinine)를 위시한 예방의학적 수단들은 세계를 누비던 유럽인들의 사망률을 줄여주었으며, 특히 아프리카에서의 말라리아 발병을 예방함으로써 유럽인들이 더 깊은 내륙을 탐사하는 것을 가능케 했다. 증기선·철도와 전신 등의 새로운 수송·통신 수단 역시 식민지 공략과 지배를 용이하게 했다. 유럽인들이 19세기 말~20세기 초에 전지구적인 영역에서의 식민지 건설이라는 전대미문의 침략적 과업을 달성할 수 있었던 이면에는 이와 같은 과학기술의 진보가 작용하고 있었던 것이다.

제국의 식민지 지배 도구로서의 과학기술이 지녔던 한계에 대해서도 헤드릭은 그의 다른 연구를 통해 지적하고 있다. 즉, 과학기술은 식민지 지배자에게는 충분히 유용한 도구였을지 몰라도, 식민지 피지배층에게는 그렇지 못했다는 점이다. 비록 유럽의 제국주의 열강들은 식민지에서의 생산성 향상과 인구 증가를 위해 막대한 기술이전(technology transfer)을 단행했으나, 그러한 이전이 식민지의 경제를 활성화시키는 데는 역부족이었다는 것이다. 달리 말하자면, 서구 유럽의 과학자·공학자들이 제공했던 기술적 변화들은 식민지 현지에 중요한 공헌을 가져오기보다는 식민 모국들의 이익에 종사했을 뿐이라는 것이다. 결국, 기술 이전에도 불구하고 식민지는 산업화된 서구세계에 대한 대항마로 성장하기보다는 오히려 근대적 저개발국으로 전락할 뿐이었다고 헤드릭은 주장했다. 헤드릭처럼 유럽 제국주의가 식민지 사회에 부정적인 결과를 초래했다는 관점에 따르면, 식민지 사회에서의 서구과학은 식민지에게 새로운 문명의 세례를 부여한다는 소위 '문명화 사명'(civilizing mission)을 표방했으나 실제로는 문화적 제국주의 형태로 식민지에게 경제적 착취와 저개발의 악순환을 안겨주었을 뿐이라는 것이다.

탈식민주의 이론들 : 과학, 문화와 폭력의 관계성

문명비판론자 사이드(Edward A. Said)의 연구로부터 시작된 탈식민주의 이론은 서구 제국주의가 끼친 정치적·경제적 반향보다도 문화적 측면에 관심을 기울였다. 사이드는 동양세계에 대한 유럽 학자들의 연구는 통찰력과 새로운 지식을 얻기 위한 호기심으로부터 시작된 것이 아니라, 동양세계를 지배하고 억압하고자 하는 동기를 정당화하기 위한 것에 지나지 않았다고 보았다. 그는 유럽 학자들은 명시적 또는 암묵적으로 서양의 정체성을 합리성·도덕성·성숙·정상 등으로 규정한 반면, 동양은 비합리성·타락으로 점철된 열등한 타자(the Other)로 설정해버렸다고 비판했다. 동양세계에 대한 유럽인들의 이러한 관념은 제국주의적 식민지 지배를 정당화한 사상적 배경으로 작용했다는 것이다.

사이드와 견해를 같이 하는 이른바 탈식민주의 이론가들은 과학이 제국주의의 문화적 폭력·지배를 정당화해 간 형태를 분석했다. 이러한 분석에서 서구과학·경제개발·제국주의는 서로 불가분의 세 요소가 되었다. 예를 들어 낸디(Ashis Nandy)는 인도에서 과학은 식민지 시대에는 물론 독립 이후에도 나머지 두 요소와 결합하여 폭력적인 결과를 초래했다고 주장했다. 과학적 제도·장치는 국가 권력과 자원에 쉽게 접근할 수 있음에 따라, 과학이 민주적 통치와는 불협화음을 일으키고 때로는 개발의 미명 하에 폭력의 사용까지 용인하는 정책 결정을 뒷받침하기까지 한다는 것이다. 시바(Vandana Shiva)는 인도의 식민지 청산 이후 과학과 경제개발과의 복잡한 결합의 연원을 식민지 시절의 제국의 통치문화로부터 찾았다. 예를 들어, 영국 식민지배 아래의 인도에서 소위 과학적 삼림관리는 경제적 가치가 있는 목재 종의 채취를 통한 시장이익의 극대화에 초점을 두었으며, 인도의 산림은 경제적 이익 추구의 대상이 되어 티크(Teak) 나무를 비롯한 목재는 선박건조와 철도건설을 위해 뽑혀 나갔다. 그 결과 인도의 복잡한 산림 생태계는 목재업의 희생양으로 전락하였으며, 지속가능한 산림관리에 대한 토착민 고유의 오랜 지식은 영국 제국의 식민지 삼림정책으로 대체되어 버렸던 것이었다. 시바에 의하면, 이러한 정책의 결과 19세기 후반 인도의 산림에 대한 영국 제국의 과학적 관리는 산림·임산물에 대한 지역민의 권리를 침해하는 결과로 귀결되었다. 독립 이후에도 사회적 임업(social forestry)과 황무지 관리에 대한 인도의 산림정책은 식민지 시절의 정책 패턴을 답습하였다. 시바에 의하면, 이러한 자원 활용 패턴은 오늘날의 생태학적·사회적 위기의 원인이 되는 생태계의 불안정성을 낳았으며, 그 결과 1970년대 인도 도처에서 지역 공동체의 저항을 불러일으켰다는 것이다.

과학이 제국주의의 문화적 폭력의 형태로 나타난다는 해석은 알바레스(Claude Alvares)에 의해서도 제기되었다. 알바레스에 의하면 식민지 이전의 남아시아는 토착세력 나름의 독창적인 과학적 혁신이 이루어질 수 있는 지역이었지만, 이러한 가능성은 영국의 식민지 지배에 의해 갑작스럽게 와해·파괴되어 버렸다는 것이다. 서구과학의 패권은 다름 아닌 식민지 토착의 근대화 세력에 의해 더 공고히 되어갔는데, 이들 근대화 세력은 옥스퍼드와 캠브리지로 대변되는 식민 본국의 선진교육으로부터 도입한 체계를 통해 식민지 토착민의 삶과 문화를 파괴하였다. 뿐만 아니라 식민지 지배와 폭력의 유산은 독립 이후 과학과 경제개발 간의 긴밀한 관계에서도 그대로 지속되었다는 것이다.

그러나, 이러한 탈식민주의 이론의 성향에 대한 비판 역시 제기되었다. 비판의 요지는, 탈식민주의 이론가들은 제국 vs. 식민지 간의 이분법적 구도 아래 식민지 문화 담론을 획일적인 일반론을 통해 전개한다는 것이다. 서구과학에 서구 본위의 지식·권력 체계가 투영되어 있는 것은 사실이지만, 탈식민주의 이론가들은 과학을 서구만의 전유물로 간주한 나머지 역설적으로 식민지로부터의 목소리에 대해서는 무시로 일관하고 있다는 것이다. 이와 같은 비판적 견해에 따르면, 탈식민주의는 서구 제국주의와 과학이 식민지를 배경으로 실제로 실행되었던 방식이 지닌 다양한 단면들, 그리고 제국과 식민지 간에 존재했던 복잡다단한 다층적·특수화된 관계들을 간과하게 된다는 것이다. 이러한 비판에 대해, 탈식민주의 이론가들은 제국과 식민지 간의 단순화된 이분법적 구도에 대한 나름의 대안을 내놓았다.

프라카시(Gyan Prakash)는 인도 식민지가 영국 제국의 문화적 폭력 하에 놓여 있었다는 점을 부인하지는 않으면서도, 과학의 문화적 권위는 단순히 그러한 폭력의 도구 이상의 의미를 지녔음을 주장한다. 서구 패권 확충의 도구로서의 과학은 인도와 그 밖의 식민지 현지의 새로운 권력의 구조를 지탱하는 합리성(rationality) 이데올로기에 정당성을 부여했다는 것이다. 예를 들어 1878년 캘커타에 설립된 인도 박물관은 인도에서 발견된 인공물과 표본의 수집, 분류와 전시를 가능하게 했던 공간이자 서구 과학지식의 위력을 시각적으로 보여주는 장치였다. 박물관의 전시물은 관람객들이 드라마틱한 전시와 시각적 스펙타클로부터 경이감과 호기심을 가질 수 있게 해준 매개체였다. 박물관은 서구식 교육의 세례를 받아 서구의 과학적 가치와 신기술 활용에 열정적이었던 인도의 잠재적 엘리트층을 만들어내는 데 기여하였다. 나아가 이들 엘리트들은 서구과학의 지식을 전파시키는 정도에 그치지 않고, 그것을 인도 토착의 전통과 결합시키는 잡종화를 꾀했다. 예를 들어 신지학자(Theosophists)[2]와 같은 개혁 지식인들은 힌두교로부터 미신적 요소를 제거하고 힌두교와 과학적 자연법칙의 양립가능성을 위하여 서구과학의 언어와 문화적 권위를 인용했다. 프라카시에 따르면, 인도 토착세력은 서구과학과 인도 토착지식 간의 잡종화를 통해 과학지식의 권위를 식민지 권력의 이데올로기로 재정립하였다는 것이다. 식민지 토착전통과의 잡종화를 통한 과학의 지식·권위의 위상 재정립 과정에 대한 프라카시의 관점은, 군림하는 제국의 중심부(core) 과학과 피지배적·수동적인 식민지 주변부(periphery) 과학이라는 이분법적 구도를 극복하게 해준다.

---

2) 신지학이란 우주와 자연의 비밀, 특히 삶의 근원과 목적을 학문적 지식이 아니라 신비적(神秘的)인 체험이나 특별한 계시를 통해 탐구하는 철학적·종교적 학문을 의미한다. 동양, 특히 인도는 신지학 연구의 보고(寶庫)라고 할 수 있는데, 브라만교, 자이나교, 불교 등의 종교들은 모두 신지학적 경향을 지니고 있다.

식민지 과학(colonial science) vs. 제국주의 과학(imperial science)

탈식민주의 담론이 제기되기 전 이미, 과학과 제국주의 간의 관계를 둘러싸고 개념과 용어상의 혼란을 정리하려는 시도가 있었다. 1980년대에 맥러드(Roy MacLeod)는 '식민지 과학'(colonial science/scientific colonialism)과 '제국주의 과학'(imperial science/scientific imperialism)을 둘러싼 개념적 혼란을 극복하는 시도를 보였다. 맥러드에 따르면, 식민지 과학은 식민지 현지에서 과학의 실행이 특정한 역사적 구조, 제도와 규범·법을 통해 작동되는 것을 일컫는다. 반면 '제국주의 과학'(imperial science)은 특히 과학에 19세기 말 신제국주의(New Imperialism)의 교조적 원리가 투영된 것으로 정의 내렸다. 신제국주의(New Imperialism)는 19세기 말~20세기 초 유럽·미국·일본을 중심으로 이루어진, 전례 없는 해외 식민지 침략·확장의 시기를 일컫는다. 이들 제국들은 과학기술과 군사력을 무기삼아 영토 확장과 식민지 자원 약탈을 위한 제국의 건설에 혈안이 되어 있었다. 신제국주의는 유럽이 중심이 된 열강 간의 치열한 경쟁, 새로운 자원과 시장을 확보하고자 하는 경제적 욕망, 그리고 그들이 표방한 소위 '문명화 사명'이라는 시대적 흐름을 반영하는 것이었다. 맥러드는 식민지 과학과 제국주의 과학을 구별하는 분석의 실마리는 과학의 발달을 형성하는 데 있어 '제국주의 맥락'의 중요성을 간파하는 것으로부터 시작될 수 있다고 강조했다.

'제국주의 과학'과 관련하여, 워보이즈(Michael Worboys)의 연구는 1890년대 영국 식민청(Colonial Office) 장관 체임벌린(Joseph

Chamberlain)이 표방한 '건설적'(constructive) 제국주의에 기반한 식민지 개발정책에서 과학이 지녔던 중요성을 조명했으며, 주요 식민지 과학분야의 변천 과정, 특히 열대농업과 열대의학의 변천 과정을 '제국주의 과학'이라는 큰 맥락 내에서 고찰했다. 체임벌린은 과학의 전문성을 활용하여 과학과 제국의 발달을 연계하는 이데올로기적 동맹을 수립하는 데 노력을 기울였다. 이러한 과학과 제국의 동맹은 영국 제국의 종말이 올 때까지도 정부관료와 자문관들에 의해 유지되었다. 제1차 세계대전 이후 아프리카 식민지의 경제개발을 위한 더욱 치밀한 과학정책이 가시화되면서, 과학·과학자들은 식민지에서의 경제적 기회의 추구, 열대환경의 안정성 구축, 생산성·유통·보급 등의 기술적 문제 해결, 투자 생산성의 향상과 열대지역·열대주민에 대한 이해 등을 도움으로써 식민지 개발의 촉매로 작용했다. 워보이즈는 당시 영국 제국주의가 구사한 또는 활용한 과학적 전문성은 관료제적 능력과 더불어, 식민지 시대의 후기에 해당하는 20세기 초반 영국 제국주의의 미션을 해석할 수 있게 해 주는 키워드라고 보았다.

워보이즈는 제국을 배경으로 이루어지는 과학 본연의 발달에도 주목했다. 워보이즈는 영국 빅토리아 시대를 이은 에드워드 7세 시대(1901년~1914년)의 열대의학 분야의 형성과 발달에 관한 연구에서, 당시 공공과학자와 의학자들은 개인 커리어의 개척뿐 아니라 열대의학 연구를 위한 제도적 네트워크를 조성하기 위해 국가의 정책적 지원을 확보하고자 부단히 노력했으며, 이러한 노력은 제국주의라는 시대적 여건 아래서 이루어졌기에 의학 분야의 지식과 컨텐츠의 축적 역시 당시 영국 제국의 현실적 필요성과 맞물려 형성되었다고 주장했다. 워보이즈와 더불어 팔라디노(Paolo Palladino) 역시, 식민지에서의 과학연구와 지식은 제국과 식민지의 이해관계를 반영한 정치적·경제적 활동의 일환으로 수행되었다고 보았다. 그러나 식민지 과학은 제국의 중심부 과학에 의해 영향을 받고 형성되기는 하지만, 그 과정에서 중심부 과학이 경험하지 못했던 새로운 연구 분야가 식민지 과학에서 등장할 수도 있다는 것이다. 팔라디노와 워보이즈는 식민지는 서구과학을 단지 수동적으로 전파받음을 상정하는 기존의 시각에 반박하여, 서구로부터 유입된 과학이 식민지로 흡수된 것은 식민지 고유의 지식체계와 문화적 전통과의 상호작용을 통해서였다고 주장했다.

이러한 워보이즈의 분석은 파인슨(Lewis Pyenson)의 반박을 받았다. 유럽의 제국주의 열강, 특히 프랑스·독일·네덜란드 제국에서의 물리학·천문학 연구에 대한 일련의 논문에서, 파인슨은 이러한 정밀과학의 발달은 식민지 통치에서의 제국의 필요나 이해관계와는 무관하게 유럽 과학자들의 자체적인 로드맵에 의해 이룩되었다고 주장했다. 논란에도 불구하고, 지난 20여 년간 학계는 워보이즈의 사회구성주의적(social constructivist) 관점에 동조하면서 다양한 과학분야들의 발전 과정에서 드러난 제국주의의 중요성을 조명해왔다. 열대의학 이외에도, 지리학·지질학·식물학·생태학·열대농업·임업 등의 분야에서 제국주의적 맥락은 식민지에서 수행된 과학연구의 형태를 결정하고 지식체계를 형성하는 데 중요한 배경 요인으로 작용했다는 것이다.

중심부와 주변부를 넘어 : 네트워크와 지식의 잡종화

1990년대 중반 이후 대두된 '신제국주의 역사'(New Imperial History)라는 연구 사조는 과학이 제국주의와의 만남에서 직면하게 된 문제점과 도전에 대한 분석의 틀을 제공해 준다. 이러한 사조는 제국 내 식민지 프로젝트에 연루된 다양한 그룹들의 존재를 탐색하고 제국주의에 드러난 다층적 · 대립적 · 모순적 담론을 조명함으로써 영국 제국의 복잡성을 조명하고자 했다. 가령, 홀(Catherine Hall)에 의하면, 본국에서 서인도 제도로 건너간 19세기 선교사들은 식민지 공간에 기독교 공동체를 구축하였으며, 노예 신분의 토착민들을 개종시켜 거기에 합류시켰다. 그러나 선교사들의 이러한 시도는 토착 노예들을 부리던 농장주와 영국 제국의 권력자들뿐 아니라, 심지어 토착민 집단으로부터도 방해 받았다. 이는 제국주의 담론을 분석하는 데 있어 다양한 행위자들의 존재에 대한 고려와 통찰이 필수적임을 보여준다.

'신제국주의 역사' 연구에 내재된 이러한 시사점은 과학과 제국주의의 관계에 대한 분석에도 중요한 통찰력을 제공한다. 즉, 그러한 관계에 대한 분석에서는 본국의 중심부(metropole)와 식민지(colony)의 주변부 중 어느 개별적인 하나에 분석의 초점이 고정되는 것이 아니라, 이들을 통합한 분석 프레임을 통해 동시적인 고찰이 이루어져야 한다는 것이다. 이는 이전의 바살라 류의 서구과학의 확산주의자 또는 헤드릭 류의 과학의 도구주의자의 가설에서 드러난 본국 vs. 식민지라는 이분법적 모델에 도전하는 것이다. 환언하면, 본국 중심부와 식민지 주변부는 상호구성적이며, 본국-식민지 간의 연관성은 단방향이 아닌 쌍방향으로 작동한다는 것이다. 서아프리카 골드 코스트(Gold Coast) 식민지(현재의 가나)에서의 영국의 골드 코스트 대학의 설립과정을 다룬 신동경의 연구는, 그러한 대학 설립이 분명 영국 식민지 본국의 이해관계가 투영된 정책이었으나 동시에 그 집행과정에서 현지의 관점을 반영하게 되는 과정을 조명한다. 미국의 필리핀 식민지배 과정에서의 인종주의 담론과 질병 및 위생 담론을 다룬 김호연의 연구 역시 주변부 식민지에서의 과학기술 활동은 단지 중심부 제국의 대외정책을 위한 도구였을 뿐만 아니라 중심부 제국 내부에서의 정책 결정에 대한 영향 요인으로도 작용했음을 보여준다. 요약하면, 식민지에서의 제국의 경험은 식민지는 물론 제국 본국 사회의 문화와 정체성을 형성하는데도 중요하게 작용한다는 것이다. 이처럼 제국 본국과 식민지와의 연결과 유대에 대한 분석은 과학과 제국주의의 관계를 조명하는 또 하나의 접근이 될 수 있다.

본국과 식민지 간의 상호연결(interconnections)은 단순히 제국의 정체성 이슈에만 국한되지 않는다. 가령, 영국에게 식민지 인도는 본국에서 고안된 과학 아이디어와 정책이 검토되고 테스트될 수 있는 거대한 사회적·정치적 실험실과도 같은 공간이었다. 그러나 콘(Bernard Cohn)에 의하면, 영국과 인도 양국의 국가개발 프로젝트들은 영국에서 고안되어 인도에 응용되었을 뿐 아니라, 반대로 인도에서 고안되어 대영제국으로 응용되는 등 양방향적 교류가 있었다. 이러한 양방향의 과정에 대한 분석은 과학과 제국주의에 관한 기존의 역사적 분석이 간과했던, 제국이 지녔던 공간적 복잡성(spatial complexity)을 이해할 수 있게 해준다.

램버트(David Lambert)와 레스터(Alan Lester)는 제국이라는 존재는 소통의 다층적 네트워크라는 관점에서 볼 때 잘 이해될 수 있다고 보았다. 가령, 식민지 관리청에서부터 선교 단체 및 인도주의 단체, 그리고 반제국주의 연대까지 아우르는 다양한 행위자들 사이의 소통의 네트워크에 대한 이해는 식민본국·식민지, 그리고 제국 밖 공간과의 관계성을 고려하게 해 주며, 자본과 재화뿐 아니라 아이디어와 사람들의 이동까지 추적할 수 있게 한다. 밸런타인(Tony Ballantyne)은 제국의 네트워크 개념과 관련하여, 제국이라는 것은 하나의 고정된 구조(structure)가 아니라 유연한 과정(process)으로 보아야 한다고 주장했다. 식민지의 지식은 내재적으로 움직이는 속성을 지니며, 각각 떨어져 존재하는 식민지의 장소·주민·활동을 하나로 묶어버리는 제도적 망을 통해 움직인다는 것이다. 이러한 망들은 만들어지고 다시 고쳐지며 때로는 분열되어 심지어 깨져버리는 등 변화를 만들기도 한다. 나아가, 밸런타인은 중심부 모국뿐 아니라 주변부 식민지의 개인·단체·지역 등 역시 네트워크의 중심지가 될 수 있다고 보았다.

제국의 네트워크 개념이 널리 알려지기 전부터, 과학과 제국에 대한 비슷한 유형의 분석이 시도된 바 있었다. 1980년대 맥러드는 제국의 광범위한 다양한 경험을 설명할 수 있는 유연한 틀로서 '제국주의 과학'이라는 개념을 도입한 바 있는데, 그 요지는 앞에서 상술한 바와 같이 과학이 제국주의의 팽창과 더불어 전개되었다는 것이다. 많은 경우에 본국에서의 제도·학회와 전문성이 식민지에서의 과학활동과 발견에 의존했음을 주목함으로써, 맥러드는 고정된 과학 중심부(예를 들어, 런던 과학 등)라는 아이디어는 타당성이 떨어진다고 보았다. 반대로 그는 '움직이는 중심부 도시'(moving metropolis)라는 개념을 통해, 제국의 확장이 이루어진 과정에 주목하였다. 맥러드는 영국 제국과 그 식민지 간의 관계는 여러 발전단계를 거쳤으며, 이 과정에서 호주 시드니와 인도 캘커타와 같은 제국 주변부(식민지)의 자체적인 중심부는 일정 정도의 자율성과 리더십을 발휘했으며, 아울러 런던의 제국 중심부는 궁극적으로 식민지로부터의 아이디어를 수용해 가는 유연함을 발휘해 나갔다고 강조했다. 소위 중심부 과학은 런던에 고정된 채로 존재했던 것은 아니라는 것이다.

중심부 vs. 주변부라는 이분법적 범주에 비판적이었던 것은 맥러드뿐만이 아니었다. 1990년대부터 학자들은 네트워크 개념을 적용하여, 과학지식이 제국의 곳곳을 묶는 다양한 상호연결을 통해 생성된 방식을 보여주고자 했다. 챔버스(David Wade Chambers)와 길레스피(Richard Gillespie)는 식민지 과학은 과학지식과 권위가 제국 전체를 관통하여 생성되고 교류되면서 정당화되는 다(多)중심지간 소통 네트워크(polycentric communication networks)의 산물로 보아야 한다고 제안한다. 이와 유사하게, 델부르고(James Delbourgo)와 듀(Nicolas Dew)는 교류 네트워크(Networks of Circulation)라는 아이디어가 지식 생성과정이 보여주는 탈국가성을 이해하고 광범위한 공간에 걸쳐 지식 이동의 메커니즘이 생성되는 과정을 이해하는 데 유용한 방식이 될 수 있다고 보았다. 시바순다람(Sujit Sivasundaram) 역시 네트워크의 아이디어를 강조했는데, 그는 네트워크 개념은 과학지식의 이동성을 이해할 수 있게 해주고 탈국가적·탈지역적·탈제국주의적 차원에서 지식의 흐름이 이루어지는 방식을 잘 나타내준다고 보았다.

이러한 네트워크 개념에 대한 비판 역시 제기되었다. 포터(Simon Potter)는 제국과 식민지 간 상호연결은 네트워크라기보다도 고정된 시스템에 더 가깝다고 주장했는데, 이유인즉 그 상호연결이라는 것은 결국 소수의 강력한 중심부 단체에 의해 지배되는 경향을 드러내었으며, 이들 단체를 둘러싼 연결망에서의 변화는 형식적·제한적인 범위 내에서 이루어졌을 뿐이라는 것이다. 예를 들어 포터는 19세기 전신(電信)의 도입으로 영국과 식민지의 신문매체가 만들어낸 소통의 패턴은 실은 표면적인 것에 불과했다고 했다. 도리어 통신수단과 언론매체의 발달은 이전에 영국 제국의 뉴스 허브로서 런던이 지녔던 지위를 식민지와 공유하게 만들기보다는 도리어 강화하는 데 도움을 주었다는 것이다.

다른 일각에서는 제국과 식민지 간의 연관성을 고찰하는 데 있어 제국의 네트워크 아이디어 이외에도 과학자 네트워크와 지식 교류의 메커니즘에 주목하는 것 또한 유익한 접근이 될 수 있다고 제안한다. 영국 제국의 팽창과 더불어, 영국 관료들과 과학자들은 영국 과학의 범세계적 체계를 만들어 유지하고자 했다. 가령, 그 같은 범세계적 체계의 시작을 들자면 18세기 말 영국 박물학의 대표격인 뱅크스가 고안했던 비공식적 박물학 네트워크를 들 수 있다. 19세기 중반에 와서 과학자들 간의 상호연결은 보다 제도화되어갔으며, 식민지에서의 과학자 네트워크는 본국 영국과 직접적으로 연계되었다. 과학자 네트워크의 강화와 이를 통한 지식의 교류는 20세기 초 식민지에서의 과학기술부의 창설과 학교·연구소의 형성, 그리고 과학문화를 공유하는 전문가 네트워크의 형성 등에 힘입은 바가 컸다.

제국의 네트워크 개념은 또 다른 각도에서의 분석 역시 불러 일으켰다. 과학지식이 등장하고 실행하는 공간·장소의 특이성에 대한 이해는 제국과 식민지 간 상호연결의 본질을 이해하는 데 도움을 준다. 예를 들어, 식민지에서의 지식은 유럽에서 식민지로 이식된 지식과 토착문화 간의 조우의 산물로 이해될 수 있다는 점이 점점 명료해지고 있다. 자스투필(Lynn Zastoupil)에 의하면, 특히 식민주의 초기 단계에서 지역 토착의 과학 정보수집가들이 자신의 전통의 어젠다를 추구하면서 식민지 지식의 구성에 중요한 역할을 수행했다는 것이다. 그에 따르면 본국으로부터 식민지로 넘어온 과학자와 토착의 정보수집가와의 조우는 일종의 중간지대(middle ground)를 조성한다. 여기서 본국과 식민지 양 세계를 넘나드는 매개자 사이에 지적 아이디어와 인적 자원의 잡종화가 시도되고 과학정보와 지적 전통의 상호교류가 재구성되며, 나아가 유럽인 vs. 비유럽인으로 구별되지 않고 융화되는 다양한 시도를 통해 식민지의 과학담론의 장을 함께 만들어진다는 것이다. 이러한 지식의 공구성(co-construction)은 지리학·농업·식물학·임학·인류학 등 필드과학의 분야에서 특히 두드러진다. 라즈(Kapil Raj)는 남아시아 식민지에서 지리학적 측량과 지도 작성의 사례를 통해 초기 식민지 현지에서의 과학지식이 본국 서구과학의 복잡한 협동과 협상을 통해 공구성되어간 과정을 보여주었다. 라즈에 의하면, 남아시아는 단순히 유럽인의 지식이 전파·응용되는 공간만은 아니었으며, 제국의 중심지에서 가공될 다양한 정보의 수집만을 위해 기능하던 공간도 아니었다. 비록 남아시아에서 토착의 정보수집가는 본국의 식민주의자·과학자들과는 동등한 지위를 누리지는 못했지만, 새로운 지식을 갈구하는 적극적인 참여자로서의 역할을 수행했다는 것이다.

접촉지대(contact zone)

라즈의 연구가 시사한 바, 식민지에서의 과학담론은 제국의 과학자와 토착민 사이의 상호작용이 일어나는 접촉지대(contact zone)를 배경으로 형성된다고 할 수 있다. 접촉지대 또는 경계지대(borderlands)는 이질적인 문화의 접촉이 이루어지는 공간을 이해하는 데 효과적인 개념이다. 인류학자와 문화비평가들에 의해 사용된 접촉지대 개념은, 서로 다른 지리적 배경과 문화·역사를 가진 사람들의 시간적·공간적 궤적이 만나는 교차지역을 의미한다. 접촉지대는 단순히 지리적 실체를 지칭하는 것만은 아니며, 오히려 문화적 조우에 따른 활동의 잡종성이 드러나는 곳이다. 무엇보다도, 접촉지대에서는 관련 행위자들의 차이의 존재에 주목하면서도, 이들 사이의 문화적 경계를 엄격하게 구분하지는 않는다. 즉, 비록 두 문화 간의 경계를 부정하지는 않지만 당연지사로 취급하지는 않는다. 또한, 접촉지대 개념은 두 문화의 경계들이 이루어진 방식과 이유를 분석하지만, 전형적인 서양 vs. 동양문화의 경계와 차이의 범주를 상정하지는 않는다. 동시에 두 문화 간의 권력관계(power relations) 역시 상정하지 않는다. 그와 반대로 접촉지대 개념은 인간행위자들이 역사의 변화를 이끄는 매개체로 기능하는 공간의 형성을 강조하는 것이다. 접촉지대의 인간행위자들 사이에서는 여러 종류의 경계를 가로지르는 어우러짐·상호작용·순화·잡종화, 그리고 합류점과 대립점이 나타난다. 이에 따르면 서양 vs. 동양의 구분에 따라 경계를 파편화시키는 것은 무의미한 것이다. 접촉지대 개념은 종래의 국가별・문화별 또는 여타 관습적인 범주와는 잘 들어맞지 않는 지식의 번역, 전파와 생성, 그리고 여타 문화의 형성 과정에 대한 보다 설득력 있는 설명을 가능하게 한다.

접촉지대 개념은 '제국주의 과학'에 대해서도 보완적 관점을 제공할 수 있다. 상술한 바처럼, 맥러드는 19세기 말 신제국주의(New Imperialism)를 배경으로 전개된 '제국주의 과학'에 대한 연구 사조를 열었다. '제국주의 과학'이란 과학과 제국주의 활동 간의 공생적・필수적 관계를 강조하는 개념으로, 그 요지는 과학이 제국주의의 팽창과 더불어 전개되었다는 주장이다. 예를 들어 지리학의 발달은 부분적으로 제국주의적 목표와 활동에 힘입은 바 있지만, 역으로 제국주의적 팽창은 지리학적 지식을 배경으로 이루어진다. 제국주의적 팽창은 정복자/지배자와 피정복자/피지배자라는 주체와 객체의 구분을 수반하기에, '제국주의 과학'에 바탕을 둔 접근은 서구사회 vs. 서구 밖 세계라는 구도로 권력관계를 이분화시킨다. '제국주의 과학' 접근이 제국과 식민지 간 권력의 차이의 실재를 인정하는 것은 어쩔 수 없다 하더라도, 과학과 제국의 관계에서 주요활동의 주도권과 적극적인 역할을 서구의 몫으로 돌리고, 식민지 토착민의 저항과 대응은 간과하는 점은 균형 잡힌 시각의 소산이라 보기 어렵다.

식민지와 여타 비서구권 사회에서 '제국주의 과학'의 전개 과정을 이해하기 위해서라도 식민지 토착민의 행위와 그 동기에 대한 이해는 필요하다고 볼 수 있는데, 이러한 필요는 접촉지대 개념에 의해 충족될 수 있다. 즉, 접촉지대 개념은 역사적 행위자들이 상이한 문화전통 간의 경계를 협상하고 정체성을 확립하는 방식에 주목한다. 이러한 접근에서는 상이한 두 문화의 조우에서 어느 한 쪽이 우위에 있음을 가정하는 특권적 인식론은 각별히 경계된다. 이를 제국·식민지에서의 과학에 적용하면, 과학의 접촉지대란 중심부 제국의 과학·혁신과 주변부 식민지의 토착전통이 상호작용을 통해 양자 간의 잡종화가 이루어지는 공간이다. 요컨대, 제국·식민지에서의 과학은 접촉지대를 통한 양자의 역사 및 정치적·문화적 협상의 산물이라고도 할 수 있다.

키워드로 본 서구과학의 탈국가화

지금까지 살펴본 분석의 틀들은 지난 수세기 동안 일어난, 과학과 제국의 관계에 대한 분석의 당위성과 가능성을 제공해 준다. 15세기 말 지리상의 대발견 이후 서구 유럽 국가들의 대외팽창과 해외식민지 건설은 전지구적인 차원에서 구현되었으며, 그 과정에 있어 과학은 중요한 요소들 중 하나가 되었다. 유럽 제국들의 식민지 지배 양상은 지역별·국가별·대륙별로 다양했으며, 식민지에서의 서구과학의 정체성, 과학지식·권위의 생성, 과학의 전파, 개발 프로젝트, 그리고 제국과 식민지 간의 문화적 조우 등이 전개된 과정 역시 다양한 스펙트럼을 보여주었다. 다양한 스펙트럼의 분석에 하나의 획일적이고 보편적인 틀을 적용하는 것은 한계가 있기에, 위에서 소개된 다양한 분석틀들은 과학과 제국의 관계를 다양한 시각에서 고찰하게 해준다.

앞서 언급했듯이 과학의 탈국가성과 탈국가화 과정에 대한 분석은 특히 제국주의와 과학 간의 관계에 대한 고찰로부터 시작되었으며, 따라서 이 관계에 대한 역사적 사례들의 고찰은 탈국가적 지식활동으로서의 과학의 면모를 살펴보는 데 기여할 것이다. 그러나 한 가지 주의할 점은, 탈국가적 지식활동으로서의 과학의 면모는 비단 서구의 팽창과 제국주의 시대에만 국한된 현상은 분명 아니라는 점이다. 과학은 이미 서구과학이 제국주의를 타고 세계로 뻗어나가기 훨씬 전에도 탈경계적 또는 탈국가적 과정을 보여주었던 것이다. 서구과학의 직접적인 기원에 해당하는 고대 그리스 과학의 전통은 헬레니즘 세계와 아랍반도의 이슬람 제국을 거쳐 다시 유럽으로 회귀되는 등 국경과 문화적·인종적·종교적인 경계를 넘은 교류와 전파를 겪었다. 그 후, 12세기 이후 중세 유럽에서는 대학이라는 인프라를 거점으로 국가와 지역의 경계를 넘어 과학의 지적 교류가 이루어졌다. 16세기 이후 유럽에서의 과학혁명의 시기, 특히 17세기~18세기는 유럽 학계에 널리 퍼져있던 세계주의(cosmopolitanism) 기조 하에 과학자들의 국경을 넘은 교류와 소통이 이루어졌던 시기이기도 했다. 본장에서 앞서 소개한 분석틀들이 초점을 맞추고 있는 제국주의의 시대, 즉 16세기~20세기 초의 시기 이전에도, 그리고 제국주의와의 연관 하에서가 아닌 다른 맥락에서도 과학활동은 탈국가적 궤도를 그려왔던 것이다.

뿐만 아니라, 제국주의의 시대가 절정이던 20세기 초는 물론 제국주의 이후인 현대에서 과학의 탈국가화를 보여주는 사례들은 다양하다. 지식 네트워크 기반의 국제공조(열대 수면병 방역 캠페인), 과학분야의 표준화와 세계화(생태학), 탈식민주의 과학(인도 전파천문학), 과학의 탈국가적 협력(분자생물학), 그리고 과학의 초국적 협업(세른의 고에너지 입자물리학 연구) 등 탈국가적 과학활동에는 다양한 스펙트럼이 드러난다. 즉, 과학활동은 탈국가적 전파 및 교류와 함께 성장해 왔다고 해도 과언은 아닐 것이다.

이에 본서에서는 서구과학의 태동기부터 현대에 이르기까지 과학이 발전해 온 자취를 과학의 탈국가성이라는 관점에서 고찰한다. 이 과정에서, 본서의 분석은 본장에서 소개한 분석의 틀 또는 키워드들에만 의존하지는 않을 것이다. 위에서 언급했듯이 탈국가적 지식활동으로서의 과학의 면모는 비단 서구 제국주의의 시대에만 국한된 현상은 아니기에, 제국주의와 과학의 관계에 초점을 맞춘 분석틀과 키워드만으로는 과학이 그려온 탈국가적 궤적에 등장하는 다양한 사례들을 분석하는 데 한계가 있기 때문이다.

다음의 도표는 본서에서 다룰 장별 사례들과 분석 키워드를 정리한 것이다. 좌우의 축들은 본서에서 다루는 사례들이며 중앙축은 사례를 분석하는 분석 키워드들에 해당된다. 중앙축에서 별표(*)가 붙은 분석 키워드들은 프롤로그장에 소개된 것들이며, 별표(*)가 없는 것들은 본서에서 자체적으로 모색하는 접근의 분석 키워드이다. 좌우축과 중앙축의 연결선은 사례 분석에 응용된 분석 키워드를 해당 사례와 연결한 것이다. 일부 사례들은 2개의 연결선을 가지는데, 이는 두 개의 분석 키워드가 응용된 사례들이다. 본서 1부의 2장~6장은 유럽의 제국들과의 관계 속에서 전개되었던 식민지에서의 과학을 다루는데, 이러한 식민지 과학의 사례들은 지역과 역사적 맥락에 따라 거기에 적합한 분석 키워드들을 통해 고찰될 것이다. 2부에서 다루는 현대과학의 사례들은 과학의 국제화에 대한 다양한 스펙트럼을 여기에서 제시된 키워드를 중심으로 회고한다. 다양한 분석 키워드들이 사용되지만, 그 공통적인 요체는 과학의 탈국가성에 있다.

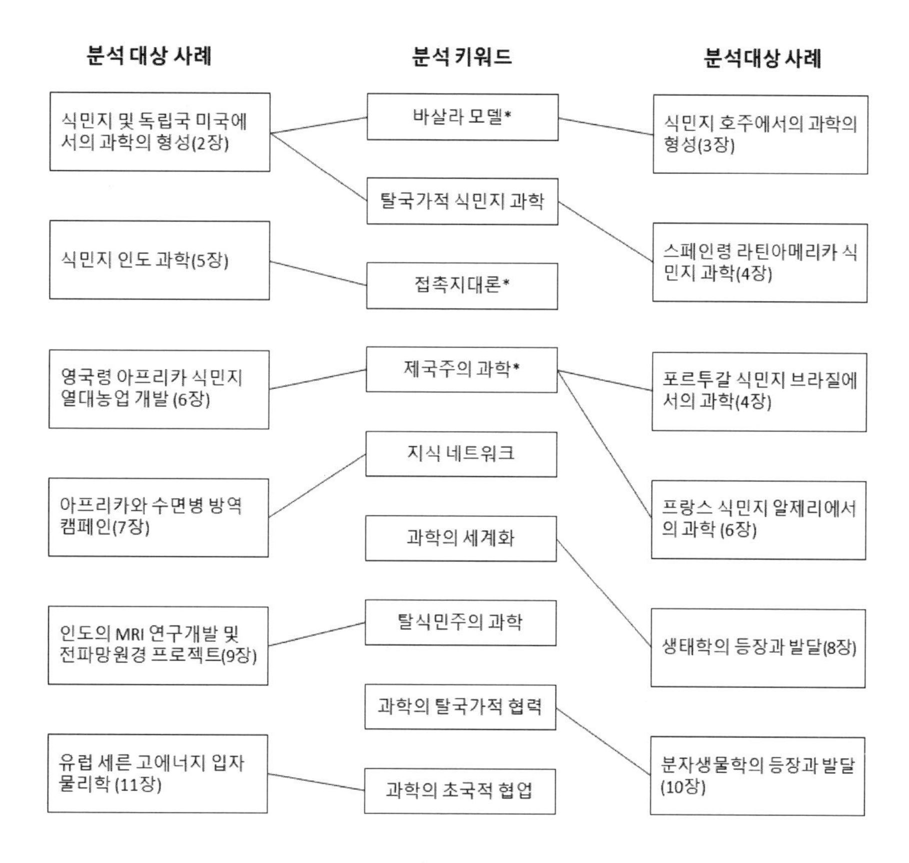

분석대상 사례 및 분석 키워드

1부

탈경계(trans-boundary)를 통해 성장한 서구과학, 제국의 깃발 아래 세계로

흔히 근대과학은 서구문명·문화의 산물로 인식되고 있다. 이러한 인식은, 지난 수백 년간 서구과학이 서구 열강들의 제국주의적 팽창과 함께 전세계적으로 전파된 역사적 사실이 배경으로 작용하고 있다. 단적인 예로, 일본이, 인도가, 그리고 한국이 서구과학을 수용하기 시작한 것은 서구 제국주의 또는 그 아류의 제국주의가 침략 과정에서 보여준 과학기술의 위력에 압도되었기 때문이다. 즉, 오늘날과 같이 과학이 탈경계화 또는 탈국가화된 것은 제국주의와 떼어내어 생각할 수 없다.

그러나 서구과학의 탈경계(trans-boundary)적 또는 탈국가적 활동은 이미 그것이 제국주의를 타고 세계로 뻗어나가기 전에도 있었다. 고대 그리스에서 꽃피운 서구과학의 전통은 정치적·문화적·인종적·종교적인 경계를 넘어 이슬람 제국에 의해 보존되었으며, 이후 다시 경계를 넘어 유럽으로 유입되어 이후의 과학혁명의 기초가 되었다. 그리고 중세 중후반에 서구과학의 꽃을 다시 피우기 시작한 유럽의 대학, 17세기~18세기의 유럽 지식인들의 소위 '문필공화국'(Republic of Letters) 등은 비록 유럽에 한정되어 있기는 했지만 도시·지역·국가를 넘는 탈경계(trans-boundary)적[3] 과학활동의 든든한 기반이 되었다. 즉, 서구과학은 유럽을 벗어나 세계를 향하기 전에 이미, 탈경계적 활동의 면모를 보여주었으며, 그러한 활동을 통해 성장한 바가 컸다.

이러한 시기 이후에 서구과학의 전세계적 전파가 서구 제국주의의 팽창과 함께 한 사실은 서구과학의 국제화(globalization)에 관한 바살라의 3단계 진화적 진보 모형과도 궤를 같이 한다. 그에 따르면 1단계는 대외탐험을 통한 유럽의 제국주의적 과학 팽창의 예비단계를 의미하며, 이 단계에서 비유럽 사회는 과학 데이터의 저장고로서의 역할을 수행한다. 2단계는 서구과학에 대한 비서구권 사회의 식민지적 종속(colonial dependence)이 심화되는 단계로, 유럽의 과학전통·문화가 식민지 또는 비서구권에서 식민주의자·정착민 또는 유럽문화에 동화된 토착 지식인을 통해 정착된다. 마지막 3단계에서는 식민지·비서구권 사회가 성숙단계에 도달함에 따라 서구과학에 대응하는 독립적인 과학전통을 수립하는 지적 투쟁에 돌입한다는 것이다. 바살라의 모형은 식민 모국 또는 서구권이라는 과학중심부로부터 식민지 또는 비서구권이라는 과학 주변부로 서구과학이 전파되었다는 패러다임에 충실한 모델이다.

15세기 말 콜럼버스 이래 수백 년간 매진해 온 신세계 탐험은 제

---

3) '탈국가적'이라는 단어는 어떠한 활동이나 교류가 국가·나라의 경계를 넘어 이루어지는 것을 의미하는데 반해, '탈경계적'이라는 단어에서 지칭하는 경계는 국가·나라만을 의미하기보다는 정치적·문화적·인종적·언어적·종교적 경계 등 보다 다양한 범주의 경계를 포함한다. 이러한 의미에서 '탈경계적'이라는 단어는 '탈국가적'이라는 단어에 비해 다소 모호한 표현일 수 있으며, 탈국가적 지식활동으로서의 과학이 걸어온 길을 조명하고자 하는 본서의 초점과는 다소 벗어난 것일 수도 있다. 그러나 본서 1부에서 다루는, 이슬람 제국이 보존하고 있던 고대 그리스 과학의 전통이 유럽으로 유입되는 과정은 단순히 국가 간의 경계가 아니라 문화적·종교적·언어적인 경계(이슬람 문화권 vs. 기독교 문화권, 아랍어권 vs. 라틴어권)를 넘어 일어난 현상이었다. 이러한 이유에서, 본서는 '탈국가적'과 '탈경계적'이라는 단어들을 문맥과 맥락에 맞게 취사선택하여 사용할 것이다.

국의 건설과 경제적 이득의 추구를 목적으로 하는 팽창·정복활동 그 자체였거나 적어도 그러한 활동에 기여했다. 16세기에서 20세기 초에 걸쳐 유럽 제국의 건설은 북미·호주·라틴아메리카·인도·아시아·아프리카 곳곳에서 이루어졌으며, 지역별·국가별·대륙별 식민지로 유입된 서구 근대과학은 식민지 지배의 합리적 수단으로 작용했다. 즉, 서구 근대과학의 탈국가화 과정에서 제국과 과학의 연계는 간과 불가능한 요소였던 것이다. 식민지 과학은 유럽의 식민 모국에서 건너간 식민주의자는 물론 토착 지식인, 유럽에 동화된 토착 과학자 등 간의 상호작용 속에서 이루어졌으며, 서구과학의 전파와 수용, 변형과 발전 등의 다양한 스펙트럼이 드러났다. 때로는 자체적 역량을 자양분 삼은 식민지 과학은 식민 모국 밖 국가들과의 교류와 유대를 통한 탈국가적 과학의 잠재력을 누리기도 했다.

북미의 식민지 미국은 식민 모국의 과학전통·문화를 수용하였을 뿐 아니라 스스로도 과학지식의 생산자로 거듭날 수 있었다. 미국과학은 서구과학에 대응하는 과학전통을 수립하여 식민지 과학을 탈피하고 유럽의 과학강국과 비슷한 수준에 도달하였는데, 여기에는 국제적 교류를 통한 탈국가적 과학의 저력이 작용했다고 할 수 있다. 한편, 식민지 호주에서는 서구 근대과학의 유입과 확산에 따른 주변부 식민지 과학의 전형적인 모습을 드러내었다. 본국 모국에서 건너온 식민주의자·전문가들과 토착의 과학자들과의 상호작용은 호주의 독자적 과학을 견인하는 데 중요한 요소로 작용했다. 서구과학 이론의 지속적인 도입과 더불어, 응용과학에 치중한 호주 과학의 정체성이 확립되기도 했다. 다른 한편, 라틴아메리카 식민지(볼리비아·멕시코·페루 등)에서는 식민지 과학이 식민 제국의 중심부 과학에 대해 지녔던 의존도가 낮았다. 오히려 라틴아메리카 과학자들은 범유럽의 저명 과학자들과의 지적 교류와 의존에 힘입어 독립적 라틴아메리카 과학을 향한 유의미한 시도를 펼쳤는데, 안타깝게도 유럽 중심부 과학과의 견고한 연계가 단절되어 고립을 피할 수는 없었다.

인도의 경우, 식민주의자와 토착 지식인과의 조우가 이루어진 소위 '접촉지대'는 상호 간의 잡종문화가 만들어지는 공간이었다. 인도는 영국 제국의 중심부에서 가공되어야 할 과학정보의 수집을 위한 공간만은 아니었으며, 식민지 주민은 서구과학의 지식체계에 비판적 접근의 역할을 떠맡았다. 식민지 인도에서의 과학은 토착민의 하위문화(sub-culture)와의 상호작용에 근거했다. 아프리카의 경우, 유럽 열강의 식민주의자들은 아프리카의 열대농업의 개발과 병행하여 식민지 아프리카에 대한 과학적 연구를 심화시켜 나갔다. 아프리카 대륙은 제국의 중심부의 과학적 권위에 근거하여 제국의 정치적·경제적 패권을 강화하는 '제국주의 과학'의 무대가 되었다.

지난 수백 년간 과학과 유럽 제국의 관계를 들여다보면, 과학지식에 내재한 보편성의 속성은 근대과학이 서구 유럽의 경계를 넘어 세계 곳곳에서 직간접적 영향력을 행사해 간 탈국가적 과정과도 깊은 관계가 있음을 발견하게 된다. 1부의 1장에서는 과학의 시작에서부터 12세기 중세 대학의 등장을 거쳐 18세기 국민국가의 성립 이전까지의 유럽을 배경으로 도시·지역·국가를 넘는 탈경계 과학의 특성을 고찰한다. 2장부터 6장에서는 19세기부터 20세기 초에 이르기까지 식민지 대륙별로 구체적인 사례를 통해 제국과 과학의 프레임에서 드러난 탈국가적 과학의 다양한 면면을 조명한다.

01 국민국가(nation-state) 이전의 탈경계(trans-boundary) 과학

들어가면서

고대 그리스에서 꽃피우기 시작한 서구과학의 전통은 그리스 사회의 쇠퇴, 그리고 서로마 제국의 멸망(476년) 이후에 수백 년 동안의 침체 상태를 거쳤다. 유럽의 중세, 즉 로마 제국의 멸망 이후 1500년 전후까지의 약 1,000년의 시기 전체를 완전한 암흑시기로 보는 기존의 시각은 설득력을 잃어가고 있다. 그러나 적어도 이 시기의 처음 몇백 년 동안 유럽에서는, 그 이전의 서구과학의 전통의 상당부분이 유실 또는 망각된 상태에 있었다는 점은 부인하기 어려울 것이다.

서구과학이 다시 꽃을 피우기 시작한 것은 적어도 중세의 중후기에 해당하는 10세기 이후로 볼 수 있는데, 여기에는 탈경계(trans-boundary)적 과학활동과 관련된 두 가지 요인의 영향을 간과할 수 없다. 하나는 고대 그리스에서 꽃피운 서구과학의 전통이 정치적·문화적·인종적·종교적인 경계를 넘어 이슬람 제국에 의해 보존되었다가 다시 경계를 넘어 유럽으로 유입되었다는 점이다. 이슬람 제국의 학자들은 천문학을 비롯하여 고대 그리스와 헬레니즘 시대의 풍부한 과학문헌들을 아랍어로 번역하여 그 지식들을 흡수했다. 그리스 학문·과학은 아랍어로 보존되고 추가적인 발전이 더해진 상태로 중세 유럽으로 다시 번역되어 서구과학의 전통으로 계승될 수 있었다.

또 다른 요인은 유럽의 대학(university)들이었다. 중세 유럽의 대학들은 파리·볼로냐(Bologna)·파도바(Padova)·옥스퍼드·톨레도(Toledo) 등 유럽 각국의 대도시를 거점으로 삼았으나, 기독교라는 공통의 이데올로기를 통해 지역과 경계를 넘어 연결되어 있었기에 국적에 구애받지 않는 지적 교류를 향유했다. 지식의 교류를 따라 이동하는 교수자(선생)를 중심으로 지식·학문의 배움을 추구하는 학생들이 대학으로 몰려들면서, 대학은 지역·국가를 초월하여 학문·지식 습득이 이루어지는 탈경계 지대가 되었다.

이후 17세기~18세기에 들어 유럽의 과학계에 세계주의(cosmopolitanism) 기조가 팽배했으며, 당시 유럽의 지식인층은 소위 '문필공화국'(Republic of Letters)으로 대변되는, 범(汎)유럽적 문화 공동체를 형성하고 있었다. 이러한 네트워크는 유럽의 과학자들로 하여금 탈지역적·탈국가적 연구와 교류를 가능케 하는 인프라로 작용했다. 16세기 근대과학의 태동은 국제적 차원의 과학활동에 대한 열망을 심화시켰다. 영국의 철학자 베이컨(Francis Bacon)은 자연의 해부를 향한 박물학 활동에서 해외탐험이 지니는 중요성을 설파했으며, 아울러 국제적인 과학연구 협력의 필요성을 강조했다. 18세기의 과학탐험은 국경을 넘어 과학자들 간의 소통과 아이디어의 교류를 통해 새로운 이론의 가능성을 열어주기도 했다.

이상에서 보듯, 서구과학은 오늘날과 같이 전세계적으로 뻗어나가기 이전에 이미 유럽에서 탈경계적 활동의 면모를 보여주었으며, 그러한 활동을 통해 성장한 바가 컸다. 이에 본장에서는 서구과학의 시작에서부터 고대시대에서의 융성, 이슬람에 의한 고대 그리스 과학의 보존과 유럽으로의 전파, 12세기 중세 유럽에서의 대학의 등장, 16세기 이후 과학혁명의 도래와 17~18세기 문필공화국으로 대변되는 세계주의의 융성, 18세기 유럽외 지역에서의 과학탐험에 이르기까지, 18세기 국민국가의 등장 이전의 시기에 서구과학의 발전 과정에서 드러난, 도시・지역・국가를 넘는 탈경계(trans-boundary) 과학활동들을 고찰한다.

서구과학의 시작과 탈지역적 교류

현재 확인 가능한 과학의 기원은 기원전 3500년 무렵의 수메르(Sumer)[4]로 소급된다. 이 지역의 메소포타미아인들은 자연현상에 관한 방대한 양의 데이터를 남겼다. 이들의 활동은 단순히 관찰기록에 머문 정도가 아니었다. 예를 들어 메소포타미아인들은 오늘날 피타고라스의 정리(Pythagorean theorem)로 알려져 있는 원리를 그리스의 수학자 피타고라스보다 10세기 앞서 발견한 것으로 추정된다. 수메르 인근의 바빌로니아의 천문학자들 역시 항성・행성・달의 운동에 대한 방대한 양의 데이터를 남겼으며, 이를 토대로 일식・월식・태양년[5]을 예측하는 방법을 제시하는 등 천문현상을 수

4) 고대 문명의 시초가 된 메소포타미아 문명의 중심지에 해당하는 곳이며, 오늘날의 이라크 지역으로 비정된다.

5) 태양년이란 태양이 황도를 따라 천구를 일주하는 주기이며(즉, 태양의 움직임을 기준으로 볼

학적으로 해석했다. 한편, 비슷한 시기의 고대 이집트에서도 천문학·수학·의학의 토대가 마련되었다. 예를 들어, 나일강의 범람으로 인해 경계가 엉망이 된 농경지의 소유관계를 정립하기 위한 측량술의 등장은 기하학의 발전으로 이어졌으며, 종교적 주문과 꿈치료와 같은 기법은 기초적인 의학시술로 진화하기도 했다.

그러나, 서구과학의 보다 직접적인 뿌리에 해당하는 일련의 과학활동들이 전개되기 시작한 것은 기원전 6~7세기경의 그리스에서였다. 그리스 과학자들은 스스로 자연철학자라고 불렀는데, 이들은 의술을 행하는 의술인들로 알려지기도 했다. 과학의 아버지라고 불리는 탈레스(Thales)는 '우주는 물이다'라고 주장했는데, 이는 자연현상에 대한 초자연적이 아닌 자연적인 설명을 제시한 것의 효시로도 손꼽을 수 있으며, 과학적 사유를 대변한다고 볼 수 있다. 탈레스의 제자인 피타고라스는 수(數)를 만물의 근원이자 철학의 핵심요소로 상정했으며, 그에 따라 자연의 수학화를 강조했다. 그리스 시대에는 자연현상을 이성과 관찰에 기초하여 해석하는 방식들이 정립되었으며, 토론과 비판이 정교화됨에 따라 기하학과 논리학을 위시한 고도의 추상적인 학문 역시 발달했다. 그리스의 아리스토텔레스(Aristoteles)의 자연철학에는 향후 서구과학의 청사진을 고스란히 담고 있었다. 그는 물리학·기상학·행성천문학·지질현상·시각이론·광학이론·생물학 등에서 기념비적 업적을 남겼을 뿐 아니라, 그가 확립한 자연철학의 체계는 이후로도 폭발적 영향력과 지배력을 발휘했다. 이는 그의 철학-과학체계가 지닌 설명력 덕택이었다.

때 1년), 봄부터 이듬해 봄까지 지구상에서 계절이 반복되는 주기와 일치한다.

아리스토텔레스의 학문을 포함한 그리스 문화는 기원전 330년경부터 시작된 마케도니아 알렉산더 대왕(Alexandros the Great)의 정복활동을 계기로 멀리 전파되었다. 알렉산더 대왕은 점령지 도처에 자신의 이름을 따 알렉산드리아(Alexandria)라는 이름의 식민도시를 건설하거나 기존도시에 이 이름을 붙였는데, 이들 알렉산드리아들은 알렉산더 제국의 통치체제의 전초기지였을 뿐 아니라 그리스 학문·사상을 확산시키는 거점이 되었다. 그리스 문화는 알렉산더 대왕의 정복과 식민화를 통해 피정복지 문화와 융합한 헬레니즘 문화의 형태로 널리 확산되어 나갔다. 알렉산더 대왕이 페르시아를 정복한 기원전 330년에서 로마가 이집트를 병합한 기원전 30년에 이르는 약 3백년간의 헬레니즘 시대를 통해, 고대 그리스 과학·철학은 그리스의 영역을 넘어 훨씬 광범위한 지역에 걸쳐 활발한 학술적 교류를 이루어냈다.

예를 들어 그리스 수학자 유클리드(Euclid)의 『기하학 원론』은 다수의 추종자들을 낳았으며, 그 중에는 원주율 파이(π)의 근사값과 지레의 작동원리를 처음으로 규명했던 아르키메데스(Archimedes)가 있었다. 오늘날의 이탈리아 시실리, 당시에는 그리스 문화권의 변방에서 태어난 아르키메데스가 수학한 곳은 이집트였고, 특히 기하학을 배운 것은 이집트의 알렉산드리아에서였다. 고대 천문학을 집대성한 프톨레마이오스(Klaudios Ptolemaios)의 업적 역시 헬레니즘 세계에서의 탈지역적 학술 교류의 산물이었다. 프톨레마이오스는 알렉산더 대왕이 이집트 알렉산드리아에 세운 알렉산드리아의 무세이온(Museion, 도서관)에서, 그리스와 바빌로니아에서 수세기 동안 축적되어 온 천문학 관측결과를 이용할 수 있었다. 여기에 그 자신의 남다른 수학 계산능력을 응용하여 수립한 그의 행성천문학은 행성 운동을 비교적 정확하게 예측 가능했으며, 따라서 그의 행성천문학의 권위는 그의 사후에도 계속 유지되었다. 그러나 헬레니즘 시대 천문학의 진정한 쾌거는 아리스타르코스(Aristarchos of Samos)가 제안한 지동설이었다. 이에 따르면 우주 중심에는 태양이 있고 지구는 행성의 자격으로 태양 주위를 회전한다는 것이었다. 더 나아가 아리스타르코스는 태양과 지구의 크기와 그 사이의 거리를 계산했으며, 에라토스테네스(Eratosthenes)는 정확한 지구 원주의 크기를 계산하기도 했다. 의학 분야에서는 그리스의 히포크라테스(Hippocrates)[6] 학파의 영향이 헬레니즘 시대의 갈레노스(Claudios Galenos)에게까지 이르렀다. 갈레노스는 히포크라테스뿐 아니라 아리스토텔레스의 자연철학 · 해부학 등 여러 지적 세례를 받아 고대의학의 통합을 꾀했다. 소아시아의 페르가몬(Pergamon)에서부터 그리스 본토의 코린트(Corinth), 이집트의 알렉산드리아에서 의학과 철학을 연구했고 헬레니즘 세계 곳곳을 거쳐 최종적으로는 로마에 정착한 갈레노스의 경력은 당시 헬레니즘 문화권의 광범위한 영역에서 탈지역적인 학술 교류가 활발히 일어났음을 엿볼 수 있게 해준다.

헬레니즘 시대의 유산은 이후 로마 제국의 문화적 토양이 되었다. 그리스 · 소아시아(오늘날의 터키) · 북아프리카를 포함한 지중해 전역을 장악한 로마 제국은 피정복지인 그리스의 문화와 학문을 단절시키지 않았다. 도리어 기원전 200년경까지만 해도 로마의 상

6) 히포크라테스는 질병과 의학적 조건을 연구하는 전문적인 의학의 전통을 열었을 뿐 아니라, 오늘날까지도 그 기본정신이 준수되고 있는 히포크라테스의 선서를 만들었다.

류층 사이에서는 그리스어와 로마어・라틴어 두 언어의 공용이 유행했을 정도로, 로마는 그리스 문화에 대한 동경과 추종을 보였으며 이러한 우호적인 기조는 이후에도 유지되었다. 로마와 인근 그리스 문화권 사이의 문화 및 학문 교류의 밀도는 단순한 원활함과 긴밀함 이상이었다. 로마에서는 그리스어・라틴어 공용의 관습이 널리 박혀 있었고 로마로부터 그리스로의 여행이나 유학의 기회도 넓었으며, 로마의 식자층은 아예 그리스 출신의 선생을 자택에 고용하여 그리스의 지적 전통에 흠뻑 빠져들기까지 했다. 그리스 자연철학과 과학을 접한 로마인들은 단순히 그것을 수용하는 데 머무르지 않고 대중화의 형식으로 제국 내에 한층 더 널리 보급시켰다. 대표적 인물로는 카펠라(Martianus Capella)를 들 수 있는데, 카펠라는 북아프리카의 카르타고 출신으로 그의 수학 교과서는 훗날 중세 유럽에서도 인기를 누린 고전이 되었다. 카펠라는 기하학 분야에서는 유클리드의 『기하학 원론』의 요점을 개관했으며, 천문학에 대한 그의 해설은 프톨레마이오스의 행성 이론을 꿰뚫고 있었다.

종교 역시 그리스 학문의 탈지역적 확산에 중요한 역할을 했다. 로마 제국의 분열 이후 동로마 제국은 심각한 신학논쟁에 휩싸였다. 예수의 신성보다 인성을 강조한 네스토리우스교(Nestorianism) 지식인 집단은 논쟁 끝에 이단으로 몰려 인근지역으로 도피했다. 그리스 학문에 정통한 엘리트 지식인 집단이 주를 이뤘던 네스토리우스교인들은 시리아를 거쳐 페르시아 지역에 정착하였으며, 이후 7세기에 이슬람 제국이 발흥하자 그 권력층에 고대 그리스의 문화와 취향을 전파했다. 페르시아의 도시 준디샤푸르(Jundishapur)에 정착한 네스토리우스교인들은 그리스 학문을 근동지방의 여러 언어

(시리아어, 페르시아어 등)로 번역한 사업의 주역으로 활동했으며, 준디샤푸르는 그리스 과학이 이슬람인들에게 전파된 중요한 통로의 하나가 되었다.

고대 서구과학의 저장고 이슬람 제국

북동쪽으로는 페르시아, 서쪽으로는 이집트를 접하고 있던 아랍 반도는 알렉산더 대왕의 원정 경로와는 어긋나 있었으며, 이후 서로마의 영향권으로부터도 벗어나 있었다. 7세기 전반에 마호메트(Muhammad)가 오늘날의 사우디 아라비아에 위치한 메카(Mecca)에서 이슬람교를 창시하여 그의 추종자들과 함께 아랍반도는 물론 서쪽으로는 북아프리카를 지나 스페인까지, 동쪽으로는 중앙아시아를 넘어 인도 변방까지 아우르는 이슬람 제국을 건설했다.

이슬람 제국에서 과학은 처음부터 수메르·바빌로니아·이집트·그리스·페르시아·인도 등과의 지적 교류를 자양분으로 삼고 거기에 아랍인들의 창의력이 더해진 산물이었다. 이슬람 학자들은 당시 생존해있던 고대과학의 전통을 적극적으로 섭렵했다. 예를 들어 이슬람 학자들은 인도 수학의 지식 역시 십분 흡수하였다. 고대 인도의 수학은 상당한 경지에 있었는데, 예를 들어 건축물의 높이를 측정하기 위해 측정도구인 자를 최초로 개발했고 도량형도 통일하였다. 이외에도 0이 포함된 숫자체계가 개발되어, 오늘날까지도 사용하는 아라비아 수(인도-아라비아 숫자) 체계의 기원이 되었다. 아랍어로 번역된 고대 인도 수학자들의 저술은 이슬람 세계의 공인된 수학지식의 한 부분을 구성했다. 비단 수학 뿐 아니라, 인도 과학

전반에 대한 이슬람 제국의 흡수 기조와 포용적인 자세는 인도 천문학자들이 8세기경 바그다드로 이슬람 제국 압바스 왕조(Abbasid 750년~1258년)의 궁정으로 초빙된 사실에서도 확인된다.

또한 이슬람 학자들은 그리스 천문학의 풍부한 원전들(texts)을 아랍어로 번역하여 그 지식들을 흡수했다. 물론 이슬람 제국 이전에도 그리스 과학저술들의 번역본들은 존재했다. 예를 들어 헬레니즘 시대의 천문학자 프톨레마이오스가 지구중심설(천동설)에 기초하여 저술한 천문학 저서 『알마게스트』(Almagest, 천문학 집대성)는 페르시아의 팔레비어(Pahlavi, 페르시아의 공용어)로 번역되어 있었다. 그러나 이슬람 제국이 그리스와 로마의 고전 과학문헌의 번역에 쏟은 노력은 이와는 비교할 수 없을 정도로 거국적・제도적이었다. 638년에 이슬람 제국의 무력에 함락되었던 준디샤푸르에는 시리아어・산스크리트(인도 범어)・페르시아어, 그리고 그리스어를 구사했던 엘리트 학자들이 있었다. 앞서 언급한 네스토리우스교인들은 이슬람 제국에 편입된 후에는 아랍어를 적극적으로 습득하였으며, 심지어 제국의 칼리프(caliph) 지도자의 후원 하에 고대 그리스와 로마 제국의 철학・의학・과학 문헌을 아랍어로 번역했다. 준디샤프르에서의 번역활동은 이슬람 제국 압바스 왕조의 중심지인 바그다드로 뻗어 나갔다. 또한 외부적으로는, 로마 제국의 동서 분열 이후에 동로마 비잔틴 제국에 잔존해 있던 그리스 학문의 원전들의 존재 역시 이슬람 제국에서의 번역운동의 활력을 불어넣었다.

이슬람 번역학자들에게 관심을 끌어 번역되었던 그리스 문헌들의 면면을 보면 시대상에 따른 일종의 문화적 역동성이 엿보인다. 초기에 번역대상이 되었던 저술들은 천문학・점성술・연금술・의

학처럼 실용적 문제 해결에 필요한 지식에 관한 것들이었다. 프톨레마이오스의 『테트라비블로스』(Tetrabiblos)는 헬레니즘 시대의 점성술을 수집·정리한 것이었으며, 후나인 이븐 이샤크(Hunayn ibn Ishaq)를 중심으로 한 번역학자 그룹이 중심이 되어 갈레노스와 히포크라테스의 의학서들을 번역하기도 했다. 물론 복잡한 이론 저술에 해당하는 프톨레마이오스의 『알마게스트』와 유클리드의 『기하학 원론』도 번역되었으며 플라톤과 아리스토텔레스를 비롯한 철학자들의 논리학·윤리학·형이상학 저술 역시 번역되었는데, 이는 이들이 이슬람 제국의 통치체계에 필요한 도구가 될 수 있었기 때문이었다. 이슬람 제국의 압바스 왕조는 오래전 알렉산더 대왕이 정복지에 세웠던 알렉산드리아의 도서관을 쫓아, 이슬람 제국의 도서관이라고 불리는 '지혜의 집'(House of Wisdom)을 바그다드에 세웠다. 이슬람 제국의 전폭적인 후원 하에 운영되었던 이 지혜의 집은 일종의 학문연구소로, 여기에서는 이슬람 번역학자와 과학자들이 모여서 이슬람인들에게 유용한 과학과 철학의 지식을 수집하고 번역하는 것은 물론 과학연구에도 전념할 수 있는 환경이 조성되었다.

이슬람 제국에서의 번역운동은 다양한 문화·언어·전문성을 지닌 학자들 간의 협력과 공조 하에 이루어졌으며, 학자들은 폭넓은 지식을 확충하는 데 필요한 새로운 언어를 직접 습득하기도 했다. 가령, 레바논 출신의 기독교 의사로 시리아어와 아랍어에 능통했던 이슬람 의사 루카(Qusta ibn Luqa)는 비잔티움(동로마 제국의 수도 콘스탄티노플의 옛 이름으로, 지금의 이스탄불)으로 가서 그리스어를 배우고 그리스 문헌들을 확보한 다음 이 문헌들을 바그다드로 가져와 아랍어로 번역했다. 네스토리우스파 기독교인으로 아랍어와 시리아어에 그리스어까지 완벽하게 구사했던 후나인 이븐 이샤크는 공동 작업자들과 함께 많은 고대 의학 저술들을 번역해냈다. 번역 운동을 지원했던 이들은 이슬람 제국의 각계각층의 엘리트 지식인들과 후원자들로, 이들의 면면은 지위·계층적으로는 이슬람 제국의 칼리프(지도자)·고급관료·군관료·지휘관·토지소유자·대상인 등을 아울렀으며, 종교적으로는 이슬람교인들뿐 아니라 기독교인·유대인·사비교인(Sabeans)[7] 등을 포함하는 다양성을 보였다.

이슬람 과학은 인근 지역의 과학전통을 적극적으로 흡수했을 뿐 아니라, 이를 토대로 상당한 자체적인 발전을 이루었다. 예를 들어 이슬람 제국에서 '지혜의 집' 학문연구소를 중심으로 이루어진 전방위적 번역문화는 그리스 과학의 흡수를 가능케 했을 뿐 아니라, 이렇게 번역된 지식을 전유하고 변형하기 위한 기반이 되었다. 번역문화를 매개로 이루어진 이슬람 과학은 실용적 지식과 응용과학의 추구로 이어지는 데 효력을 발휘했다. 가령, 토지 측량의 문제, 예배의식을 올릴 때 향하는 메카의 신전 방향, 이슬람법에 따른 상속 문제의 해결, 점성술적 계시를 도구삼아 미래의 예측, 관개, 상거래, 그리고 심지어 오락을 위한 기술적 장치 등의 실용적 문제를 해결하는 과정에서 번역 지식을 활용할 수 있었다. 번역된 지식을 변형·활용한 예로는 고대 역학(mechanics)으로부터 파생된 '무게의 과학'(science of weights)이 있었다. 무게의 과학은 이슬람 과학자 이븐 시나(Ibn Sina, 라틴식 이름으로는 Avicenna(아비센나))에

7) 이슬람교 경전 코란(Koran)에 언급된 교인들로, 계시종교를 추종했다는 것 이외에는 그 정확한 정체는 알려져 있지는 않다. 여러 이질적인 집단에 대해 이 이름이 사용되었기 때문이다.

의해 수학의 한 독립적 분야로 정립되어 훗날에는 중세 유럽에도 전파되었다. 이슬람 과학자들은 균형(balances) 잡기의 비밀인 '무게의 과학', 균형과 무게, 기술적 구성 그리고 이론 및 응용 등에 대한 중요한 저술들을 내놓았다. 무게의 과학은 고체와 액체의 절대무게와 비중량을 측정하거나 화폐 교환율을 계산하고 시간을 측정할 수 있는 장치의 제작을 낳기도 했다. 이러한 장치들의 아이디어는 다름 아닌 유클리드와 아르키메데스와 같은 그리스 과학의 이론적 저술로부터 나온 것이었다. 즉, 이슬람의 왕성한 번역활동은 이슬람 과학의 발전을 위한 토대가 되었던 것이다.

수학의 경우, 이슬람 수학자들은 고대 이집트·메소포타미아·페르시아 등 이슬람 제국에 편입된 다양한 지역은 물론 그리스와 인도로부터 유입된 수학 지식을 수집하고 체계화했다. 페르시아 출신의 알 콰리즈미(Al-Khwarizmi)는 지혜의 집에서 동료들과 함께 대수학·산술·천문학 분야의 번역과 연구에 힘썼다. 알 콰리즈미의 대표적 저서 『알 자브르』(Al-jabr)는 1·2차 방정식 해법에 필요한 대수적 방법뿐 아니라 다각형/3차원 도형의 부피를 다루는 기하학적 방법을 설명했으며, 유산 처리, 소송 및 상거래에 필요한 실용적인 산술도 다루었다. 알 콰리즈미의 책은 표준 수학 교과서가 되었으며, 훗날 중세 유럽에서도 큰 영향력을 미쳤다. 바로 수학의 한 분야인 대수학(Algebra)의 명칭은 그의 책 제목의 『알 자브르』에서 유래되었으며, 오늘날의 알고리즘(algorithm)은 그의 이름에서 나왔다.[8] 이외에도, 알 콰리즈미는 인도에서 발달한 십진법과 인도-아

---

8) 알 콰리즈미는 '알고리즈미'(Algorizmi)로 표기되기도 했는데 1145년에 이것을 영국인이 '알고리즘'이라고 번역하였고, 바로 이 단어에서 수학에서의 계산 절차를 뜻하는 알고리즘이라는 단어가 유래되었던 것이다.

라비아 숫자 체계를 이슬람 세계로 도입하고 널리 대중화시켜 계산 방식에 혁명적 변화를 일으킨 주역이었다.

광학 분야에서도 이슬람 과학은 획기적 전환을 보였다. 이븐 알 하이삼(Ibn Al-Haytham)은 빛은 눈에 보이는 물체로부터 나오며 시각적 인식은 물체에 반사된 빛이 눈에 들어와 이루어진다고 했다. 알 하이삼은 태양, 등불 등 서로 다른 광원에서 비롯된 빛은 본질적으로 동일한 빛이며, 빛의 직진・반사・굴절 등 보편적 현상을 설명했다. 광학의 아버지라고 부르는 알 하이삼은 광학 이론에 많은 기여를 하였으며 그의 『광학의 서』(Opticae Thesaurus, Book of Optics)는 중세시대 라틴어로 번역되어 서구에 알려지게 되었다. 알 하이삼은 라틴식 이름인 알하젠(Alhazen)으로 중세 유럽에서 유명세를 떨쳤다.

이슬람을 통해 유럽세계로 회귀한 서구과학

5세기 후반 서로마 제국의 멸망 이후 수백 년간 유럽이 겪었던 정치적・경제적으로 불안정으로 인해 유럽에서의 지적 활동은 소강상태로 접어들었다. 그리스어로 제작된 고대 학문과 고전에의 접근은 어려워졌으며, 따라서 그리스 과학의 라틴어로의 번역 활동은 제한적이었다. 이와는 달리 이슬람 제국의 과학이 융성할 수 있었던 데에는 이슬람 제국령 곳곳에서 구축된 튼튼한 인프라가 작용했다. 9세기경 바그다드의 '지혜의 집'에서는 번역과 연구활동이 활발히 진행되었고, 10세기경 이집트의 알렉산드리아 도서관에는 고대 학문의 장서 콜렉션이 구비되어 있었다. 스페인의 코르도바

(Cordoba)는 이슬람권 전역에서 학자들과 학생들이 몰려온 고등교육의 중심지가 되었으며, 12세기경에는 스페인 톨레도(Toledo)에 과학 아카데미가 세워져 이슬람 과학의 발전에 필요한 자양분을 제공했다. 그러나 13세기경부터 이슬람 제국이 쇠락하면서 역사의 중심 무대는 유럽으로 옮겨져 갔다. 이에 이슬람 제국에서 보존되었던 그리스 고전 학문은 지리적 경계를 넘어 중세 유럽으로 유입되었고, 유럽 학자들에 의해 아랍어에서 라틴어로의 번역활동이 이루어져, 그동안 이슬람 제국이 보존하고 발전시켰던 과학연구는 이제 서구과학의 전통으로 계승될 수 있게 되었다.

중세 유럽 사회로 파고들어간, 아랍어로 보존된 그리스 학문·과학은 중세 유럽의 지식인층의 언어인 라틴어로, 때로는 유럽 지방어로의 재번역되는 일이 빈번해졌다. 이 과정에서 아랍어로 번역되어 보존 중이던 그리스 철학과 과학의 상당 부분은 물론, 이슬람권 과학자들의 자체적 과학연구 성과 역시 유럽의 라틴어권으로 파고들었다. 아랍어에서 라틴어로의 번역활동은 10세기 북부 스페인의 아라곤(Aragon)으로 소급할 수 있으며, 주요 번역활동이 이루어진 곳으로는 11세기 스페인의 투델라(Tudela)를 꼽을 수 있었다. 초기의 번역은 아랍어에서 라틴어로, 때로는 아랍어에서 그리스어로 이루어졌다. 12세기로 넘어가면서 그리스 학문과 과학 원전의 번역 작업은 스페인을 넘어 이탈리아 시실리(Sicily)에서도 이루어졌다. 이들 남부 유럽 지역에서 10세기부터 13세기에 걸쳐 상당수의 그리스 과학과 철학 저술은 물론 이슬람 학자의 저술물이 번역되었으며, 이러한 번역물은 훗날 13세기 유럽 중세 대학의 교과과정에 사용되기도 했다.

고대 학문과 원전의 번역활동의 거점들은 아랍어권과 라틴어권과의 경계지대를 따라 위치하였다. 번역 컨텐츠는 지역적·시기적 상황과 관심사에 따라 다양했다. 예를 들어 1085년 이슬람권으로부터 탈환된 스페인 톨레도에서의 번역활동은 눈부신 발전을 이루었는데, 그 중심에는 레이몬드(Raymond)가 운영했던 톨레도 번역학교(Toledo School of Translators)가 있었다. 레이몬드는 톨레도 대성당 도서관에서 2개 언어 이상을 구사하는 모사라베(Mozarabs, 이슬람 지배 하의 스페인에서 개종하지 않은 그리스도교도) 출신의 톨레도인, 유대인, 마드라사(Madrasa) 고등교육 기관의 교사들과 수도사들로 이루어진 번역팀을 구성하여 이들을 적극적으로 지원했다. 레이몬드의 번역 프로그램은 아랍어를 표준 스페인어(Castilian)로, 스페인어를 라틴어로 또는 아랍어를 라틴어·그리스어로 번역했다. 톨레도에서의 번역활동의 융성은 소위 번역학파라는 학파를 낳을 정도였다. 서로마 제국의 멸망 이후 동로마 제국은 물론 다양한 민족들의 지배를 번갈아 받았던 이탈리아 풀리아(Puglia)에서 그다지 멀지 않은 나폴리 인근 살레르노(Salerno)에서는 그리스 의학 원전들을 주된 대상으로 하여 번역활동이 이루어졌다. 살레르노에서는 갈레노스의 의학서들이 집중적으로 번역되었지만, 라틴어 번역물에는 철학과 물리학이 대거 포함되기도 했다. 시실리에서는 플라톤·아리스토텔레스·아낙사고라스(Anaxagoras)·플루타르코스(Plutarchus)·프톨레마이오스·유클리드 등의 저술들이 번역되었다. 이외에도, 12세기 당시로는 유럽의 외곽지역인 이탈리아 팔레르모(Palermo)에서는 라틴어권 학자들과 아랍어권 학자들이 모여서 공동 번역물을 내놓기도 했다.

중세 유럽의 번역학자들 중에는 낮은 성직계층 출신의 인물이 많았는데, 이들은 번역활동과 관련하여 새로운 지식을 수집하기 위해 유럽 도처의 그리스 학문의 전파 중심지로 이동하는 것을 마다하지 않았다. 이러한 적극적인 도전에 힘입어 중세 유럽의 번역학자들의 활동은 이탈리아・영국・벨기에・네덜란드・룩셈부르크・알프스 등 유럽 각지에서 이루어졌다. 아랍어에서 라틴어로의 번역운동은 심지어 기독교인 학자와 유대인 학자, 그리고 이슬람교인 학자들 간의 지적 협력으로 이루어지기도 했으며, 번역활동은 이슬람 제국에서처럼 국가적 지원 하에서가 아니라 개인적인 동기와 차원에서 이루어졌다.

유럽권과 이슬람권의 경계지대로 번역학자들이 이주하는 현상은 12~13세기에는 영국 옥스퍼드와 프랑스 파리와 같은 유럽 중심부의 학계로부터도 찾아볼 수 있었다. 심지어 유럽 중심부의 학자들이 이슬람 지역으로까지 활동반경을 넓히는 경우 역시 있었는데, 13세기 초 영국의 스콜라철학자이자 이슬람 과학의 전문가였던 애덜라드(Adelard of Bath)의 경우를 예로 들 수 있다. 그는 이슬람 과학의 지식을 얻기 위하여 이슬람 제국의 변경으로 이동하여 유클리드의 『기하학 원론』과 알 콰리즈미의 천문표를 번역하기도 했다. 알 콰리즈미의 천문표는 태양・달, 그리고 다섯 행성들의 움직임에 대한 매 시간마다의 기록이 담겨 있는, 달력이자 천문학・점성학적 자료집이었다. 또 다른 위대한 번역학자인 이탈리아의 제라드(Gerard of Cremona)는 이탈리아로부터 스페인으로 건너가서 프톨레마이오스의 『알마게스트』의 사본을 얻기도 했다.

중세 유럽의 번역 선각자들은 이슬람의 번역학자들에 비해 고대 그리스 학문 전통에는 상대적으로 초보였지만, 그럼에도 불구하고 그들은 그리스 과학의 창조적 계승을 시도했다. 번역활동에 수반된 과학연구는 이들 번역가들이 최초에 지녔던 지식의 형상을 변화시켰다. 가령, 13세기 프랑스 파리의 수학자 조르다누스(Jordanus de Nemore, 또는 Jordanus Nemorarius로 알려졌음)의 사례는 고대 역학에 관한 지식의 전파가 이슬람 세계를 넘어 중세 유럽 세계에, 그리고 중세를 넘어 근대 초 유럽 사회에까지 끼친 장기적 효과를 잘 보여준다. 조르다누스는 이슬람의 '무게의 과학'(science of weight)에 대한 주요 저술의 번역이 이루어진 지 30년 후에, 새로운 역학 분야를 발전시켜 유럽에 정착시키는 데 기여했다. 조르다누스의 유명한 논설(treatise)에서 그는 위치중력(positional gravity)[9]이라는 새로운 역학적 개념을 소개했는데, 이는 중세 역학의 발달에서 중요한 개념이 되었다. 조르다누스의 역학은 학파를 이루어 중세 대학의 교양과정 4과(음악 · 대수학 · 기하학 · 천문학) 중 수학의 일부로 포함되는 정도가 되었다. 최종적으로는, 조르다누스의 이론은 중세를 풍미한 아리스토텔레스 역학체계에까지 편입되었다. 조르다누스의 역학은 두 차례의 지식 전파 과정의 시너지 효과의 결과물이었다. 즉, 그리스어에서 아랍어로의 번역되는 과정에서 '무게의 과학'이라는 지식의 변형이 일어났고, 아랍어에서 라틴어로의 번역 과정에서 '무게의 과학'은 포괄적인 역학 이론으로 변형되는 과정을 거쳤다. 이처럼 그리스에서 본격화된 서구과학이 아랍세계를 거쳐 다시 유럽으로 회귀한 과정을 되돌아보면, 과학지식이 지리적 · 문화적 · 인종적 · 종교적인 경계를 넘은 탈경계 과정을 통해 전파된 하나의 과정을 볼 수 있다.

9) 현대의 중력 위치에너지(gravitational potential energy)의 개념에 가깝다.

중세 대학과 탈경계(trans-boundary) 과학

과학지식의 탈경계화는 중세 유럽의 대학에서도 이어졌다. 12세기 유럽의 대학은 고등교육 기관이라는 점에서 그 전 수세기에 걸쳐 존재해 왔던 대성당학교·수도원과도 닮은 점이 있었지만, 남녀 수도승들에 대한 신학 교육이 목적이었던 대성당학교·수도원과는 교육 내용에 차이가 있었다. 대학의 시초 또는 전신은 교황의 칙서에 의해 세워져 로마 카톨릭 교회(Latin Church)의 후견을 받은 스투디아 제네랄리아(studia generalia)에서 찾을 수 있다. 고등교육 기관을 지칭하는 용어였던 스투디아 제네랄리아는 지역에 구애받지 않고 학생들을 모집하여 신학·법학·의학을 가르치는, 일종의 대학의 형태를 띤 학교였다. 12세기 유럽 사회는 정치적 안정과 기술의 역동적 발전에 힘입어 인구가 비약적으로 증가했으며, 이러한 증가한 인구의 유입으로 도시는 지속적으로 성장해 갔다. 또한, 11세기부터 수세기에 걸쳐 벌어진 십자군 운동은 역설적으로 투쟁·타도의 대상이었던 이슬람 문명권과의 접촉 기회를 유럽에 안겨주었다. 이러한 기회를 통해, 유럽의 학자들은 이슬람 제국에 보존되어 있었던 그리스 학문의 저술 전반을 라틴어로 번역하였다. 고대 그리스 저술의 재발견은 12세기 유럽 학자들의 연구 열정을 자극했을 뿐 아니라, 당시에 때마침 등장한 대학으로 파고들어 갔다.

13세기에 이르러 대학은 규모 면에서 극적으로 성장했으며, 파리·볼로냐·옥스퍼드 등 도시의 교육 중심지에서 대학 인원수는 상당했다. 옥스퍼드에서 교수자의 수는 70여 명을 넘었으며, 파리 대학은 절정기에 2천명 이상의 재학생 규모를 자랑할 정도였다. 도시에서의 부의 증가, 고급 전문직(예 : 성직)에 대한 수요의 증가, 유능한 교수자(예 : 당시 유명했던 프랑스 철학자 피에르 아벨라르(Peter Abelard) 등)가 대중에게 야기한 지적 욕구 등은 교육혁명의 원동력으로 작용했다. 대학 자체의 명성, 교수자의 유명세, 그리고 지역의 정치적·경제적 명소 등의 환경적 요소들은 유럽 곳곳의 학생들을 끌어당겨, 유럽 도처에서 대학이 탄생했다. 볼로냐·파리·옥스퍼드의 대학들은 교양학문 분과나 의학·신학·법학에서 연구 수준이 높기로 명성을 누렸으며, 수많은 교수와 학생이 여기로 모여들었다. 이들 교수와 학생 다수가 해당 대학 소재지의 시민권이 없었던 이방인이었기 때문에, 이들의 권리나 특권의 법적 보호를 위한 장치가 필요했다. 따라서 대학은 당시 상공업 분야에서 융성하던 길드(guild) 구조를 본 따 단체 조직의 형태로 설립되었다. 이러한 조직을 울타리 삼아 대학은 외부의 간섭에서 벗어나 학위과정을 개설하고 교과과정을 확립하는 등 자율성을 확보해 나갔다.

대학의 성장과 더불어 학제도 체계화되어 갔다. 파리 대학의 경우를 예로 들면, 대학은 크게 교양학부와 대학원으로 세분화되어 있었다. 대학 입학 연령은 약 14세 정도였으며 문법학교에서 라틴어를 습득한 자에게만 입학이 허용되었다. 대학에 입학하여 지도교수의 강의를 3-4년 동안 수강한 학생은 교양학문의 학사 자격을 취득하였다. 학사는 필요한 모든 과목을 이수한 후 교양학문의 석사 학위 시험에 응시하여 통과하면 교양학부 교수단의 일원으로 교양과목을 가르칠 권리를 얻게 되었다. 다른 한편, 교양학부를 마친 학생은 법·의학·신학의 한 분야로 편입하여 학사-석사-박사 학위를 계속 취득할 수 있었다. 대학의 공통 교과과정은 학부의 교양과목에 있었다. 3학(문법 · 수사학 · 변증술 · 논리학) 4과(음악 · 대수학 · 기하학 · 천문학)와 같은 교육과정이 있었으며, 라틴어는 대학가의 유일한 공통언어로서 모든 교과서 · 강의 토론(disputations) · 시험에서 통용되었다.

교양 교육과정에서 천문학은 상대적으로 효용이 높은 학문으로 인기가 있었다. 천문학은 시간 계산은 물론 종교행사(예 : 부활절 일자 산출)에 필요했을 뿐 아니라, 점성술 실행을 위한 이론적 토대라고 여겨졌기 때문이었다. 대학의 과학 교과과정의 중심에는 아리스토텔레스 자연철학이 있었다. 13세기경 우주론 · 물리학 · 박물학 등 다양한 분야에서 아리스토텔레스의 저술은 필독서로 정착되었으며, 아리스토텔레스 자연철학을 학습하지 않고서는 대학을 졸업할 수 없었을 정도였다. 중세 유럽의 대학들이 지녔던 이러한 교과과정상의 공통점 덕분에 학생과 교수는 대학 선택에 있어 이점을 누릴 수 있었다. 대학의 강의수준과 특성화 분야에 따라 교수 · 학자들과 학생들은 지역과 국가에 제약받지 않고 각자가 선호하는 대학으로 향하는 일이 활발하게 이루어졌다. 말하자면 중세 유럽의 대학은 학문의 창출과 지식의 집결이 지역 · 국가의 경계를 넘어 활발하게 이루어진 일종의 탈경계 지대였다.

중세 대학에서 아리스토텔레스 철학이 핵심 교과과정으로 자리했지만 그의 철학 전반에 흐르는 주의주장들은 중세 기독교 신학과 상충하는 측면이 있었다. 가령, 철학은 감각과 이성 같은 인간의 자연적 능력을 이용해서 진리에 도달하는 반면, 신학은 인간의 자연적 능력으로는 이해할 수 없는 진리에 계시를 통해 접근할 수 있도록 해준다는 것이다. 그러나 철학과 신학의 방법론상의 차이에도 불구하고 상호 중첩되는 영역을 가질 수 있다는 인식이 팽배했다. 가령, 창조주의 존재는 이성에 의해서도, 계시에 의해서도 인식될 수 있다는 것이다. 철학자도 신의 존재를 증명할 수 있고 신학자도 성경의 주석에 의해 신의 존재를 증명할 수 있으면, 신학과 철학 사이에 실질적 갈등이 있을 수 없다는 것이다. 바로 아리스토텔레스 철학과 신학의 융화를 조준한 것이 중세 대학을 통해 정교화된 스콜라철학(Scholasticism)이었으며, 중세 과학자들의 과학연구 역시 스콜라철학의 범주 내에서 이루어졌다.

대학의 자연철학 교수들이 관심을 기울였던 분야들 중에는 천문학이 있었다. 우주론과 행성천문학에 대한 다양한 견해들이 대학으로부터 나왔다. 예를 들어 파리 대학의 자연철학자 오렘(Nicole d'Oresme)과 옥스퍼드 대학의 수학자 브래드워딘(Thomas Bradwardine) 등은 창조주의 전지전능함은 우주 바깥쪽에 또 다른 우주를 창조했을 수도 있다는, 다원우주의 가능성을 주장했다. 영국 스콜라철학자 오컴(William Occam)의 제자인 파리 대학의 뷔리당(Jean Buridan)은 천체의 운동은 영적권능이 매 순간 작용하기 때문에 진행되는 것이 아니라, 창조주가 창조 당시에 천체에 부과한 힘에 의한 것이라는 입장을 견지하기도 했다. 한 걸음 더 나아가, 뷔리당과 오렘은 지구의 자전운동 가능성을 제기하면서, 지구가 고정돼 있다고 말하는 것처럼 보이는 성경구절 역시 융통성 있게 해석할 필요를 제기했는데, 결국에는 그러한 주장에 내포된 신학적 위험성 때문에 그 주장을 철회하기도 했다.

대학은 천문학의 발전을 위한 든든한 요람이 되었다. 교과서는 개념과 이론을 전파하는 중요한 장치가 되었다. 가장 인기가 높았던 교과서는 파리 대학에서 교편을 잡았던 요하네스 사크로보스코(Johannes de Sacrobosco)가 13세기 중반에 출간한 『천구』(Sphere)였다. 이 책은 구면천문학(spherical astronomy)에 대한 기초적 해설과 행성운동에 관한 설명을 담고 있었는데, 17세기 말까지도 계속 주석이 추가되어 대학 교과서로 사용되었다. 사크로보스코의 교과서는 달력제작 · 연표작성 · 시간관리에 관심을 가진 학생에게 기초적인 천문학 지식을 제공했다고 할 수 있다. 또한 파리 대학의 익명의 교수자가 집필한 것으로 추정되는 『행성이론』(Theorica Planetarum)이라는 교과서는 대학가에서 천문학 이론의 표준 교과서로 정착되어 갔다. 대학에서는 천문학 기초지식을 가르치는 것이 일반적이었지만, 고급 천문학을 가르치는 대학 역시 등장했다. 중세 유럽 대학에서의 이러한 천문학 인프라는 훗날 코페르니쿠스와 같은 걸출한 천문학자를 배출하는 토양이 되었다.

중세 대학의 자연철학 교수자들의 활동은 역학 분야에서도 두드러졌다. 14세기를 중심으로 옥스퍼드 대학 머튼(Merton) 칼리지와 인연을 맺은 뛰어난 논리학자들과 수학자들이 하나의 집단을 형성해서 중세 역학의 전통을 만들어 나갔다. 훗날 캔터베리 대주교에 임명되는 옥스퍼드 수학자 브래드워딘을 비롯하여 하이츠베리(William Heytesbury), 존 덤블턴(John of Dumbleton), 스와인스헤드(Richard Swineshead) 등의 머튼학파는 운동학(dynamics)에 필요한 개념틀과 용어를 다수 고안했는데, 특히 등가속도 운동(uniformly accelerated motion)은 오늘날에도 통용되는 개념이다. 등가속도 운동이란 어떤 운동에서 그 속도가 같은 시간에 같은 크기로 증가하는 것이다. 머튼학파의 성과는 유럽 대륙으로 건너가 그 결실을 맺었다. 볼로냐 대학을 졸업했고 캠브리지 대학에서도 수학한 바 있는 수도사 디 카살리(Giovanni di Casali)와 파리 대학의 오렘은 이미 머튼학파가 기하학적 증명이나 도형의 사용 없이 구두로만 진술했던 소위 머튼 규칙, 즉, 평균속도정리(Mean Speed Theorem)와 홀수배 법칙(Odd's Numbers Law)을 기하학적 표상체계를 이용하여 증명해 내는 데 성공했다.[10] 이러한 중세시대 역학의 풍부한 전통은 17세기 갈릴레이를 통해 근현대 역학의 탄생에도 중요한 역할을 했다.

흔히 중세시대를 과학의 암흑기로 부르는 이들도 있고, 중세과학의 발전이 전무에 가깝다고 하는 이들도 있다. 그러나 이러한 주장에는 의구심이 따른다. 가령, 프랑스 물리학자이자 철학자인 뒤엠(Pierre Duhem)의 평가에 의하면, 근대의 역학·물리학은 머튼학파/파리 대학 등 중세 대학의 심장부에서 나온 학설들이 지역과 도시를 넘은 전파와 교류를 통해 발전한 덕에 가능했다. 물론, 중세과학이 근대초 과학발전의 예비단계였다고 주장한다면 이는 다소 과장된 해석일 수 있을 것이다. 그럼에도 불구하고, 중세 대학에서의 자연철학이 서구 근대과학의 발전을 위한 토대에 기여한 바가 있다는 점에는 큰 이견은 없다.

중세 대학의 자연철학이 결실을 맺을 수 있었던 이면에는 이슬람 세계 학자들로부터 전해 받은 고대학문의 전통의 역할을 간과할 수 없다. 바로, 중세 대학이 자연철학의 문화를 꽃피웠던 것은 고대의 아리스토텔레스 철학과 기독교 사상의 융화를 시도한 스콜라철학의 기반 위에서였기 때문이며, 동시에 스콜라철학이 아리스토텔레스의

10) 평균속도정리란 등가속도 운동을 하는 물체가 일정한 시간에 움직인 거리는 그 물체가 같은 시간 안에 등속의 평균속도로 움직인 거리와 같다는 것이다, 반면에 홀수배 법칙은 등가속도 운동을 하는 물체가 매시간 간격 동안 홀수배의 거리를 움직인다는 것이다.

자연철학을 수용할 수 있었던 것은 아리스토텔레스의 저작들이 이슬람 세계로부터 유럽으로 들어왔기 때문이기도 했다. 즉, 중세 유럽 대학에서 자연철학의 융성은 지역·국가의 경계를 넘어 활발하게 이루어진 탈경계적 지식 전파의 산물이기도 했다. 이는 고대 그리스와 이슬람 세계에서 자연철학에 대한 고등교육 기관이 부재했던 것과는 대조적으로, 중세 대학은 공통의 교과과정을 가진 고등교육기관으로서 유럽 고유의 제도라고 할 수 있었다. 중세 대학은 지역·도시·국경을 넘는 탈경계적 지식 이전과 인적 이동이 이루어진 곳이었으며, 자연철학의 지적 전통을 형성할 뿐 아니라 학문의 잠재적 엘리트층인 학생을 양성함으로써 당대 사회 발전의 바람직한 목적을 성취할 수 있다는 실용성을 강조했다.

중세 대학은 위와 같은, 그리스와 이슬람, 이슬람과 유럽 간의 탈경계적 교류의 산물이었지만, 동시에 유럽 내에서의 탈지역적 교류의 수혜자이기도 했다. 중세 유럽의 사회는 보편적 기독교 이데올로기를 도구삼아 탈경계적 체제의 속성을 드러냈다. 순례가 일상화된 중세 유럽인들은 도보·말·마차·배를 이용하여 지역의 경계와 국경을 넘나들었다. 특히 유럽에서 국제교역이 활발하게 부활한 12세기경부터는 지역 간 도로 네트워크가 조성되어 지리적 이동은 더욱 더 용이해졌다. 이에 수천 명의 순례자들이 예루살렘, 로마와 스페인의 산티아고 데 콤포스텔라(Santiago de Compostela) 대성당 같은 성지를 순례하는 풍경도 드물지 않게 되었다. 이는 관련 인프라의 확충 덕이었다. 도시의 도로는 자갈을 이용하여 단단하게 만들어졌으며 가교는 교통량이 복잡한 강을 중심으로 세워져 있었다. 사람들이 많이 몰리는 곳에는 숙박시설이 구비되어 있었으며 여행가들은 하루에 상당한 거리를 도보할 수 있었다. 이러한 인프라 덕에 대학의 학생들과 교수들이 마치 종교적 성지로 순례를 떠나는 신자들처럼 학문의 순례지인 대학도시로 향하는 모습 유럽의 도로 상에서 낯익은 또 하나의 풍경이 되었다.

그러나 대학이 애초에 가졌던 학문활동의 탈경계적 특성은 중세 말에 이르러 희석되어 갔다. 대학은 황제·군주·시당국 등의 세속적 권력에 의해 설립 붐이 일어 16~17세기에는 그 수가 약 70여 개에 이를 정도로 확산되었다. 대학이 유럽 도처에 설립되었다는 것은, 역으로 말하자면 각 지역의 인재들이 굳이 국경을 넘지 않고 현지의 대학에서 수학할 수 있는 기회가 더욱 더 증가했다는 것을 의미하기도 했다. 이제, 중세 대학에서 볼 수 있었던 탈지역·탈국가적인 과학활동은 17세기에 들어 다음 주자를 맞이하게 된다. 중세 교회의 권위 아래 질식되어가는 인간성을 회복하려는 16세기 르네상스 시대 인문주의(Humanism)의 등장과 더불어, 17세기에는 유럽의 과학단체들이 중세 대학의 스콜라철학을 거부하고 새로운 경향의 실험철학을 추구하였다. 이러한 과학단체들에 의해 탈국가적인 과학활동은 계속해서 이어지게 된다.

과학의 세계주의와 문필공화국(Republic of Letters)의 융성

16세기 르네상스를 거쳐 17세기에 이르기까지 드라마틱한 과학의 발전이 있었다. 공교롭게도, 이른바 '과학혁명'(The Scientific Revolution)이라 불리는 이 시기의 과학의 지각변동이 일어난 것은 이전 시기에 학문의 요람 역할을 했던 대학에서가 아니었다. 이는

17세기 유럽 대학에서는 여전히 중세의 전통이 계속되고 있었으며, 따라서 대학의 교과과정은 고루한 아리스토텔레스 철학 위주였고 새로운 과학의 출현에 대해서는 다소 적대적이었기 때문이었다. 이에 새로운 과학은 대학이 아닌, 새로 출현한 과학단체에서 행해졌다. 코페르니쿠스 · 갈릴레이 · 데카르트(R. Descartes) · 하비(William Harvey) · 뉴턴 등의 유수한 과학자들 중 상당수가 대학교수로서도 활동했지만, 정작 그들의 과학활동은 과학단체에서 더욱 두드러졌다. 파도바 대학의 교수였던 갈릴레이는 이탈리아 린체이 아카데미(Lyncei Academy), 캠브리지 대학의 석좌교수였던 뉴턴은 영국 왕립학회(Royal Society)에서 주로 활동하는 등 각각의 과학단체의 주도로 연구와 저술이 이어졌던 것이었다.

과학혁명기의 법률가 · 철학자였던 베이컨(Francis Bacon)은 인간이 올바른 지식을 획득하기 위해서 버려야 할 우상이 있다고 보고, 이는 정확한 사고(思考)를 방해하는 일종의 편견(偏見)이라고 보았다. 베이컨은 과학연구의 폐단을 극복하기 위한 실험활동, 과학기구의 사용, 협동연구, 상호비판 등을 제안함으로써 실험과 경험적 지식의 축적을 전제로 한 귀납적 방법론(inductive method)을 내놓았다. 그의 저서 『뉴아틀란티스』(New Atlantis)에서 제안한 '솔로몬의 집'(Solomon's House)은 과학자들의 이상향으로서, 과학자들이 함께 모여 살면서 시설과 재정적 지원을 통해 실험과 귀납적 방법에 의한 과학연구를 수행하는 공간이었다. 이를 통해 과학자들이 유용하고 실제적인 지식을 얻어내고 인류의 복지에 기여하게 될 것이라는 베이컨의 주장은 과학단체들의 설립 이념이 되었다.

런던 왕립학회(Royal Society)와 파리의 과학 아카데미(Academy

of Science) 등은 당대 최고의 과학단체였으며, 그 회원들에게 새로운 과학의 세례를 선사한 창구였다. 이러한 창구로는 공식적인 과학단체 이외에도 과학자들의 사적 그룹 역시 있었는데, 예를 들어 프랑스의 메르센(Marin Mersenne) 그룹은 데카르트의 친구이자 신부였던 수학자 메르센을 중심으로 유럽의 여러 과학자들이 모여 과학과 자연철학의 문제들을 토론한 집단이었다. 메르센은 그룹의 과학자들과의 서신교류망을 통해 얻은 지식을 모임 때마다 회원들에게 전달했다. 메르센과 교류하던 인물군에는 갈릴레이·토리첼리(Evangelista Torricelli)·데카르트·홉스(Thomas Hobbes)·가상디(Pierre Gassendi)·파스칼(Blaise Pascal) 등 유럽 유수의 과학자들이 망라되어 있었다. 서신교류를 통해 메르센은 과학자들의 연구를 격려했으며 출판을 돕기도 했다.

17세기에 대거 등장한 과학단체들의 활동의 면면에는 과학의 세계주의(cosmopolitanism)라는 이상의 추구가 드러난다. 세계주의란 특정 국가의 문화에의 집착을 넘어 인간 전체의 이해관계 고양을 위한 정치적·사회적·문화적 신념 체계의 추구를 의미한다. 이러한 세계주의는 17세기 유럽의 과학계에서도 그 편린을 찾아볼 수 있다. 당시 유럽의 지식인층은 활발한 서신교환과 상호방문 등을 통해 지식과 감성의 양면에서 지리적·정치적 경계를 초월한 범유럽적 문화공동체를 형성하고 있었는데, 이는 소위 '문필공화국'(Republic of Letters)이라고 불린다. 요컨대, 17세기 문필공화국은 보편주의 가치와 국제적 네트워크의 소통방식과 과학의 협력 연구를 유도함으로써 국제적 차원의 활동과 상통한 맥락이 지배적이었다.

문필공화국의 아이디어는 고대로 소급할 수 있지만, 그것이 실제로 두드러진 것은 17세기부터 과학자의 수적 증가에 따른 과학자 공동체의 성장에서 엿볼 수 있다. 그 동안 베이컨의 '솔로몬의 집'에서 구상한 과학의 이상이 현실화되지 못한 상태에서 과학·과학자의 사회적 지위는 미약했다. 그러나 이제 과학자들은 대학과 관련 전문직에 속하지 못한 경우도 허다했지만, 당대의 군주·황제·귀족가문의 후원에 힘입어 새로운 사회적 지위에 오를 수 있었으며 독립적 전문가의 실체로서 여론을 조성할 수 있는 능력을 구비할 수 있게 되었다. 그리고 과학단체의 설립이 이탈리아로부터 시작되어 프랑스·독일·네덜란드·영국으로 퍼져 나갔다. 이에 국제적으로 분포한 과학단체들 및 그 회원 과학자들 간의 국경을 초월한 교류에서 서신 왕래 및 저작·서적의 교환이 중요한 교류 수단이었기에, 이들 과학자들의 커뮤니티들은 소위 문필공화국이라는 이름으로 불리었다.

문필공화국의 세계주의적 공통의식이 형성된 데는 국경을 초월한 상호 간의 서신교류를 통한 소통이 핵심으로 작용했다. 가령, 메르센느의 서신교류망에는 유럽 전역에 광범위하게 분포된 70여 명의 명단이 있었다. 서신은 학구적·학술적인 내용으로 이루어졌으며, 이런 내용들은 정기모임에서 회원들에게 소개되었다. 해외 동료와의 자유로운 소통을 지향하는 과학자들의 교류 노력은 국제 정치의 지형으로 인해 흔들리지 않았다. 과학단체들은 국경을 넘은 지적 교류의 장을 조성함으로써, 회원 과학자들로 하여금 문필공화국의 세계시민으로서의 의식을 갖게 해주었다. 과학단체는 수학 및 자연철학 분야의 연구를 진흥하고 연구성과를 출간했던 학술지를 통해 과학정보 교류를 자극했다. 과학단체들이 발행했던 학술지들의 차이에도 불구하고, 해외 과학자들의 참여를 이끈 공통의 독특한 장치가 있었다. 가령, 프랑스의 왕립 과학아카데미는 정기 학술지에 발표되는 공통어로 라틴어를 허용함으로써 해외 과학자의 발표·보고를 유도했다. 나아가 왕립 과학아카데미는 매년 논란이 되는 난제의 해결책에 대한 공개경쟁을 개최하고 이에 대한 학술상을 해외 과학자들에게 개방했다.[11] 예를 들어, 왕립 과학아카데미에서 수여한 92건의 학술상 중에서 47건은 해외 수학자와 과학자들에게 수여되기도 했다. 최초의 과학잡지인 『주르날 데 사방』(Journal des Savants)은 국제코너를 통해 해외 과학연구 보고서를 소개하기도 했으며, 왕립 과학아카데미는 '사방 에트랑제'(Savants Etrangers, 이방인 과학자) 코너를 만들어 해외회원들의 회고록(memoirs)을 발간하기도 했다. 스웨덴의 천문학자인 렉셀(Anders Lexell)은 1780년에 사방 에트랑제 코너는 대부분 해외 과학자와의 서신교류 내용을 주로 소개했다고 보고했다.

문필공화국이라는 이름이 보여주듯 국경을 초월한 상호 간의 교류의 핵심 수단은 서신과 저작이었으나, 지리적 이동과 여행의 기회가 증가하면서 문필공화국 시민의 상호방문 역시 용이해졌다. 그들은 이 나라 저 나라로 쉽게 이동하면서 본국을 떠나 해외 과학자와의 교류를 유지했다. 독일의 라이프니츠(Gottfried Wilhelm Leibniz)는 파리에서, 프랑스의 데카르트는 네덜란드에서, 스위스의 오일러(Leonhard Euler)는 성 페테르부르크와 베를린에서 연구활동을 계속했다. 또한, 프랑스의 라플라스(Pierre Simon Laplace), 스웨

11) 당시 뉴턴역학의 가장 어려운 문제들 중의 하나였던 '삼체문제'(three-body problem)가 제시되기도 했으며, 스위스의 오일러(Leonhard Euler)나 프랑스의 달랑베르(Jean Le Rond D'Alembert) 같은 유명한 과학자들 역시 이러한 문제에 도전하여 성공하기도 했다.

덴의 린네(Carl von Linne)와 영국의 뱅크스(Joseph Banks)는 해외에서의 활동을 오랫동안 지속하기도 했으며, 프랑스 천문학자인 랄랑드(Jérôme Lalande)는 베를린 아카데미의 중앙무대로 진출하여 활동했다.

과학의 세계주의는 국가적 차원에서도 지지되었다. 프랑스의 콜베르(Jean Baptiste Colbert) 재상의 지원에 힘입어 설립된 왕립 과학아카데미(Royal Academy of Science)는 네덜란드 물리학자 호이겐스(Christian Huygens)를 초청하여 아카데미의 지휘를 요청했으며, 이탈리아 천문학자인 카시니(Jacques Cassini)를 초청하여 천문대의 수장으로 활동하게 했다. 프러시아의 프리드리히 2세(Frederick Ⅱ)는 프랑스 물리학자인 모페르튀(Pierre de Maupertuis)로 하여금 프러시아 과학아카데미(Prussian Academy of Sciences)를 이끌게 했으며, 프랑스 천문학자인 드릴(Guillaume Delisle)은 성 페테르부르크의 러시아 과학아카데미(Russian Academy of Sciences)에서 활동하기도 했다.

과학의 세계주의적 특성을 가장 극적으로 보여주는 것은 과학단체와 연계된 국제협력 과학프로젝트들로, 이를 통해 문필공화국의 세계주의는 한층 강화될 수 있었다. 예를 들어, 18세기 뉴턴의 편구면(oblate spheroid) 행성 이론을 검증하기 위해 수행된 천문학·지리학 국제협력 과학프로젝트를 들 수 있다. 이 프로젝트의 목적 설정과 관련하여 프랑스의 달랑베르는 프랑스의 물리학자 모페르튀를 문필공화국 시민의 표상과도 같은 인물로 칭송했는데, 이는 모페르튀가 프랑스의 데카르트의 와동이론(vortex theory)을 맹목적으로 지지하기보다는 오히려 경쟁국 영국의 뉴턴의 중력이론을 옹호하여 탐사계획의 초점을 후자에 맞출 것을 촉구하였기 때문이다. 이 검증을 위해 모페르튀와 프랑스의 수학자 클레로(Alexis Claude Clairaut)가 스웨덴의 천문학자 셀시우스(Anders Celsius)를 길잡이로 삼아 스웨덴 북부 라플란드(Lappland)로 탐사를 떠났을 때, 관측도구는 영국 런던으로부터 수송되었고 항해는 스페인 해군의 도움을 받았다. 또한, 1761년과 1769년에 이루어진 금성의 태양면 통과 관측 프로젝트들은 프랑스 천문학자 데릴을 중심으로 프랑스·영국·독일·러시아·스웨덴·포르투갈·이탈리아·스페인·네덜란드 등의 500여 명의 관찰자가 참여한 국제적 협력작업이었다. 1761년 영국과 프랑스 간의 전쟁에도 불구하고, 영국 해군은 관측탐사를 위한 프랑스 천문학자들의 안전한 통과를 보장하였다. 이처럼 당시의 국제협력 과학프로젝트에는 종교와 국가를 초월하여 학문과 과학의 발전이라는 기치 아래 상호 동등하고 자유롭게 교류하는 문필공화국의 기치가 녹아 있었다. 심지어, 베이컨에서부터 라이프니츠에 이르기까지 일군의 대학자들은 지식인들의 탈지역적 연구와 교류를 돕는 범유럽적인 과학단체 연합체를 구상하기도 했다. 비록 이러한 시도가 현실화되지는 못했지만, 문필공화국의 기조 아래 과학자들 간의 다양한 커뮤니티와 네트워크는 연구와 교류를 뒷받침하는 무형의 기반으로 작용했다. 세계주의적 문필공화국의 존재는 과학의 탈국가성을 단적으로 보여주었다.

과학탐험과 과학의 탈국가성

17세기에 이르러 탐험은 과학의 성격을 띠게 되었으며 과학탐험은 국제적 차원에서 이루어지는 과학연구의 형태가 되어 갔다. 관념론자들과 프로젝트 기획자들은 과학탐험에 대한 아이디어와 방법론을 제시했다. 베이컨은 일련의 저술을 통해 과학방법론으로서의 탐험의 중요성을 설파했다. 베이컨은 눈(시선)은 탐험활동에 대한 최상의 과학도구이며, 모든 관찰은 자연의 사실 그대로의 정보 수집에 있으며, 탐험일지는 상세하게 기록되어야 함을 강조했다. 영국의 과학단체 왕립학회도 일찌감치 과학탐험의 중요성을 강조했다. 1768년 왕립학회는 국왕 조지 3세(George Ⅲ)에게 남태평양으로의 과학탐험을 국가적인 차원에서 실행할 것을 청원했는데, 이 탐험의 목적은 1769년에 발생할 금성의 태양면 통과를 관찰하고 태양과 금성까지 보다 정확한 거리 측정을 시도하는 것이었다. 과학탐험에 대한 국가적 지지를 확보하기 위하여, 왕립학회는 영국의 국가적 자부심에 대한 과학탐험의 기여를 명분으로 내세웠다. 즉 천문학 분야의 최고 국가에 등극하는 것은 영국의 국가적 자존심과도 직결된 문제이며, 이러한 중대한 과제를 위한 탐험을 주관하는 왕립학회 역시 그 권위를 인정받아야 한다는 것이었다. 영국 왕립학회의 이러한 호소는 앞서 1761년에 금성의 태양면 통과 관찰 탐험에 대규모의 인원을 보낸 프랑스의 사례에서 자극 받은 것도 사실이었다.

18세기 최고의 과학탐험으로는 쿡(James Cook) 선장의 탐험을 들 수 있다. 과학탐험에 적극적이었던 영국 박물학의 기조를 대표하는 뱅크스의 강력한 제안에 따라, 쿡의 탐험선에는 식물학자, 과학도안공, 지리학자들이 승선하였다. 물론 과학·식물학 연구는 교역 기회의 확대와 식민지 개척 등 쿡 탐험대의 다양한 탐험 목적의 하나일 뿐이기는 했다. 그러나 큐 왕립식물원(Kew Gardens)의 원장으로서 왕립학회의 회장의 지위에 있었던 뱅크스는 쿡의 탐험에 직접 동행했으며, 큐 왕실식물원은 탐험에 의해 수집된 이국적 표본과 식물로 채워지는 등 쿡의 탐험에 영국 과학계가 건 기대와 쏟은 노력은 상당했다.

비슷한 시기에 탈국가적 과학활동으로서 탐험의 진가가 드러난 사례로는 스웨덴의 린네(Carl von Linne)의 식물학 연구를 들 수 있을 것이다. 린네의 식물 분류체계의 확립에 필요한 경험적 정보를 구축하고 분류체계 모델의 보편성을 증명하기 위해서는 다양한 표본들이 요구되었다. 린네는 원거리 탐험이 이러한 표본들의 확보에 기여함으로써 궁극적으로는 그의 식물학이 직접적 경험 연구로서의 가치를 지닐 수 있게 해 준다고 믿었다. 그에게는 이러한 그의 믿음을 실행해 줄 엄선된 20여 명의 제자들이 있었다. 린네의 분류법과 명명법(nomenclature)으로 무장한 이들 제자들은 세계 각지를 배경으로 박물학 정보의 컬렉션을 만들어 나갔다.

영국으로 건너간 린네의 애제자 솔란데르(Daniel Solander)는 뱅크스가 파견한 식물학자의 자격으로 쿡 선장의 제1차 항해에 동행하여 오세아니아를 누볐다. 린네의 또 다른 사도였던 스파르만(Anders Sparman)은 쿡 선장의 제2차 항해에 파견된 식물학자로 오세아니아・남미 탐험에 승선했다. 네덜란드 동인도회사 무역선에 주치의로 승선한 툰베리(Carl Peter Thunberg)는 희망봉・자바・스리랑카・일본에서 식물을 채집했다. 툰베리의 일본과 자바 탐험기는 당대 과학자 공동체의 큰 주목을 끌었으며, 현지 일본의 식물학과 의학에도 중요한 족적을 남겼다. 뢰프링(Pehr Lofling)은 스페인 군주의 명으로 스페인령 남미 탐험을 수행했으며, 이후 그는 스페인에서 최고의 식물학자에 비견되는 식물학의 대공으로 추대 받았다. 포르스칼(Pehr Forsskal)은 덴마크 왕립탐험대의 오스만 제국(Osman Empire)과 아랍반도에의 탐험에 참가했다. 이외에도 캄(Pehr Kalm)은 북서 러시아와 북미의 동부해안을 탐험했으며, 포크(Johan Petter Falck)는 러시아 오렌부르크(Orenberg) 탐험대의 일원으로 유럽과 아시아의 경계에 있는 코카서스(Caucasus), 러시아 카잔(Kazan)과 시베리아 서부를 횡단했다. 린네의 제자들의 탐험의 족적은 라플란드(Lappland), 북극해(the Arctic Sea), 수리남(Surinam), 인도 해안지대까지에도 이르렀다. 중국 탐험에서는 일부 제자들이 예기치 않은 죽음을 맞는 불상사도 있었지만, 오스벡(Pehr Osbeck)의 중국 여행보고문(travel account)은 과학자들의 호응을 끌어냈으며 독일어와 영어로 번역되기도 했다.

린네 식물학이 유럽 각국에서 성공적으로 정착한 것은 과학탐험과 떼어내어 생각하기 어렵다. 린네의 제자들의 과학탐험은 범세계적 채집활동을 통해, 그리고 린네 식물학의 체계를 세계 각지로부터의 식물표본들에 적용함으로써 린네 식물학이 지구상의 모든 식물의 종을 기술할 가능성이 있음을 실증적으로 보여주었다. 단순히 추상적인 이론체계로서가 아니라, 수많은 실증사례들을 포함하는 린네의 식물학은 분류체계의 표준으로 자리 잡았다. 이와 함께 린네의 제자들은 린네 식물학의 수집자 역할 뿐 아니라 전파자 역할 역시 각국에서 수행함으로써, 린네 식물학의 성립은 물론 국제적인 전파에도 기여하였음은 물론이다. 상술한 바, 자신의 저택이 위치한 소호광장(Soho Squares)과 큐 왕실식물원을 식물학의 중심지로 조성했던 영국의 뱅크스를 도와, 솔란데르는 큐 왕실식물원으로의 식물 도입을 관장했는데, 이 식물원에 린네식 분류 체계를 이식한 것도 린네의 애제자 솔란데르였다. 린네 식물학은 그 실물적 토대를 구성하는 자료의 수집, 그리고 성립된 이론체계의 전파 양면에서, 국경을 넘은 범세계적인 활동의 이점을 십분 활용하였다. 즉, 린네 식물학 체계의 정착을 이끈 요인들 중에는, 탈국가적인 과학 연구 및 전파 활동이 있었다.

과학탐험이란 과학연구와 발견에 기여할 수 있는 관찰과 수집 및 실험을 수반하는 일련의 활동을 미지의 지역에서 수행하는 것이다. 아직 지구 도처에 미지의 관측·관찰 거리를 남겨두고 있던 근대라는 시기에 과학탐험은 과학발전을 위한 증거자료와 영감의 원천에 대한 탐색이었으며, 자연의 다양성과 통일성을 탐구하던 과학자들에게 있어 동식물의 다양성으로 가득한 이 세계는 필연적으로 탐험의 대상이었다. 이러한 필요성은 특히 필드과학의 색채가 강한 생물학에서 두드러져, 19세기 유럽의 자연철학자들과 박물학자들은 세계 곳곳으로 탐험여행을 떠났다.

19세기 초를 대표하는 과학탐험의 주인공으로는 훔볼트(Alexander von Humboldt)를 들 수 있다. 1799년부터 1804년에 걸쳐 독일의 훔볼트는 프랑스의 식물학자 봉플랑(Alexandre Bonpland)과 함께 남미 열대지역을 탐험했다. 훔볼트는 베네수엘라에서부터 콜롬비아, 에콰도르와 페루를 거쳐 안데스 산맥 정상(8600피트)에 이르기까지 곳곳에서 6만여 종의 식물 표본을 수집했으며, 360여 새로운 식물 종을 발견했다. 뿐만 아니라 훔볼트는 지리학적 측정을 실시하고, 측정결과를 분석하고, 동식물을 수집한 결과를 취합하여 특정고도의 지표를 덮고 있는 지배적인 식물군집의 식생형(vegetation type)을 분석하였다. 즉, 훔볼트가 기획한 것은 단순히 개별적인 사실의 수집이 아니라 상호영향 관계에 있는 자연의 복잡한 체계의 맥락을 파악하는 것이었다.

훔볼트의 탐험활동은 국경을 넘어 이루어진 과학자들 간의 소통과 아이디어의 교류를 통해 태동하였다는 점에서 탈국가적인 성격을 보여주었다. 훔볼트와 크리올[12](Creole) 및 토착 과학자와의 조우는 공동의 관심사를 공유한 과학자들 간의 지적 소통을 가능하게 했다. 훔볼트는 스페인의 남미 식민지 뉴 그라나다 왕국(New Kingdom of Granada, 스페인의 옛 총독령으로 오늘날의 콜롬비아)의 자연철학자이자 식물학자인 무티스(Jose Celestino Mutis)를 통해 현지의 식물군에 대한 공동연구를 수행했으며, 크리올 과학자인 칼다스(Francisco Jose de Caldas)로부터 현지 식물의 지리적 분포에 관한 풍부한 현장 경험은 훔볼트가 본디 지녔던 가설들이 현실성 있는 이론으로 정립되는 데 결정적으로 작용했다.

훔볼트 과학이 이전의 다른 과학들과 차별되는 점은 그 공간적 배경과 연구대상에 있었다. 일찍이 유럽의 박물학자들에게 안데스 산맥은 고도별로 다양한 기후대를 보여주기에 역시 기후에 따른 다양한 동식물을 보유한, 일종의 자연의 이상적인 식물원과도 같은 곳으로 알려졌다. 훔볼트에게 안데스 산맥은 그의 식물지리학(plant geography)의 가설을 테스트할 자연의 실험실 공간이었다. 훔볼트에게 있어 자연, 곧 탐험지는 과학지식을 창출하는 공간, 다시 말해 도그마와 가설을 넘어 이론과 법칙을 발견하는 자연의 실험실

12) 식민지에서 태어난 스페인인·유럽인 또는 스페인인과 식민지 원주민과의 혼혈인을 의미한다.

(laboratory)에 해당하는 공간이었다. 훔볼트는 계량화와 측정도구를 이용한 객관적 과학의 잣대를 자연에 들이대어 거대한 규모의 물리적 데이터를 추구했을 뿐 아니라, 하나의 물리적 변수와 다른 변수와의 관계를 통해 식생 단위의 연구와 식생의 분포에 초점을 맞춘 식물지리학이라는 분야의 발흥을 가져왔다. 국제화를 통한 연구 대상물의 확장이라는 측면에서, 린네 식물학이 세계의 자연으로부터 수집한 식물 개체들을 대상으로 하여 그 이론적 범용성과 보편성을 검증할 수 있었다고 한다면, 훔볼트가 태동시킨 식물지리학은 세계의 자연 그 자체를 대상으로 하는 것이었다. 즉, 훔볼트의 식물지리학은 이전 시기의 어떤 생물학 분야보다도 국제적인 교류와 공조를 필요로 하는 분야가 태동한 것이다.

나가면서

고대 그리스에서 꽃피운 서구과학의 전통이 중세 중후기 이후 유럽으로 전파된 것은 이슬람 제국과 유럽에서 행해진 과학지식에 대한 탈경계적인 번역 및 지식 습득 과정을 통해서였다. 12세기 이후 중세 유럽의 대학은 교수자들의 학문추구와 학생의 지식습득의 장이자 유럽의 지역·국가를 초월한 탈경계적 교류의 공간으로서, 과학의 거점이 되었다. 중세 대학에서의 자연철학은 16세기 이후 근대과학의 탄생과 과학혁명으로 나아가는 토대를 제공할 수 있었다면, 17세기에 접어들어 과학은 유럽 전역에 걸쳐 등장한 과학단체들에서 활발한 연구와 저술로 이어졌다. 과학단체들은 개별 과학자 회원들 간 서신교류와 접촉을 통해 범유럽적 문화공동체 격인 문필공화국을 형성했는데, 이러한 네트워크는 유럽의 과학자들로 하여금 탈지역적·탈국가적 연구와 교류를 가능케 하는 인프라로 작용하기도 했다. 나아가, 18세기의 과학탐험은 탈국가적인 인적·학문적 교류를 통해 과학이론과 가설에 대한 담금질이 이루어지는 과학 연구의 장이기도 했다. 요컨대, 중세 대학에서부터 시작되어 17세기 이후의 문필공화국과 과학탐험에 이르기까지 과학은 탈국가성을 주요 도구로 삼아 전개되어 왔음을 알 수 있다. 한편, 다음 장에서 보듯, 16세기 이후 유럽 열강들은 해외 식민지 개척·건설에 매진한다. 제국의 지배에 있어 과학은 하나의 중요한 장치로 자리 잡아 감으로써 과학의 탈국가성은 제국주의의 팽창을 통해 한층 강화되어 간다.

02 북아메리카 식민지 시절, 그리고 독립국 미국에서의 과학

들어가면서

15세기 말 지리상의 발견 이후 아메리카 신세계 대륙은 유럽의 과학자들에게도 기회의 땅으로 각광받게 되었다. 신세계의 새로운 동식물군은 수많은 박물학자의 관심과 탐험욕구를 자극했으며, 아메리카 대륙은 유럽 박물학의 지식 신장에 기여할 수 있는 자연의 보고이자 과학정보의 제공처가 되었다. 식민지 미국 역시 예외는 아니었다. 그러나 식민지 미국의 과학계는 점차 모국 영국의 과학전통·문화를 수용하여 정착시킴으로써, 단순한 과학정보의 제공처에서 탈피하여 과학지식의 생산지로도 거듭나기 시작했다. 북아메리카 식민지의 과학자들은 영국의 왕립학회를 모방하여 과학단체를 설립했으며, 뉴턴과학과 린네의 식물학 분야를 중심으로 새로운 과학 아이디어의 수용과 지식의 교류에 나섰다. 18세기 정치가 겸 과학자인 프랭클린(Benjamin Franklin)의 전기이론은 유럽에도 널리 알려진 과학적 성과로, 식민지 토착 과학자의 역량을 과시한 쾌거였다. 본장은 식민지 과학으로부터 시작한 미국과학이 독립혁명 이후 19세기를 거쳐 유럽과학에 상응하는 과학전통을 확립해 간 과정을 고찰하고자 한다. 요컨대, 식민지 미국의 과학에서 독립국 미국의 과학으로 나아가는 발전적 과정은 바살라의 확산 모델[13)]에 비교적 잘 부합하고 있다.

박물학의 보고가 된 아메리카 대륙

스페인의 의사 모나르데스(Nicolas Monardes)의 1569년 저작으로 1577년에는 영어로도 번역된 『새로 발견한 세계로부터의 희소식』(Joyful News out of the New Found World)은 아메리카 신세계의 이모저모를 담은 에세이였다. 이 책에는 키니네(quinine, 기나나무의 껍질에 함유된 약물)와 금·은 등 신세계의 다양하고 유용한 자연자원들은 물론, 식물(예: 감자)과 질병(예: 매독) 등 유럽과 신세계 상호 간의 유입물에 관한 읽을거리들이 담겨 있었다. 물론 이러한 나열된 기술(記述) 자체는 과학적 아이디어로 볼 수 있는 부류의 것들은 아니었다. 모나르데스의 에세이는 당시 신대륙의 자연에 대한 유럽인들의 관심을 가늠하게 해 주지만, 동시에 그러한 관심이 신세계의 동식물군이나 지질학적 형성에 대한 심도 있는 논의에까지 이르지는 못했음을 보여주는 자료이기도 하다.

당시 신세계의 자연과 생물에 관한 박물학적 정보는 16세기 스페인의 방문자들이 내놓은, 신세계에 대한 보고서·여행기·모험담으로부터 찾을 수 있다. 오비에도(Gonzalo F. de Oviedo)는 스페인

13) 바살라의 확산 모델에 대해서는 프롤로그장을 참조.

의 마드리드(Madrid)에서 뉴에바 에스파냐(Nueva España, 새로운 스페인을 뜻하며, 오늘날의 중남미를 의미)로 건너온 산토 도밍고(Santo Domingo)의 총독이 되었다. 콜럼버스와 친구관계였던 오비에도는 유럽의 재규어(jaguar)와 신세계의 호랑이(tiger)를 구별할 수 있을 정도의 박물학적 안목을 지니고 있었다. 신세계 원주민의 존재와 관련하여 오비에도는 인류는 백인 · 흑인으로 지역적 차이를 드러내기는 하지만 모두 똑같은 인류라는 점에서 동일하다고 설명했으며, 아메리카 대륙의 진귀한 동식물들 역시 지리적 환경으로 인한 변이들일 뿐이라고 설명하였다. 이는 당대 박물학의 기조였던, 자연은 본질적으로 균일하며(uniformity of nature) 생명의 창조는 한 번에 걸쳐 이루어졌다는 관점(a single Creation)에 충실한 것이었다. 오비에도의 저술인 『서인도 제도의 박물학』(Natural History of the West Indies)은 프랑스어 · 네덜란드어 · 독일어 · 영어로 번역되어 유럽 전역에 알려졌다.

예수회(로마 카톨릭 교회 소속 수도회)의 과학자 겸 교육자로 스페인에서 페루로 건너와 선교사로 정착한 아코스타(Jose de Acosta)는 20여 년간 강의 · 교육활동을 통해 여러 대학을 설립하고 원주민의 기독교 개종을 도왔다. 아코스타는 비록 과학자는 아니었지만 그의 박물학 자료에는 신세계에 대한 다양한 백과사전적 정보가 수록되어 있었다. 예리한 관찰력으로 아코스타는 신세계의 동물 · 곤충 · 어류 · 조류 · 식물 등 생물체에 대한 정보뿐 아니라, 바람 · 해류 · 광물 · 지질 · 화산 · 토양 등의 다양한 비생물적 자연물과 현상에 대한 정보를 수집하여 소개했다. 이외에도 그의 자료에는 인디언 원주민의 관습, 고래 사냥과 진주 채취 방법 등 인류학적 정보 역시 담겨 있었다. 아코스타가 단순히 관찰과 기록에만 힘을 쏟았던 것은 아니었다. 그는 스페인으로부터 아메리카로 유입된 가축동물에 대한 상당히 흥미진진한 추론을 내 놓았는데, 예를 들어 유럽에서 유입된 말들은 신대륙 도처로 널리 퍼져나가 각각의 환경에서 순응하여 여러 아종들이 생겨났다는 것이다.

아코스타는 당대 박물학의 기조였던 자연의 균일성에 대한 믿음은 견지했지만, 그러한 믿음에 반하는 사례 역시 외면하지 않고 나름의 합리적인 설명을 모색했다. 예를 들어, 구대륙인 유럽·아프리카·아시아에는 존재하지 않으면서 아메리카 신대륙에만 존재하는 동물들은 노아의 방주의 도움 없이 대홍수의 피해를 피해 살아남아 번성한 동물이라고 아코스타는 주장했다. 아메리카 신대륙에서 발견된 새로운 동식물들이 당대 박물학에 던져주었던 이러한 고민은 아코스타에게만 해당된 것은 아니었다. 식민지 미국의 초기에 영국에서 건너와 식민지에 정착한 수학자·천문학자 해리엇(Thomas Hariot)은 망원경 천체 관측의 선구자였으며 유럽의 케플러(Johannes Kepler)와도 교류했던 거물 과학자였다. 그는 친구이자 개인교사였던 영국의 탐험가인 롤리 경(Sir Walter Raleigh)의 후원으로 『북아메리카 버지니아의 자연의 특성에 대한 보고서』(A Brief and True Report of the New Found Land of Virginia)를 출간했다. 해리엇 역시 유럽 구세계와 아메리카 신세계에서의 동식물의 지리적 분포와 성서의 창세기 상의 기술 간에 드러나는 모순 때문에 고민했다.

이렇듯 16세기 말에 이르기까지 신세계에서 새로이 축적된 박물학 지식들은 전통적인 박물학의 기본관념에 자극제 내지는 도전으로 작용하고 있었다. 그 결과 박물학은 특별창조론, 노아의 대홍수,

동식물의 지리적 분포, 성서와의 관계 등의 이슈들을 둘러싸고 다양한 견해들이 좌충우돌하는 격동의 상태에 놓이게 되었다. 무엇보다도, 유럽 구세계에 비하여 아메리카 신세계가 보여주는 상이한 생물상은 자연의 균일성이라는 박물학의 오랜 상식을 위협하는 살아있는 증거가 되었다. 스페인으로부터의 이주자들과 방문자들로부터 시작된 신세계의 박물학은 이제 유럽 학계의 관심의 대상이 되었으며, 이는 아메리카에서의 식민지에 대한 학계의 관심으로도 이어졌다.

식민지 미국에서의 과학의 태동과 성장

식민지 미국에서 본격적인 과학은 영국 본국과 함께 시작되었으며, 이는 물론 영국의 북미 식민지 건설 주도권 장악과 떼어 생각할 수 없다. 콜럼버스로부터 시작된 스페인의 뒤를 이어 유럽 각국이 아메리카 대륙의 지배 및 그곳으로의 이주 행렬에 가세했다. 이들 중 영국계 이민자들의 정복(또는 침략)·개척 활동은 단연 돋보였다. 영국 이민자들은 그들이 1607년에 북미 대륙에 건설한 최초의 식민 도시 제임스타운(Jamestown)을 기점으로 세력범위를 넓혀갔으며, 메이플라워(Mayflower)호에 탑승한 청교도의 이주로 뉴잉글랜드 식민지가 개척되었다. 1732년에는 13개 주의 식민지가 건설되었으며, 1775년의 독립전쟁 이전까지 미국의 주요 식민지는 영국 본국의 지배 하에 있었다.

영국의 정치적·행정적 지배 하의 미국에서 과학은 영국의 과학 단체인 런던 왕립학회(Royal Society)의 영향권에서 출발하였다.

1662년 영국 국왕 찰스 2세(Charles Ⅱ)의 재가로 출발한 런던 왕립학회는 자연과 기술에 대한 유용한 지식의 개선과 수집, 그것에 기초한 합리적인 철학 체계의 건설을 통해 인류 복지에 기여하는 것을 표방하였다. 왕립학회는 정기간행물인 『철학회보』(Philosophical Transactions)를 통해 회원들의 연구와 출간을 도왔으며, 국내외에서의 서신교류를 통한 회원 간 정보 교류를 촉진했다. 왕립학회는 본국 영국뿐 아니라 식민지 미국에도 그 기조인 실험철학(Experimental Philosophy)의 정신을 전파하고 과학지식을 진흥함으로써, 식민지 사회의 복지를 증진한다는 계몽주의적 이상을 실행하고자 했다. 이러한 기조 아래 왕립학회는 식민지 미국의 과학계에 다양한 영향을 끼쳤다. 우선, 왕립학회의 서기와 회원들은 식민지 정착인과의 서신교류를 통해 식민지 현지의 과학지식과 인력을 발굴하는 데 애썼다. 학술적 논문의 성격을 띤 서신은 본국에서 간행된 왕립학회의 『철학회보』에 실려 소개되기도 했다. 식민지 과학자들 중 상당수는 왕립학회의 회원으로 선출되어 과학자로서의 자부심과 권위를 인정받기도 했다. 또한, 왕립학회는 식민지 과학자들에게 실험과 관찰 수행에 필요한 과학문헌·도구를 제공하는 데도 적극적이었으며, 때로는 왕립학회가 주도한 해외 과학탐사에 식민지 과학자들의 직간접적 참여를 유도하기도 했다.

그 결과, 식민지 미국에서의 과학은 당연히 본국 영국으로부터 전수된 과학문화·전통으로부터 태동되었으며, 영국 본국과 연계된 과학연구 활동은 이 당시 미국과학의 중요한 부분을 차지했다. 메사추세츠 만(Messachusetts Bay) 식민지의 총독 겸 법률가 윈스럽(John Winthrop)의 아들로 태어난 윈스럽 2세(John Winthrop, Jr.)

는 영국 왕립학회의 창립회원까지 오른 인물이었으며, 식민지에서 실험철학을 정착시키는 데 중요한 역할을 수행했다. 뉴잉글랜드 식민지에는 상당한 교육의 혜택을 받은 엘리트층이 존재했는데, 이들은 왕립학회의 새로운 실험철학을 환영했다. 이후 코네티컷(Connecticut) 식민지 총독으로 재임 중에 윈스럽 2세는 왕립학회를 위해 식민지의 자연물에 대한 관찰을 수행하고 지식을 제공하는 역할을 자처했다. 노년에 그는 자신의 망원경을 식민지의 하버드 대학에 기증했으며, 이는 천문학에 관심있던 많은 보스턴 지역민들에게 관측기회를 제공하였다. 윈스럽의 망원경으로 최초의 관측기록을 남긴 이는 하버드 대학의 졸업생인 브래틀(Thomas Brattle)로, 그는 1680년의 뉴턴의 혜성으로 알려진 천체를 관측했다. 브래틀의 관찰기록은 뉴턴에게도 보내졌는데, 뉴턴은 자신에게 보내진 여러 관찰 정보 중에서도 브래틀의 것을 최고로 평가하면서 그의 관찰결과를 자신의 저술 『프린키피아』(Principia)에서 인용했다.

17세기 말경에는 뉴잉글랜드 식민지에서 보스턴을 중심으로 하여, 왕립학회가 추구했던 실험철학의 진흥을 목적으로 한 소규모 클럽이 창립되었다. 보스턴 철학협회(Boston Philosophical Society)로 불렸던 이 클럽은 영국 본국과 연계된 과학연구에 집중했다. 식민지 과학자들은 자연법칙을 발견하는 수단으로서의 실험철학에 대한 믿음을 견지했고, 관찰·실험의 증거와 이로부터 비롯된 합리적 추론을 수용했다. 그러나 그들은 여전히 종교적 신학의 범위 내에서 실험철학 방법론을 수용하는 정도에 머무르기도 했다. 이를 보여주는 사례가 바로, 혜성에 관한 식민지 천문학의 해석이었다. 1682년 영국 핼리(Edmund Halley)의 혜성 관찰은 식민지 천문학계에서도 혜성에 대한 관심을 불러일으켰는데, 훗날 하버드 대학의 총장이 되는 인크리즈 매더(Increase Mather)는 혜성의 출현은 자연적 원인에 의한 것임을 주장했다. 그러나 동시에 그는 세상의 창조 이후 모든 혜성의 역사를 언급하면서 혜성의 등장과 재앙의 발생을 연결 지었다. 즉, 인크리즈 매더는 혜성에 대한 과학적·자연적 관찰결과를 수용하면서도, 혜성의 등장과 인간사의 비범한 사건 간에는 특별한 연관성이 존재한다는 오래된 믿음을 버리지는 못했던 것이다.

인크리즈 매더의 아들로서 목사이기도 했던 코튼 매더(Cotton Mather) 역시 초기 식민지 미국의 과학을 대표하는 인물 중 하나였다. 1720년대에 코튼 매더는 보스턴에서 천연두 퇴치를 위한 접종의 중요성을 설파하고 당대 예방의학을 선도하였다. 코튼 매더는 영국 왕립학회와의 활발한 서신교류를 통해 서구과학의 세례를 깊게 받았으며, 왕립학회의 회원으로 선출되는 영예를 누렸다. 그는 말년에는 옥수수의 이종수정(cross-fertilization)을 통해 잡종연구 분야에서 새로운 시도를 보여주기도 했다. 그러나 데카르트와 핼리의 저술에서부터 뉴턴의 『프린키피아』(자연철학의 수학적 원리, Philosophiae Naturalis Principia Mathematica)와 『광학』(Opticks)에 이르기까지 유럽의 자연철학을 두루 섭렵했던 코튼 매더 역시, 자연현상에 대한 과학적 분석을 수용하면서도 그러한 현상의 본질은 신의 직접의지의 발현이라고 보았다. 예를 들어 그는 1727년에 보스턴에서 발생한 지진을 지구의 동굴에서 압축된 물이 터지면서 일어난 지질학적 현상으로 해석했지만, 그러한 지질학적 현상이 발현된 자체가 신에 의해서라는 종교적 해석 역시 잊지 않았다. 코튼 매더는 자연의 법칙은 신의 법칙의 일부라고 보면서, 자연철학 역시 종교의 적이 아니라 종교에 대한 경이로운 해석을 제공하는 것이라고 주장하였다. 아울러 실험철학은 실험·관찰·측정 등의 방법을 통해 종교적 신심(piety)과 정치질서를 고양하는 합리적 수단이라고 코튼 매더는 강조했다.

식민지 미국에서의 박물학의 성장과 탈국가적 과학

식민지 미국에서 융성했던 과학분야로는 박물학을 들 수 있다. 앞서 소개한 바와 같이, 아메리카 신세계를 무대로, 자연의 균일성, 창조 이야기의 신뢰성, 노아의 대홍수, 동식물의 지리적 분포 등에 대한 논의가 16세기 스페인의 학자들로부터 시작되었다. 그러나 구세계 유럽과 신세계 북미 대륙에서의 동식물군이 보여주는 차이로 인해 자연의 균일성이라는 개념은 더 이상 지지될 수 없었으며, 이에 대한 과학적 호기심은 북미 대륙에서의 박물학 연구를 자극했다. 요컨대, 16세기 아메리카 박물학의 관심은 신세계 대륙에 존재하는 동식물군에 대한 단순한 호기심의 발로였다면, 17세기 이후에는 신세계 아메리카 동식물과 구세계 유럽에서의 동식물군의 형태의 차이에 대한 분석적 해석이 시도되었다.

예를 들어 18세기 말 프랑스의 최고 박물학자 뷔퐁(Georges Buffon)은 신세계·구세계 동식물군의 지리적 분포를 근거로 신세계 동물의 퇴행설을 주장했다. 뷔퐁은 신세계가 지리학적으로 구세계보다도 젊었으며, 구세계의 동물들이 신세계로 이주한 결과 상이한 기후·지형·섭생 등 환경의 차이로 인해 신세계 동물은 크기와 힘에 있어 퇴행했다고 주장했다. 즉, 신세계로 이식된 유럽의 동물들은 퇴행의 산물이며, 심지어 신세계의 토착 동식물은 구세계의 그것보다 열등하다는 것이다. 이러한 믿음은 프랑스에만 제한된 것이 아니라 유럽 전역에 팽배해 있었다. 뷔퐁의 퇴행설에 대한 미국 제3대 대통령 제퍼슨(Thomas Jefferson)의 비판이 주목을 끌면서, 퇴행설을 둘러싼 찬반 입장에 대한 증거 확보 차원에서 보다 많은 표본을 수집하고 관찰할 필요성은 식민지 미국에서의 박물학 연구를 자극한 동력의 하나가 되었다.

유희적인 동기 역시 여전히 작용했다. 18세기 유럽에서는 개인의 사유지에서부터 공원에 이르기까지 정원 설립의 광풍이 불었다. 파리 왕실정원(Jardin des Palais Royal), 영국 박물관(British Museum), 암스테르담의 클리포드 가든(Clifford’s Garden), 옥스퍼드의 피직 가든(Physick Garden) 등에서 공공・사적 컬렉션이 성행했다. 이러한 붐은 아메리카 신세계의 진귀한 이국적 관목과 수목에 대한 강렬한 수요를 불러 일으켰으며, 이 역시 식민지 미국에서의 박물학 연구를 견인한 동력의 하나가 되었다.

식민지 미국 박물학의 성장은 유럽의 박물학자들과의 교류에 의해서 탄력을 받았다. 이외에도, 18세기 중반 영국・프랑스・독일・이탈리아・네덜란드・스웨덴 등 유럽 각국의 박물학자들은 국경을 초월한 박물학 네트워크를 이용해 서신으로 교류함은 물론 상호 간의 방문을 통해서도 박물학 연구를 수행했다. 가령, 독일 출신의 딜레니우스(John J. Dillenius)는 한때 영국 영사로서 박물학 저술가・수집가였으며 나중에는 옥스퍼드 대학의 교수가 되었다. 또한, 1735년 린네의 『자연의 체계』(System of Nature) 출간 이후 린네는 영국을 방문하여 영국의 박물학자와 오랜 유대를 만들었다. 얼마 후 린네의 애제자인 솔란데르(Daniel Solander)를 영국으로 파견하여 영국 박물관과 연계를 맺을 수 있게 했으며 영국 뱅크스의 요청에 따라 쿡 선장의 탐험을 동행했다. 바로 유럽에서의 이 박물학 국제 서클은 식민지 미국의 박물학에 대한 지원 세력이 될 수 있었다. 유럽 박물학자들의 식민지 미국 방문은 미국 박물학의 성장에도 기여하였던 것이다. 특히, 린네는 그의 식물 분류체계의 보편성을 증명하고자 자신의 제자를 전세계 곳곳으로 보냈는데, 식민지 미국은 주요 탐험지 중의 하나였다. 핀란드의 대학교수였던 캄(Peter Kalm)은 식민지 중서부 미국의 식물학·박물학 표본 수집을 통해 미국 식물의 새로운 종과 속을 추가했으며, 필라델피아에서 농부 겸 박물학자인 바트램(John Bartram)을 만나 과학정보를 나누었다. 캄의 북미 여행기는 스웨덴과 영국에서 출간되면서 유럽의 박물학계에 신세계 미국의 박물학을 자연스럽게 홍보할 수 있게 되었다. 식민지 미국의 박물학자들은 국제 박물학 서클에서 중요한 역할을 했으며 그들의 활동은 영국과의 긴밀한 유대와 상호 간 직접적 접촉을 통해 유럽대륙에 알려졌다.

유럽 박물학 서클에 속한 유럽인 또는 그러한 서클과 공조한 미국인들은 식민지 미국 박물학 발달에서 중요한 역할을 했다. 예를 들어 런던의 퀘이커교도 상인이었던 콜린슨(Peter Collinson)은 식민지 미국 박물학자와의 서신교류를 통해 새로운 종자, 식물, 수목, 관목, 그리고 여타 표본 등의 데이터 등을 확보했고, 이를 다시 유럽 박물학 서클의 성원인 스웨덴의 린네, 옥스퍼드의 딜레니우스, 네덜란드 라이든(Lyden)의 식물학자 그로노비우스(Jan F. Gronovius)

등의 요청에 따라 다시 전송했다. 아마추어 과학자로서의 콜린슨은 과학저술에 전념하기보다는 서신교류를 통해 식민지로부터 영국으로의 식물 도입에 열성적으로 임했다. 콜린슨와 직간접적으로 연계된 상당수의 식민지 미국 박물학자들은 식민지 박물학의 성장에 중요한 인적자원이 되었다. 프로테스탄트(개신교)의 한 교파인 퀘이커 교도(Quakers) 상인으로서 펜실베니아의 정치가였던 로간(James Logan)은 뉴턴의 『프린키피아』 1쇄를 식민지로 처음 도입했던 과학에 조예가 깊은 인물이기도 했다. 로간은 천문학・광학에 대한 과학논문을 출간하기도 했지만 그가 최고의 성과를 보여준 분야는 식물학이었다. 로간의 <식물의 종자 수정에 대한 실험 연구>라는 제목의 논문은 왕립학회에 선보였으며, 콜린슨을 통해 린네를 비롯한 유럽의 박물학자들에게 회람되기도 했다. 로간은 유럽 박물학 서클에 널리 알려지게 되었으며, 린네는 어느 식물 속(genus)에 로간의 이름을 붙이기도 했다.

또 다른 식민지 미국 박물학자로는 펜실베니아 식민지의 퀘이커 교도 농부였던 바트램을 들 수 있다. 바트램은 북미 북동부를 일컫는 뉴잉글랜드에서 플로리다에 걸쳐 그리고 연안에서 호수에 이르기까지 종자와 식물에 대한 광범위한 수집활동을 펼쳤다. 바트램은 스웨덴의 왕립 과학아카데미(Royal Academemy of Science) 회원으로 선출되고 영국 에든버러 예술・과학협회(Edinburgh Society of Arts and Sciences)로부터 금상(Gold Medal)을 수상할 정도로 유럽에서도 저명한 박물학자가 되었다. 그런데 북미 식물군(flora)에 대한 바트램의 광범위한 지식은 유럽 박물학자들을 사로잡았을 정도였지만, 바트램은 라틴어를 습득하지 못했던지라 새로운 식물의 종·아종을 규명할 때는 유럽 박물학자들의 도움을 받았다. 특히 바트램은 유럽 박물학 서클을 통해 스웨덴의 린네와 연계했다. 바트램은 영국으로 매년 종자와 식물표본을 발송했으며 영국에 체류 중인 린네의 제자인 솔란데르가 분류했다. 바트램이 그의 아들 빌리 바트램(Billy Bartram)과 함께 식민지에서 새롭게 수집한 식물 표본들은 서구 박물학 체계로 편입되었다. 식민지 박물학은 직간접적으로 린네의 식물학을 추종했는데, 식물학의 체계적 지식을 갖추지는 못했지만 훌륭한 수집가였던 바트램에 대하여 린네는 당대 최고의 식물학자라고 칭송을 아끼지 않았다.

이외에도, 바트램과 같이 종묘상이었던 알렉산더(James Alexander)는 원예가로서 식민지 전역에 걸쳐 종자와 근류(roots, 뿌리식물) 수집에 전력을 다했다. 알렉산더에 의해 수집된 종자는 유럽의 시장으로 유입되어 인기를 누렸으며, 추후 영국으로 건너간 알렉산더는 영국 여왕의 식물학자로 임명되기도 했다. 아마도, 미국 식물학에 대한 최고의 분류학 전문서인 『버지니아 식물군』(Flora Virginia)은 미국 식물에 대하여 널리 알려진 최고의 입문서였는데, 이는 식민지 박물학자의 수집활동과 유럽의 이론화 작업 간의 협력의 산물이었다. 이 도서는 1739년 네덜란드 라이든에서 그로노비우스의 이름으로 출간되었으며, 주요 컨텐츠는 버지니아의 식물 수집가 클레이턴(John Clayton)의 식물 수집에 기초한 것이었다.

이처럼 식민지 미국에서의 박물학 활동은 영국과 유럽 학계로부터의 수요에 부응하기 위해 수행된 측면도 컸지만, 아울러 식민지 현지 자체에서도 박물학·식물학에 대한 관심이 일었다. 당시의 농업기반 사회에서 식민지의 여러 지도자들이 식물에 대해 광범위한 관심을 가졌는데, 이들은 대체로 당시의 영국식 유행에 따라 희귀 식물과 온실을 겸비한 정원을 가지고 있었다. 버지니아의 정치가·농장주인 바이드(William Byrd)의 정원은 버지니아에서 가장 높은 명성을 자랑했다. 바이드와 같은 부류는 상호 간에 종자를 교환하기도 했으며 때때로 유럽의 박물학자에게 미지의 식물을 기증하기도 했다. 또한, 식민지 정부의 관료, 특히 주 총독들도 박물학의 데이터 수집에 조력자의 역할을 했다. 가령, 조지아 식민지 정부는 식민지 농업의 생산성 향상을 목적으로 세워진 식물원에 지역의 유능한 식물 수집가 하우스톤(William Houstoun) 박사를 초빙했다. 조지아·뉴욕·버지니아의 주 총독들은 유럽의 식물학계와 협력기조를 유지하는 데 적극적이었다. 이외에도, 식민지의 원주민인 인디언, 그리고 상인·토지 투기가 등 직업상 지리에 밝았던 이들 역시 유럽에는 알려지지 않은 지역으로의 탐험가·발견자의 역할을 톡톡히 수행할 수 있었다. 이상에서 보듯, 식민지 미국에서 활동한 박물학자들은 그 배경과 목적에 있어 이질적인 그룹이었지만, 이들은 미국에서 최초의 과학자 공동체의 시작을 의미했다고 볼 수 있다.

자체 역량 강화와 탈국가적 교류를 통한 식민지 미국의 과학의 성장

프롤로그에서 고찰한 바와 같이, 바살라의 서구과학 확산 모델은 식민지 미국의 과학의 특성을 이해하는 프레임을 제공한다. 바살라에 의하면, 서구과학의 확산은 대외탐험을 통한 서구과학의 기반 제공이라는 1단계를 지나, 서구과학에의 의존적 성향을 드러내는 식민지 과학이라는 2단계를 거쳐, 마지막으로 서구과학에의 의존을 벗어나 독자적 과학전통 확립을 향한 지적 투쟁이 벌어지는 제3단계로의 진화과정을 거친다는 것이다. 바살라의 분석에 따르면, 2단계의 식민지 과학의 속성이 독립 이전 미국의 경우에 전형적으로 드러나고 있음을 알 수 있다. 즉, 식민지에서 과학은 유럽의 중심부로부터 식민지의 주변부로 전파되는 의존적 경향을 드러냈다는 것이다. 가령, 식민지 미국에서의 과학은 정보·표본 수집과 관찰·측정에 치중한 필드연구에 중점을 두고 서구과학에 필요한 정보의 저장고로서의 역할에 충실했을 뿐, 과학정보의 이론화 작업은 서구 유럽의 과학자들의 몫이었다는 점에서 보조적인 역할에 그쳤다. 또한, 과학자들 간의 주기적인 교류를 도모하는 소위 '보이지 않는 대학'(invisible college)과도 같은 역할을 하는 학술단체가 유럽과는 달리 상대적으로 빈약했고 과학자 그룹을 이끌 지도력도 부족했던 열악한 환경 탓에, 식민지 과학자들이 유럽 중심부 과학을 모방하고 거기에 의존한 것은 자연스러운 과정이었다 할 수 있다. 바살라 모델의 구분을 따르면, 식민지 미국에서의 과학은 바로 식민지 과학(scientific colonialism)의 특성을 잘 보여주었다. 즉, 식민지 미국 현지에서 과학의 실행은 식민지의 역사적 구조, 제도와 규범·법을 통해 작동함으로써 모국의 권력에 대한 종속 상태에 처해 있었다고 할 수 있었다.

식민지 미국에서의 과학에 대한 이러한 해석과 더불어, 플레밍(Donald Fleming)의 '식민지 과학'에 대한 또 다른 분석은 식민지 미국의 과학이 대면했던 어려움을 보여준다. 플레밍은 모국 중심부와 식민지 주변부 간의 지배-종속 관계는 식민지 과학에 일종의

'강요된 편협성'(enforced provincialism)이라는 지적 딜레마를 잉태시켰으며, 이러한 편협성은 식민지 미국 박물학에서도 고스란히 드러나 있다고 강조했다. 박물학은 모국과 식민지 양쪽의 입장에서 각각 나름의 존재 의의가 있었다. 식민지의 입장에서 박물학은 모국의 문화와의 격차를 극복하고, 식민지 자체의 정체성을 추구하고 자아의식을 함양하는 데 중요했다. 반면 모국의 입장에서 박물학은 식민지 통제의 수단으로 식민지의 경제적 잠재력을 조사하고자 하는 제국주의적 목적과 일치했다. 문제는 식민지 과학자들은 단순한 수집가로 기능했으며, 유럽의 과학자들은 식민지에서 과학정보를 받는 위치에 있었다는 점이다. 나아가 모국의 식민주의자들은 저 멀리 식민지 주민들의 활동으로부터 나온 수확은 고스란히 챙기는 '부재자 리더십'(absentee leadership)을 만끽했다. 아직 지적·과학적 권위가 일천했던 식민지 과학자는 모국의 중심부 과학에서 할당된 역할을 수락함으로써만 중심부 과학에 편입될 수 있었다. 이 과정에서 과학적 성취의 영예는 유럽 과학계의 공조자들에게 넘겨줄 수밖에 없는 '강요된 편협성'에 근거한 불평등이 계속되었다는 것이다. 이처럼, 식민지 미국으로서는 모국에의 문화적 의존은 불가피했고, 그로 인해 식민지 과학자의 활동 공로에 대한 인정이 없었던 사실은 영국 모국이 식민지 미국에 강요한 '대표 없는 과세'를 그대로 닮아있기도 했다. 이러한 식민지 과학의 전통은 심지어 독립 이후 20세기 중반에 이르기까지 상당기간 동안 미국과학에 만연해 있던 서구과학에 대한 열등감의 연원으로 작용했다고 플레밍은 강조했다.

바살라의 서구과학 확산 모델과 플레밍의 '식민지 과학'에 대한 분석은 식민지 미국과학이 지녔던 결핍을 설명하는 데 유효한 구석이 분명히 있다. 식민지 사회의 불리한 여건 속에서 과학교육은 불충분했으며 과학단체와 학술지도 부재했다. 이에 식민지 과학자들은 차라리 유럽 과학단체의 명예로운 회원이 되는 길을 택했으며, 유럽 학술지에 연구결과를 출간할 기회를 갖는 정도에 만족했다. 유럽의 선진 과학문화에 온전히 참여하지 못한 상황에 처했던 식민지 과학자로서는 새로운 과학이론을 내놓는다는 것은 거의 불가능에 가까웠다. 식민지 과학자의 수는 유럽 과학계와 상호 간 지적 자극을 나누고 자립적으로 성장할 만큼 충분한 규모는 아니었으며, 따라서 그들이 설립한 과학단체들 역시 모국 영국의 왕립학회와 유사한 수준으로 성장하기에는 어려움이 컸다. 바살라의 모델에 따르면, 17세기 근대 서구과학의 발흥기에 시작된 영국·서구과학은 식민지 미국으로 이식되는 과정에서 유럽의존적 식민지 과학을 낳았다는 것이다. 또한, 플레밍의 분석에 따르면, 식민지 미국에서의 과학은 모국의 이해관계를 고양하는 '식민지 과학'의 일환으로 전개되었다.

그러나 식민지 과학의 속성을 이해하는 데 있어, 과학정보 수집에만 전념하는 필드과학자와 이론의 고안에 전념하는 순수과학자를 구별해야 할 필요성이 제기된다. 이론과학과 관련하여, 오로지 가치 있는 창의적 아이디어를 순수과학의 범주에 가둬버리는 편협한 의미로 해석해버리면, 뒤에서 서술할 프랭클린(Benjamin Franklin)의 전기 연구를 제외하고는 어떤 순수과학(그것이 이론, 법칙, 또는 효과 등 무엇이라고 불리든지 간에)에 공헌했던 식민지 과학자는 존재하지 않는 것이 사실이다. 그러나 프랭클린의 전기이론의 응용의 산물로서 피뢰침의 발명이 범유럽적 조명을 받은 것처럼, 과학정보 수집으로 대변되는 필드과학과 이론화 작업으로 대변되는 순수과학은 사실 불가분의 관계에 있다. 따라서 당시의 과학활동의 범위를 보다 포괄적으로 본다면, 식민지 미국에서의 과학자의 수는 크게 늘어난다. 상당수의 식민지 과학자들은 과학 정보의 관찰·수집에 기초한 가설과 실험·합리적 추론이 공존하는 과학연구를 보여주었다. 예를 들어 코튼 매더(Cotton Mather)의 천연두의 접종실험과 옥수수 이종교배 연구에는 기계적인 과학정보 수집과 창의적 과학적 아이디어의 확립이 함께 녹아 있었다. 비록 식민지 과학자들의 과학적 성과는 프랭클린의 전기이론 연구의 성과에는 미치지는 못했지만, 식민지 미국의 과학의 발전적 모드를 잘 보여주고 있다.[14)]

18세기 식민지 미국의 과학자들은 모국 영국의 과학자들의 보좌역에서 벗어나는 위상 변화를 보여주기 시작했다. 하버드 졸업생으로 훗날 예일 대학의 총장이 되었던 클랩(Thomas Clap)은 영국 왕립학회의 단골 논문 기고자였다. 그는 예일 대학에서 과학중심의

---

14) 예를 들면 다음과 같다.

√프랭클린(Benjamin Franklin) : 전기이론·지식에의 공헌
√매더(Cotton Mather) : 식물 잡종화의 선구적 관찰, 질병론의 기여와 정신신체의학(psychosomatic medicine)의 획기적인 관심을 제기
√보일스턴(Zabdley Boylston) : 천연두 접종의 정당성을 위한 의학통계학의 사용
√더들리(Paul Dudley) : 식물의 잡종화에 대한 지식의 확장과 용연향(ambergris)의 규명
√그린우드(Isaac Greenwood) : 해도(ocean charts) 체계에 대한 기발한 계획을 제기
√고드프리(Thomas Godfrey) : 영국의 아마추어 기상학자 헤들리(George Hadley)에게 빼앗긴 바다의 위도를 확인하는 사분원의 발명
√로간(James Logan) : 옥수수 유성생식에서 식물 기관(organs)의 기능에 대한 실험적 시연
√더글러스(Dr. William Douglas) : 성홍열(scarlet fever)의 임상학적 처방
√라이닝(Dr. John Lining) : 인간의 비활동성 신진대사 실험, 기후조건과 인간의 질병과의 관계와 황열병의 증상을 연구
√찰머스(Dr. Lionel Chalmers) : 사우스 캐롤라이나에서 기후 조건과 질병 발병을 통합하는 상세한 연구
√가든(Dr. Alexander Garden) : 미국 동식물상의 분류에서 린네 체계의 수정
√키너슬리(Ebenezer Kinnersley) : 프랭클린의 전기의 발견에 대한 보완의 주장, 즉 전기가 열을 만들어낸다는 새로운 사실을 발견
√클레이턴(John Clayton) : 버지니아주의 식물학 연구로 식물 분류학의 기여
√윈스럽 3세(John Winthrop) : 혜성의 질량과 밀도에 대한 선구자적 연구와 지진의 파동성의 인식에 대한 연구

교과과정의 구조를 확립하였으며, 실용적 과학도구를 활용한 실험 과학 교육을 강조했다. 하버드 대학의 수학·자연철학 교수인 그린우드(Isaac Greenwood) 역시 왕립학회의 회원이자 단골 기고자로서 명성이 자자했던 천문학자였다. 이들은 왕립학회와의 교류에서 영국 모국의 일류급 과학자들을 보조하는 필드과학자의 지위에 만족하지 않았다. 식민지 과학자들은 왕립학회로 보내기 위한 관찰·측정과 표본·표본 식별의 데이터 제공에 머무르지 않고, 철학적 추론·가설과 과학적 아이디어를 스스로 제안했다. 또한 이들 세대의 과학자들은 당시 18세기 유럽의 기계론적 자연관을 수용하여, 그들의 선배들과는 달리 자연현상에 대해 종교적 의의를 부여하지 않았다.

식민지 미국 출신 과학자로서 최고의 명성을 누린 인물은 프랭클린이었다. 성공한 인쇄·출판업자였던 프랭클린은 외교관으로서는 물론 발명가와 과학자로서도 경이로운 성공을 거두었다. 커다란 연에 열쇠를 매달아 하늘에 띄워 올려 뇌운(thunder cloud)에서 나오는 전기를 이끌어내는 실험에 성공함으로써 번개가 구름으로부터의 전기방전이라는 사실을 증명했다. 나아가 프랭클린은 번개의 방전을 땅 속으로 흘려보냄으로써 번개의 피해를 막을 수 있다고 생각하여, 번개로부터 건물을 보호하는 피뢰침을 발명하였다. 실용적 발명의 범주를 넘어 순수과학적 성취라는 측면에서도 프랭클링은 돋보였는데, 그는 전기이론 분야에서 양전기·양전하, 음전기·음전하 등 용어를 처음으로 제안하였으며 그의 '전지,' '충전,' '도체' 등은 오늘날에도 널리 사용되는 개념들이다. 식민지의 필라델피아에서 이루어진 프랭클린의 전기실험 연구는 영국 왕립학회에서도 엄청난 반향을 일으켰다. 프랭클린의 명성은 영국뿐 아니라 유럽 전역으로 퍼져나가, 프랑스·네덜란드·이탈리아·오스트리아·독일·스캔디나비아 각국·스위스·러시아 등에서 영향력을 발휘했다. 이에 프랭클린은 영국 왕립학회의 회원뿐 아니라 프랑스 과학아카데미의 해외회원으로도 선출되는 영예를 누렸다.[15)]

단순히 프랭클린을 위시한 과학자 개인들의 존재뿐 아니라, 구조적인 측면에서도 18세기 식민지 미국에서의 과학의 전망은 밝았다. 식민지의 대학에서 과학은 교과과정의 중요한 일부로 자리 잡아 갔으며, 과학연구를 위한 장치의 구비에도 많은 노력이 기울어져 과학교육의 질적 향상에 기여했다. 예를 들어 1760년대 하버드 대학이 화재를 겪은 이후 행한 첫 복구 조처는 손상·소실된 과학도구의 신규 교체였다. 대학 교육과정에서 과학의 정착은 사회적으로도 자연과학에 대한 반대 기류의 약화와 궤를 함께 했으며, 이는 사회적으로도 자연철학은 계시된 진리(revealed truth)의 친구이지 적이 아니라는 조화적인 관점이 자리 잡는 선순환으로 이어졌다. 이제 과학은 종교적 설교에서도 긍정적으로 종종 등장하는 대상이 되었으며, 성직자 양성 프로그램에 과학 과목이 포함되기도 했다. 과학에 대한 일반인들의 우호적인 태도는 영국의 상인이었던 홀리스(Thomas Hollis)가 하버드 대학에 기금을 제공하여 자신의 이름을 딴 홀리스 수학·자연철학 석좌교수직을 설립하는 등 과학연구·교육에 대한 민간후원도 등장한 데서도 볼 수 있다.

과학에 대한 대중적 이해 증진에는 문화적 인프라도 점차 개선되

---

15) 특히, 프랑스 과학아카데미의 경우 해외회원은 8명 정도였으며 프랭클린 이후 식민지 미국에서는 100여년이 지나 19세기 중반에서야 미국 최고의 생물학자·식물학자인 그레이(Asa Grey)가 선출되었을 정도로 해외외원에 대한 문턱이 높았다.

어 갔다. 프린스턴 대학의 신학교수 밀러(Samuel Miller)에 의하면, 1803년 당시 도서·팸플릿·신문의 발간은 급속하게 증가한 상태였다. 이러한 인쇄매체들의 번창은 과학을 전파할 채널의 증가를 의미하는 것이기도 했다. 당시의 연감(Yearly Almanacs)을 들여다보면 핼리 혜성, 영국 경제학자 페티(William Petty)의 정치산술(political arithmetic), 코튼 매더의 천둥과 번개에 대한 기술, 코페르니쿠스의 우주론 등의 내용이 담겨 있었다. 과학도서들 역시 주요 도시마다 생겨난 도서매매상들의 중요한 취급품목들 중 하나였다. 인쇄매체를 통한 과학지식과 경험의 간접적인 전달 뿐 아니라 대중강연을 통한 생생한 체험 역시 활용되었다. 홀리스 석좌교수를 역임한 그린우드의 과학강연이 유명했으며, 스코틀랜드 에든버러에서 온 스펜서(Archibald Spencer)의 전기실험 시연은 도시민의 대중적 오락거리가 되기도 했다.

식민지 미국 사회는 그 정치적·경제적 역량이 성숙되어 감에 따라 점차 본국 영국의 영향권으로부터 벗어나 문화적·지적으로도 독자적인 길을 추구하기 시작했다. 식민지 전역에 걸쳐 인구의 급격한 증가와 더불어 도시화 역시 급속하게 이루어졌으며, 도로 사정이 개선되고 체신업이 발달함에 따라 과학자들 간의 소통 여건 역시 급격하게 향상되었다. 식민지 과학의 역량을 강화하고자 프랭클린이 그의 동료들과 함께 1731년에 설립한 필라델피아 도서관 조합(Library Company of Philadelphia)은 과학도서·도구·표본의 활용을 용이하게 해주었다. 프랭클린은 유럽 계몽시대의 시대적 비전, 즉 자연의 비밀에 대한 지식을 활용하여 인간의 복리를 증진한다는 꿈을 실현하기 위해 식민지 미국의 각 지역들이 서로 협력할 필요성을 역설했다. 메사추세츠에서 조지아에 이르는 식민지 간 연결망을 통해 과학자들 간의 사회적 소통은 한층 원활해졌는데, 이러한 인프라를 활용하여 식민지 미국의 독자적인 과학문화·전통을 수립하고자 하는 노력이 시도되었다.

이러한 노력이 구체적으로 드러난 것은, 식민지 전역의 과학자들을 아우르는 전국적인 과학단체의 설립이었다. 1743년 필라델피아에서 프랭클린은 물질에 대한 인간의 능력과 삶의 편리를 향한 과학의 실용지식의 추구를 모토로 하여, 식민지 전역에서의 과학활동을 조정·지원하는 미국 철학협회(American Philosophical Society, APS)를 설립하였다. 이외에도 1780년에는 예술과 과학을 통한 미국 공화국 구성원의 명예·존엄성·행복의 증진을 표방하면서 미국 예술·과학아카데미(American Academy of Arts and Sciences)가 설립되는 등 전국적인 규모의 과학자 단체들이 태동하기 시작했다.

특히 영국 왕립학회를 본 떠 설립된 미국 철학협회(이하 APS)의 설립은 미국 과학발전에 동력을 불어넣은 제도적 기반이 되었다. APS는 왕립학회의 『철학회보』와 유사한 『회보』(Transactions)라는 학술지를 발행하여 과학적 성과에 대한 논문·보고서를 출간했다. 1권에 실린, 1769년 금성의 태양면 통과에 대한 미국 천문학자들이 수행한 과학적 관측연구는 영국 왕립학회를 비롯한 유럽 과학계의 즉각적인 찬사를 받았다. 영국 천문학자 매스켈라인(Nevil Maskelyne)은 "미국의 관측은 탁월하고 완벽하며, 이 관측을 수행한 미국 천문학자 스미스(William Smith)와 리텐하우스(David Rittenhouse)에게 경의를 표합니다"[16]라고 할 정도였다. 독일 베를린의 과학아카데미

16) Brooke Hindle, *The Pursuit of Science in Revolutionary America, 1735-1789* (Chapel Hill : Univ.

천문학자인 베르누이(Jean Bernoulli)는 미국 천문학의 연구는 유럽의 천문학자들이 관측의 기술을 등한시하고 관찰도구와 관측에 대하여 포괄적인 관점으로만 설명하는 관행과는 대조되는 새로운 모범을 제공했다고 논평했다.

앞서 상술한 대로 식민지 미국에서의 과학의 태동기를 살펴보면, 바살라의 서구과학 확산 모델과 플레밍의 '식민지 과학'에 대한 분석이 주장하는 것처럼 식민지 미국의 과학에서는 모국 영국의 중심부와 미국이라는 식민지 주변부 간의 지배-종속 관계를 분명 발견할 수 있다. 영국 모국의 영향권 하에 있었던 식민지 미국에서 과학은 영국 모국의 착취·약탈의 권력에 의해 열등 국가로 억압되어 유지되는 '식민지 과학'의 단계에 있었다. 그러나 미국과학은 영국 모국의 특정의 정치경제적 이해관계를 전적으로 대변하는 상태에서 점차 탈피하게 되는데, 이는 이후의 서술에서 보듯 유럽 각국 과학계와의 탈국가적 상호 교류, 접촉과 협력을 통해 모국 영국 과학계에의 종속적인 의존을 탈피해 간 데 힘입은 바 컸다.

독립혁명에 즈음하여 분야별로 차이는 있었지만 미국 과학은 유럽의 다양한 국가들의 과학계와 국제적인 공조를 폈다. 박물학 분야에서는 린네의 분류체계가 식민지 박물학에 큰 영향력을 미치게 됨에 따라 버지니아의 식물 수집가 클레이턴, 뉴욕 부총독 콜든(Cadwallader Colden), 그의 여동생 제인 콜든(Jane Colden), 바트램을 비롯한 식민지 박물학자 상당수는 린네주의자들이 되었다. 런던 왕립학회의 회장인 뱅크스는 큐 왕실식물원(Kew Garden)의 식물표본을 구하고자 필라델피아 원예가인 마셜(Humphry Marshall)과

of North Carolina Press, 1956), 161에서 재인용.

교류했으며, 런던 린네협회의 회장인 램버트(Aylmer B. Lambert)는 스코틀랜드에서 건너와 뉴욕에 정착한 의사·교육자·식물학자 호작(David Hosack)과 필라델피아의 독일 출신의 루터파 목사 뮬런버그(Henry Muhlenberg) 등의 박물학자들과 교류했다. 마셜이 출간한 미국의 숲에 대한 체계적인 저술은 유럽의 수목인들이 수용했던 모범적인 참고서가 되었다. 식민지 박물학자들이 영국·유럽의 박물학 서클로 편입되는 동안, 유럽의 박물학자들은 역으로 미국으로 건너왔다. 프랑스 정부는 식물학자 미쇼(Andre Michaux)로 하여금 식물·관목·수목의 수집 작업을 수행하게 했으며, 독일의 쇼프(Johann David Schopf)는 미국의 광물학 분야를 유럽에 소개했다. 미국 박물학 여행기를 출간하기도 했던 쇼프는 뮬런버그와의 서신교류를 통해 유럽에서 미국의 박물학 연구를 지속할 수 있었다. 이탈리아의 카스티글리오니(Luigi Castiglioni)는 미국으로의 방문을 통해 많은 미국 식물학자와의 교류를 활발하게 지속했으며, 그 결과 그는 미국의 유용식물(useful plants)에 대한 200여 페이지 이상의 도서를 출간했다. 요컨대, 식민지 미국의 박물학은 유럽과 북미 양 대륙을 건너 모국 영국 이외의 유럽 국가들과도 탈국가적 상호 교류, 접촉과 협력을 펴고 있었으며, 이는 미국 박물학이 이전에 비해 모국 영국 박물학에의 종속·피지배 관계를 서서히 탈피하고 있었음을 의미한다.

식민지 미국 과학의 탈국가적 활동은 APS를 중심으로 한 금성의 태양면 통과에 대한 국제적 연구에서도 엿볼 수 있다. 앞서 언급한, 1769년의 금성의 태양면 통과에 대한 연구는 유럽 전역의 학계로부터 관심을 끌어당겼다. 영국의 경우 희망봉과 아프리카의 세인트 헬레나(St. Helena)에 이르기까지, 프랑스의 경우 동인도까지, 러시아의 경우 시베리아 토볼스크(Tobolsk)에 이르기까지 각국의 탐사는 영국 왕립학회의 『철학회보』와 프랑스 과학아카데미의 『회고』(Memoirs) 등에서 소개되었다. 다음번 금성의 태양면 통과 현상은 105년을 기다려야 했기 때문에 유럽의 천문학자들은 금번의 기회에 대한 기대감에 부풀어 있었으며, 영국 옥스퍼드 대학의 천문학 교수인 혼스비(Thomas Hornsby)는 이 거대한 천문학 문제의 해결에 필요한 국제연구의 필요성을 강조하고 나섰다. 이 때 20여 개의 관측 탐사를 조직하여 프로젝트에 참여한 것이 바로 APS였다. 금성 태양면 통과 국제연구 프로젝트에서 미국 측의 참여가 이루어낸 성과는 미국 천문학의 새로운 가능성을 열어 주었다.

식민지 미국의 독립혁명의 전야에 즈음해서는 박물학과 천문학 이외에 물리학·기상학·수학 등 여러 분야에서 식민지 과학자들은 영국에의 의존도를 서서히 벗어나려는 노력을 시작했다. APS로 대변되는, 식민지 전역에 걸쳐 미국 과학자 상호 간의 원활한 교류를 통한 상호 소통의 네트워크가 강화되고 있었다. 뿐만 아니라 이러한 네트워크는 해외로까지 확장을 시도했다. 예를 들어 1786년에서 1793년의 기간 중에 69명의 APS 해외회원들의 면모를 보면 영국 회원의 숫자가 27명으로 여전히 압도적이었으나 프랑스 21명, 독일 9명, 스웨덴 3명, 러시아 2명, 스페인·오스트리아·네덜란드 각 1명 등 회원 국적의 다원화 노력이 발견된다. 식민지 미국에서의 과학은 처음에는 바살라의 서구과학의 확산 모델이나 플레밍의 '식민지 과학'에 가까운 방식으로 전개되었으나, 18세기 들어 자체적인 인프라의 구축과 더불어 유럽 과학계와의 적극적인 탈국가적 교류를 통해 독자적인 과학문화·전통의 확립을 향한 역량을 축적해 가기 시작했다.

독립국에서의 미국과학(American science)의 등장을 향하여

18세기 이후 유럽과학은 다양한 성취를 달성하였다. 물리학 분야에서는 라그랑주(Joseph Lagrange)의 해석역학(analytical mechanics), 라플라스(Pierre S. Laplace)의 천체역학(celestial mechanics), 영(Thomas Young)과 프레넬(Augustin Fresnel)의 빛의 파동설 등이 나왔다. 화학에서는 라부아지에(Antoine Lavoisier)의 산소화학(oxygen chemistry)과 화학의 명명법 체계, 돌턴(John Dalton)의 원자론, 데이비(Humphrey Davy)의 전기화학, 베르셀리우스(Jons J. Berzelius)의 분석화학이 돋보였다. 베르너(Abraham G. Werner)의 광물학과 광물 분류체계, 허턴(James Hutton)의 동일과정설(uniformitarianism)은 지질학에서의 중요한 성취였다. 지리학에서는 훔볼트의 지리물리학(geophysics)·식물지리학(plant geography)이 라틴아메리카 탐험을 통해 이루어졌다. 식물학에서의 쥐시외(Antoine L. de Jussieu)는 새로운 자연적 분류체계(natural classification)를 제안하여 린네의 인위적 분류법(artificial classification)을 대체했다. 동시에 라마르크(Jean B. de Lamarck)와 프랑스의 동물학자들은 린네식 동물 분류를 수정하기도 했으며, 에라스무스 다윈(Erasmus Darwin)과 라마르크는 생물진화의 이론을 제안했다. 블루멘바흐(Johann F. Blumenbach)는 인류의 기원에 대한 과학적 설명을 제공하기도 했다.

유럽과학이 진보를 거듭하던 시기에 독립을 쟁취한(1776년) 미국 민주공화국에서는 독자적인 미국과학의 전통을 수립하고자 하는 노력이 시작되었다. 독립 쟁취 과정에서 대두된 애국주의가 과학에도 스며들었던 것이다. 앞에서 언급한, 미국대륙의 동물・원주민에 대한 뷔퐁의 퇴행설은 과학에 조예가 깊었던 제퍼슨(Thomas Jefferson) 대통령을 비롯한 미국의 애국주의자들의 거센 반발을 일으켰다. 예를 들어 필라델피아 의사인 미즈(James Mease)는 제퍼슨을 지지하며 뷔퐁의 주장을 격렬하게 반발했다.

이러한 과학의 애국주의 기류는 미국 과학계로 하여금 유럽과학계와 어깨를 나란히 할 수 있는 독자적인 역량을 고양하는 데 주력하게 한 동인의 하나가 되었다. 무엇보다도, 신생공화국 미국의 과학 발전의 기폭제 중 하나는 공화국 초기 제퍼슨 정부가 발휘한 역할과 기능에 있었다. 미국 독립선언서 초안을 작성한 정치가로서 미국의 제3대 대통령에까지 오른 제퍼슨은, 사실 아마추어 과학자 이상의 역량을 지닌 인물이었다. 예를 들어 제퍼슨은 북미의 큰사슴인 무스(moose)의 뼈와 가죽을 들고 프랑스 박물학자 뷔퐁을 만나 뷔퐁의 퇴행설이 지닌 오류에 대해 따지기까지 했다. 제퍼슨이 수행했던 식물의 수집, 조류의 목록 편집 등의 활동은, 식물학자・의사였던 바턴(Benjamin S. Barton)의 평을 빌리자면 당대 미국의 최고 박물학자의 수준에 비견될 정도였다. 또한, 미국 천문학자 엘리코트(Andrew Ellicott)에 의하면, 제퍼슨의 자연철학과 천문학에 대한 지적 역량은 당대의 어느 누구보다도 뛰어난 수준이었다고 평가되기도 한다. 가장 중요한 것은, 이론과학자로서의 역량과 과학혁신에 대한 상상력은 부족했지만, 제퍼슨은 과학의 적극적 후원자로서 미국과학의 진흥에 정부의 역량을 기울였다는 점이었다. 예를 들어 과학도서로 가득 찬, 특히 린네의 저술에 대한 최대의 개인 컬렉션 소장으로 유명했던 제퍼슨의 서고는 훗날 미국 의회도서관(Library of Congress)의 씨앗이 되었다. 또한, 제퍼슨에 의해 추진된 루이스·클라크 탐험(Lewis and Clark Expedition)은 정부 주도의 과학탐사·프로젝트라는 흐름의 시작을 열었다.

정부의 지원과 더불어, 미국 독자적 교육·훈련의 배경을 가진 과학 교육·연구기관과 과학자 공동체의 설립은 미국과학의 전통의 확립에 필요한 제도적·인적 토대가 되었다. 1846년에는 스미소니언 박물관(Smithsonian Museum)과 예일 셰필드 과학전문 대학원(Sheffield Scientific School, Yale)·하버드 로렌스 과학전문 대학원(Lawrence Scientific School, Harvard) 등이 설립되었다. 1876년에는 미국 화학협회(American Chemical Society)와 존스 홉킨스 대학(Johns Hopkins University)이 설립되었고, 깁스의 <비균일물질계(非均一物質系)의 평형(平衡)>(On the Equilibrium of Heterogeneous Substances)이라는 혁신적 논문이 발표되기도 했다. 이미 1820년부터 많은 과학단체들이 생겼지만, 특히 1848년 미국 과학진흥협회(American Association for the Advancement of Science, AAAS)의 창립은 미국과학의 전문성 강화에 대한 미국 과학자들의 열망을 드러내는 것이었다. 또 하나의 전국 단위의 조직체로는 과학의 발전과 인류 복지를 목적으로 1863년에 설립되어 정부 차원에서의 과학문제에 대한 연구와 조사를 주도했던 국립 과학아카데미(National Academy of Science)가 있었다.

과학대중화를 통해 독립국 미국에서 과학의 사회적 기반을 튼튼히 하려는 노력 역시 시도되었다. 잠시 눈을 돌려 19세기 중반 유럽의 사례를 보면, 도시화·산업화의 진전, 대중교육의 확산, 그리고 수공업자 계층의 자기향상(self-improvement) 프로그램의 성장 등은 과학대중화에 필요한 환경을 조성했다. 프랑스 자연사박물관(National Museum of Natural History)이 전개한 대중강연, 영국 왕립연구소(Royal Institute)의 데이비(Humphry Davy)의 대중강연, 독일 출신의 아쿰(Frederick Accum)이 런던에서 개설한 화학강좌, 글래스고(Glassgow) 대학에서 노동자 계층 대상의 실험물리학 강연, 자연철학 입문강좌 등의 등장은 유럽에서 과학대중화의 시동을 걸었다. 이와 유사한 경로로, 미국에서도 과학대중화는 미국과학의 진흥을 위한 대중적 지지대가 될 수 있었다. 그 중 뉴욕의 화학강사 그리스콤(John Griscom)의 대중강연은 화학의 대중화를 선도했다. 그의 강연은 이산화질소(nitrous oxide), 일명 웃음 가스(laughing gas)의 흡입 효과에 대한 시연 등 대중의 눈높이에 맞춘 컨텐츠를 제공했는데, 화학 관련 기술자들뿐 아니라 일반 여성들까지 참여하고 신문지상에까지 공지되는 인기를 자랑했다. 영국 에든버러에서 건너온 스펜서 박사는 프랭클린의 전기실험의 원리를 대중적 오락거리로 포장하여 인기를 끌었다.

출판물 역시 미국과학의 대중화에 기여했다. 화학은 당대 가장 대중적인 과학이었으며, 박물학에서는 워터하우스(Benjamin Waterhouse)의 『식물학자』(The Botanist)가 대중과학서로서 주목을 받았다. 일반 과학잡지에 가까운 『의학보고』(Medical Repository)는 박물학·농업·의학 관련 정보의 잡지로서, 대서양 양편의 유럽과 미국의 과학에 대한 소식을 담고 있었다. 이 잡지는 독자들에게 해외 프랑스 퀴비에(Jean Cuvier)의 네발동물 화석, 데이비의 화학연구뿐 아니라

스코틀랜드 출신 지질학자 매클루어(William Maclure)의 미국 지질학 탐사, 박물학자 필(Charles Willson Peale)의 코끼리류(mastodon) 두개골 발굴,[17] 스코틀랜드 출신 조류학자 윌슨(Alexander Wilson)의 『미국 조류학』(American Ornithology)의 연속시리즈물, 그리고 유럽과 미국의 과학적 성취 등에 대한 내용을 소개하기도 했다.

그렇다면 독립혁명 이후 미국과학의 역량은 어느 정도였을까? 이에 대한 당대의 견해 중 하나로 1850년대 무렵 프랑스의 정치사상가 토크빌(Alexis de Tocquville)의 평가를 참고할 수 있을 것이다. 토크빌은 민주공화국이라는 토양에서 미국사회에 만연해 있는 평등 정신이 정치·경제·문화에 미친 영향을 분석하면서, 미국 국민의 강한 실용주의 성향은 위대한 과학자의 부재를 낳았다고 보았다. 토크빌의 주장이 확대 해석되면서 미국과학은 실용성을 추구하는 응용과학에 치중한 나머지 이론·순수·기초과학에 취약하다는 평가가 주를 이루었다. 예를 들어 미국과학은 18세기 중반의 프랭클린과 19세기 중후반의 물리학자 깁스(J. Willard Gibbs) 정도를 제외하고는 서구과학계의 주목을 받았던 일류급 과학자는 부재했으며, 이는 19세기까지도 미국과학이 유럽과학과 견줄만한 역량은 부족했음을 보여준다는 것이다. 그러나 토크빌에 의해 주장되었던 미국의 대과학자 부재론에 대한 의구심 역시 제기된다. 가령, 미국 예일 대학의 화학자·지질학자 실리만(Benjamin Silliman), 스미소니언 연구소 물리학자 헨리(Joseph Henry), 지질학자 대너(James D. Dana), 식물학자 그레이(Asa Gray), 지리물리학자 배치(Alexander

17) 필은 미국의 화가이자 과학자·발명가·정치가·박물학자이며, 미국 최초의 박물관들 중의 하나인 필 박물관(Peale's American Museum)을 설립한 인물이었다.

D. Bache), 나아가 생리학자 · 심리학자 제임스(William James), 물리학자 깁스, 수학자 피어스(Benjamin Pierce), 수리물리학자 뉴컴(Simon Newscomb) 등 과학적 역량을 갖춘 미국 과학자들 다수가 당대의 세계적인 과학문헌에 등재 · 인용된 점은 간과할 수 없는 사실이다.

이처럼, 유럽과학에의 의존을 탈피하고자 했던 애국주의 기류 속에서 미국 과학계는 유럽과학계와 어깨를 나란히 할 수 있는 독자적인 역량을 고양하기 위해 다양한 경로로 노력을 기울였다. 주목할 점은, 아이러니하게도 독자적 역량 강화를 위해 미국 과학계가 구사한 다양한 경로들 중 하나는 바로 탈국가적 과학 교류였다는 점이다. 우선, 미국 과학계는 유럽 출신 과학자들을 적극적으로 영입하였다. 프랑스의 탐험가 · 식물학자 미쇼, 박물학자 라피네스크(Constantine Rafinesque)와 미국 출생의 프랑스인 오듀본(John J. Audubon), 독일의 퍼쉬(Frederick T. Pursh), 식물수집가인 엔슬렌(Aloysius Enslen), 스코틀랜드의 지질학자 매클루어(William Maclure), 조류학자 윌슨(Alexander Wilson), 영국의 식물학자 · 동물학자 너탤(Thomas Nuttall) 등이 국경을 건너 미국에 정착했다. 미쇼와 엔슬렌 같은 이들은 유럽의 과학특사였으며, 매클루어는 부유한 젠틀맨 계층이었으며, 라피네스크 · 윌슨 · 퍼쉬 · 너탤과 오듀본 같은 이들은 출신국가와 배경은 달랐지만, 모두 미국에서 정착한 성공적인 박물학자였다. 1846년에는 유럽 최고 박물학자 스위스의 아가시(Louis Agassiz)가 미국으로 이주했는데, 이는 미국과 유럽 양쪽에 신선한 충격을 던졌을 정도였다.

아울러, 식민지 과학의 의존을 극복하고 서구과학에 버금가는 역량을 갖추기 위하여 개별 과학자들 역시 국제적 교류를 활발하게 수행하였다. 유럽 과학자들도 인정한 미국 최고의 과학자 깁스는 예일 대학에서 박사학위를 취득했지만, 유럽으로 건너가 파리와 베를린에서의 저명한 과학자들의 교류를 통해 그의 관심사는 바뀌었다. 그는 원래의 공학을 버리고 유럽과학의 주류 중 하나인 수리물리학으로 전향했으며, 귀국 후 예일 대학에서 수리물리학 교수가 되었다. 깁스의 지적 명성은 전자의 발견으로 유명했던 영국 물리학자 톰슨(J.J. Thompson)의 극찬을 받을 만큼 유럽에서 크게 호평을 받았다. 또한, 1886년경 리처즈(Theodore W. Richards)는 하버드 대학에서 20세에 박사학위를 받을 정도의 천재적 역량을 가진 과학자였다. 그는 학위 수여 전에 출간된 2편의 논문의 진가를 인정받아 장학금을 받고 해외에서 수학할 기회를 얻었다. 유럽에서 리처즈는 매우 저명한 과학자들과의 접촉은 물론 연구동향에 대한 새로운 인식을 갖게 되었다. 미국으로 귀국하여 하버드 대학 교수직을 꿰찼지만, 1894년 독일을 다시 방문했으며 1901년에 게팅겐 대학에서 화학교수가 되었다. 리처즈는 독일에서 교수직을 부여받은 최초의 미국인 과학자가 되었으며, 훗날 노벨상을 수상한 최초의 미국인 과학자가 되기도 했다.

19세기 미국과학을 대변하는 식물학자·박물학자 그레이(Asa Gray)의 사례 역시 국제적 교류의 단면을 잘 보여준다. 영국의 식물학자 후커(William J. Hooker)는 그레이의 첫 저술인 『식물학의 자연체계』(A Natural System of Botany)에 대하여 "우리가 알고 있었던 종류의 식물학 연구 중에서 가장 아름다운 실용적인 저술이다"[18]라고 극찬을 아끼지 않았다. 1838년 그레이는 유럽 식물학자들과의 개인적 서신교류를 통해 국제적 감각을 익혔다. 하버드 대학의 식물학 교수였던 그레이는 런던 왕립학회를 비롯한 국내외 60여 개 이상의 과학단체의 회원의 영예를 누렸다. 옥스퍼드・캠브리지・애버딘(Aberdeen) 대학에서 명예학위를 받은 그레이는 다윈 진화론의 지지자로서, 특히 하버드 대학 동료교수로 다윈 진화론의 비판자였던 아가시와 설전을 벌이기도 했다. 그레이는 다윈과의 활발한 서신교류를 통해 미국사회에서 다윈 진화론의 수용과 정착을 도왔다.

상술한 바와 같이, 19세기를 통해 미국과학은 영국 및 서구과학에의 지적 열세로부터 벗어나 독자적인 전통을 수립하려는 다양한 시도를 도모하였으며, 그러한 시도들 중 대서양 양편의 과학자들의 인적 이동과 지적 교류를 통한 탈국가적 과학활동이 중요한 지분을 차지했다.

참고로, 19세기 중반 이후의 미국과학은 어떤 경로를 걷게 되는가? 앞서 보았듯이, 영국 모국의 지배・통제 하에서의 식민지 과학의 경험은 물론 서구과학을 향한 탈국가적 교류를 통해, 미국 고유의 토양에서도 전문 훈련과 경험을 갖춘 과학자들이 등장했다. 예를 들어, 앞서 다룬 미국 철학협회(APS)와 미국 예술・과학아카데미(American Academy of Arts and Sciences)를 시작으로 1840년대 미국 과학진흥협회(AAAS) 등의 학술 단체들의 설립은 엘리트 과학자들의 연구활동을 더욱 자극시킴으로써 지적인 경쟁과 연대를 조성했을 뿐 아니라, 나아가 국내외 과학자들 간의 교류를 용이하

18) I. Bernard Cohen, "Some Reflections on the State of Science in America during the Nineteenth Century," *Proceedings of the National Academy of Sciences of the United States of America* 45(1959), p. 676.

게 했다. 이러한 기반 아래, 미국의 과학계에서는 전문성 자체가 과학활동의 직접적인 판단의 기준이 되는 과학의 이데올로기가 팽배해지면서 과학의 아마추어·문외한들은 제도적으로 배제되는 제도화 과정이 활발하게 이루어졌다.

또한, 1862년 미국 내 최초의 박사학위 취득자가 예일 대학에서 배출되고 시카고 대학을 중심으로 대학원 제도가 확립되면서, 대학교수는 연구능력을 인정받기 위해 연구에 전념하게 되는 분위기가 조성되었다. 존스 홉킨스 대학을 위시하여 연구중심 대학들의 설립과 정착을 통해 미국과학은 대학이라는 든든한 배경을 가지게 됨으로써 과거 식민지 과학의 영향력에서 벗어나 독자적인 자생능력을 가지게 되었다. 이외에도, 정부의 꾸준한 과학적 지원, 예를 들어 1843년에 설립된 미국 연안기초조사기구(U.S. Coast Survey)를 시작으로 19세기 말에서 20세기 초의 과학국(scientific bureau) 등 정부 산하 과학연구 조직체는 미국과학의 진흥을 위한 독특한 장치로 자리 잡았다. 요컨대, 미국과학은 대학의 과학경쟁력과 정부의 체계적 지원이 어우러져 서구과학의 역량에 도달할 수 있는 기반을 마련해 나가고 있었던 것이다.

나가면서

식민 모국 영국의 영향력 하에 있었던 식민지 미국의 과학은 런던 왕립학회를 중심으로 서구과학의 성취를 지탱하는 조력자의 역할을 톡톡히 수행했다. 식민지 미국에서 박물학자들은 종자표본 수집 활동을 적극적으로 펼쳤으며, 서구과학의 이론·아이디어를 추종하면서 유럽의 중심부 과학에 의존했다. 그러나 식민지 미국 사회가 그 정치적·경제적 역량이 성숙되어 감에 따라, 미국 과학계 역시 점차 본국 영국의 영향권으로부터 벗어나 문화적·지적으로도 독자적인 길을 추구하기 시작했다. 미국 독립혁명을 즈음해서는 식민지 전역에 걸쳐 과학자들 간 사회적 교류는 물론 과학연구의 지원을 도모하는 미국 철학협회(APS)가 자리 잡는 등, 서구과학의 의존을 벗어나는 독자적인 미국과학의 문화·전통을 수립하는 지적·제도적 시도들이 이어졌다. 그리고 독립혁명 이후 19세기를 거쳐 미국과학의 자체적인 역량 강화와 발전이 가시화되어 갔다. 이러한 과정에서는 본장에서 소개한 것처럼 다양한 노력이 경주되었지만, 미국 과학계가 국제 과학계와의 탈국가적 교류를 꾸준하게 추진해 왔다는 점은 간과해서는 안 될 것이다.

식민지 미국에서의 과학의 출발은 바살라의 서구과학 확산 모델과 플레밍의 '식민지 과학'에 대한 분석에서와 같이 영국 모국이 과학을 무기삼아 식민지의 용이한 지배·종속을 가능하게 하는 식민지 과학의 전형을 보여주는 듯하다. 그러나 달리 보면, 식민지 미국의 과학은 영국 종주국의 정치적 패권을 지탱하는 공생적·필연적 관계를 고양하는 것만은 아니었으며, 오히려 모국의 정치적 이해관계로부터 비교적 자유로운 분위기에서 서구과학의 전파라는 수혜를 입었다고 볼 수 있다. 영국 모국의 입장에서, 17세기 근대 서구과학이 잉태하면서 과학의 발전적 모멘텀을 찾는 과정에서 식민지 미국은 새로운 과학이론과 지식 축적의 공간이 될 수 있었으며, 그 과정에서 영국·서구의 과학자들과 식민지의 과학자들은 국경을 넘는 지적활동의 상호작용이 존재했다. 서구과학은 식민지로 쉽게 이식·확산되었으며, 식민지 과학자들은 서구과학에 쉽게 동화되었던 상호호혜주의가 긍정적으로 작동했다. 즉, 미국과학의 형성이 이루어진 기저에는 유럽과 신생 미국 상호 간의 자유로운 교류가 가능했던 과학의 탈국가성이 돋보였다.

03 주변부 호주에서의 과학의 형성

들어가면서

1780년대 말 호주대륙에 유럽인이 본격적으로 정착하기 이전, 이미 호주 원주민들은 호주대륙의 자연과 환경을 이해하는 나름대로의 방식을 가지고 있었다. 그러나 호주대륙에 대한 과학적인 탐구는 유럽으로부터의 탐험가들에 의해서였다. 1770년 쿡(James Cook) 선장은 3차에 걸친 인데버호(HMS Endeavour) 항해를 통해 뉴질랜드 연안의 지도를 작성하였다. 쿡의 탐험대는 호주대륙에도 상륙하여 캥거루를 비롯해 육상동물·조류·어류·식물·광물 등의 표본 수천 점을 확보하였다. 이후로도 유럽발(發) 탐험대가 대동(帶同)한 과학자들은 호주대륙의 동식물군, 광물과 토양, 천문현상, 그리고 원주민을 탐구했다. 그러나 상당 기간이 지난 19세기 중반부터 20세기 초에 가서야 호주의 과학자들은 지엽적인 발견과 수집을 넘어 보다 일반적·보편적인 과학문제와 연구를 다룰 수 있었다.

호주과학의 발전 과정에 대한 연구는 1960년대가 되어서야 시도되기 시작했다. 과학의 발전은 자연에 대한 지식과 법칙을 축적해가는 과정이라는 전통적인 과학관에 따르면, 호주에서는 과학의 발전에 비약적으로 기여한 발견이 부재했기 때문에 호주과학 역시 역사적으로 존재감이 거의 없었다고 보는 단순한 시각도 나름 타당성이 있을 수 있다. 그러나 과학과 사회적·외재적 요소들 간의 상호작용을 모색하는 과학의 사회학적 연구 관점에서 바라본다면 호주과학의 면모는 좀 더 복합적이다.

1962년 호주·캐나다·미국의 과학을 사회적·정치적·문화적 함의 측면에서 비교 분석한 에세이에서, 플레밍(Donald Flemming)은 호주과학을 식민지 특유의 과학 스타일·경향을 지닌 '주변부' 과학으로 소개했다. 플레밍에 따르면 호주대륙은 18세기 유럽 박물학의 활동 필드로 각광 받았는데, 그 과정에서 호주에서의 박물학 활동은 유럽의 과학 중심부에 대한 지적 열등성을 지닌 채 스스로의 지적 권위는 포기한, 이류급 과학의 속성을 드러내었다는 것이다. 플레밍은 유럽 과학과 호주과학의 상호 관계에서는, 상호공생적이기는 하나 미묘하게 불평등한 역학관계가 존재했다고 보았다. 예컨대, 유럽의 과학자들은 호주 현지에서 활동하지 않았음에도 호주의 과학활동가들의 자료수집 활동의 수혜를 누릴 수 있었다. 대신에 호주 현지의 과학활동가는 이러한 노동력 제공을 통해 유럽의 과학 공동체와 연계될 수 있었다. 예를 들어 호주의 박물학 활동가들은 유럽 학계의 인정을 받고자, 런던 큐 왕실식물원(Kew Gardens)의 후커(Jeseph D. Hooker) 등과 같은 리더급 전문가들에게 표본 정보·데이타를 기꺼이 제공하였으며, 이를 제공받은 유럽 박물학자들은 표본 분석과 비교검토를 통해서 박물학의 이론적 문제를 해결하고 결론을 도출하는 데 전념할 수 있었다. 이렇듯 주변부 호주에서의 과학활동이 중심부 유럽의 과학활동을 위한 하부활동에 해당했던 관계는, 식민 모국(중심부)에 대해 식민지(주변부)가 일반적으로 지녔던 정치적 종속관계와도 맞닿아 있었다고 플레밍은 설명했다. 가령 주변부 식민지가 중심부 제국에 대한 정치적 평등을 추구하는 순간 양자의 관계는 악화되어 주변부 식민지는 유럽 중심부로부터 적절한 혜택을 받지 못하듯이, 과학활동 역시 마찬가지였다는 것이다. 플레밍은 주변부 식민지 사회로서의 호주의 종속·의존적 경향은 심지어 1901년 독립 이후에도 비교적 최근인 20세기 중반에까지 지속되었다고 보았다.

호주과학의 특이성을 이해하는 데 도움이 되는 또 하나의 관점은 바살라(George Basalla)의 서구과학 확산 모델이다. 과학은 유럽의 본거지로부터 세계 곳곳으로 전파되어간다는 그의 3단계 모델에서, 바살라는 식민지 과학은 플레밍이 정의한 '주변부' 과학의 속성을 드러낸다고 보았다. 바살라에 의하면, 1단계에서는 서구 과학자들이 본국에서 떨어진 비서구 사회로 건너가 본국 과학의, 즉 중심부 과학의 필드활동을 전개하는 반면, 2단계에서는 주변부 식민지에서의 식민주의자·식민지 활동가들이 본국·제국의 중심부 과학에 종속·의존된 상태에서 식민지 과학(colonial science)을 전개하는 경향을 드러낸다는 것이다. 식민지 과학이 연구결과물을 출간하고 중심부 과학으로부터의 지적 인정을 받기 위해 기울이는 일련의 노력들은, 중심부 본국으로부터 제공된 선진교육과 도구들, 그리고 과학문화에 대한 식민지 과학의 강한 의존성을 보여준다. 즉, 유럽 중심부의 과학문화가 제도적·지적·사회적 수준에서 식민지에 강한 영향력을 미침에 따라, 식민지에서의 과학에의 관심과 인식, 과학의 어젠다와 프레임 역시 중심부 본국의 그것에 근거하여 전개된다는 것이다. 다음 단계인 3단계에서 식민지에서의 과학은 고등수준의 과학활동을 전개해 나가는 한편으로, 독자적·독립적 과학문화를 창출하고자 하는 의식적인 시도가 이루어지면서 점차 중심부 과학으로부터 탈피하게 된다는 것이다.

바살라의 3단계 모델은 유럽의 중심부 과학과 주변부의 식민지 과학의 역학관계를 동태적인 관점에서 풀어냈지만, 그 과정에서 국가별·지역별 이질성과 특이성을 반영하기보다는 일괄적인 보편적 법칙의 도출에 집착한 점은 비판을 받기도 했다. 즉, 바살라의 3단계 모델은 그 당위성과 논리적 타당성에도 불구하고 개별국가의 실제 사례를 통한 비판적 검증이 필요한 모델이기도 하다. 이에 본장에서는 18세기부터 1901년 호주 연방의 독립에 이르기까지 약 100여 년간 주변부 식민지로서의 호주대륙에서 전개되었던 과학과 기술의 연대기를 추적한다.

서구과학의 전파 그리고 식민지 과학의 등장

쿡의 탐험 이후 호주에서 이루어진 과학적 발견들은 유럽의 식물학·동물학·지질학 등 다양한 영역에서 과학자들의 연구의욕을 자극시키고 흥분시켰다. 쿡의 항해에 이어 영국 박물학자 뱅크스는 식물학자와 수집가를 호주로 보내 상당 규모의 표본들을 확보하여 유럽 박물학자들에게 제공하기도 했다. 호주 남동부 해안의 지도를 만든 영국의 탐험가 플린더스(Matthew Flinders)의 1804년 항해에 참여한 식물학자 브라운(Robert Brown)은 3,000여 점 이상의 식물 표본을 수집했다. 그의 1801년 출간물인 『뉴홀랜드와 반디멘즈 랜드 식물군의 사전연구』(Prodromus of the Flora of New Holland and Van Diemen's Land)[19]는 식물학의 역사에서 하나의 신기원을 이루었다. 브라운의 연구는 식물 분류법에 변혁을 가져왔으며, 호주 식물들의 해부학·생리학적 특성과 기능에 대한 그의 통찰은 식물지리학자들의 관심을 자극했다.

이후에도 호주 대륙은 영국 박물학자들의 지속적인 관심을 끌었다. 조류학자 굴드(John Gould)는 1838년에서 1840년에 걸쳐 호주 조류에 대한 상세한 묘사를 출간했으며, 1859년에 식물학자 후커(Joseph Hooker)는 태즈매니아 식물군을 생물지리학(biogeography)의 관점에서 분석했다. 또한, 박물학자 다윈(Charles Darwin)이 오늘날까지도 과학계를 주름잡고 있는 자연선택설과 진화론을 도출한 바탕이 된 비글호 항해에는 호주대륙 역시 탐험지로 포함되어 있었다. 이외에도, 호주대륙에서만 서식하는 유대목(marsupialia)과 단공류(monotremata)[20] 등의 동물군에 대한 연구는 영국 런던 왕립학회(Royal Society)의 『철학회보』(Philosophical Transactions)와 같은 저명한 저널에 게재되는 등, 호주에서 필드 활동은 활발하게 전개되었다. 즉, 바살라의 1단계 모델에서 제시한 것과 같은, 중심부 영국 과학자들의 호주 필드로의 원정 활동이 이루어지고 있었던 것이다.

---

19) 17세기에 네덜란드의 모험가들이 오스트레일리아를 발견하고 연안 탐험을 실시하여 '새로운 네덜란드'라는 뜻의 뉴홀랜드(New Holland)로 명명했다. 반디맨즈 랜드는 호주 태즈매니아의 옛 이름이다.

20) 유대목이란 캥거루·코알라처럼 육아낭 주머니에 새끼를 넣고 다니는 동물이며, 단공류란 가시두더지나 오리너구리같이 알을 낳지만 새끼에게 젖을 먹이기도 하는 동물을 의미한다.

영국에게 있어 호주대륙은 죄수 유배지로 출발했으나, 1823년 메리노(Merino) 양이 도입되고 양모산업·목축업 기지로서 호주가 지닌 경제적 잠재력이 인정됨에 따라 호주는 공식적인 식민지로 재편되었다. 1840년대 자유 이민자들이 호주대륙으로 유입되면서 빅토리아·시드니·멜버른·뉴사우스웨일즈(New South Wales, NSW) 등 식민지들은 점차 독자적인 행정조직 체계를 갖추어 나갔다. 호주 식민지 사회가 본격적으로 형성되면서, 호주에서의 과학활동에서는 바살라의 제2단계에 해당되는 변화 역시 일어났다. 물론 위에서 보듯 1850년대에도 여전히 바살라의 1단계 모델에서 제시한 것과 같은 특징들, 이를테면 중심부 영국 과학자들의 호주 필드로의 원정 활동들은 여전히 건재했다. 그러나 호주에서의 과학탐사는 외부 유럽인의 기획과 후원에 의해서 뿐만이 아니라 이제 식민지 지역인들의 주도 하에서도 수행되기 시작했다. 하지만 이들의 활동은 여전히 모국 영국의 중심부 과학에 종속·의존된 전형적인 식민지 과학(colonial science)의 특징을 보여주었다. 예를 들어 식민지 호주의 박물학자·수집가들은 박물학 표본·데이타를 런던의 큐 왕실식물원이나 영국박물관으로 보냈으며, 이러한 호주산 표본·데이터들에 대한 기술(記述)과 분석 등 과학적 의사결정의 권위는 어디까지나 영국 중심부에 있었다. 물론 1827년 설립된 호주 자연사 박물관(Australian Museum)은 당시 유럽과 영국의 모델을 쫓아 척추동물·무척추동물·광물학·고생물학·인류학 등의 표본 수집과 전시, 그리고 박물학 연구를 구현하고자 했으며 호주에서 수집된 표본들은 이 박물관으로도 제공되었지만, 이는 어디까지나 예외적인 경우였다. 19세기 전반만 해도 호주에는 기본적인 과학교육을 제공할 시설조차 없었기 때문에,[21] 식민지 호주의 과학은 중심부 영국으로부터 도입된 지식과 기술에 전적으로 의존하는 형국이었다. 식민지 호주에는 교육받은 사람의 수가 극소수여서 자립의 과학기관을 형성할 수 없었을 뿐 아니라, 호주에 기반을 둔 과학 정기간행물 역시 유지되지 못했다.

천문학과 관련해서도 식민지 모국 영국의 관심을 반영하여 식민지 호주 도처에 천문대들이 설립되었다. 남반구에 위치한 호주의 지리적 위치와 맑게 갠 하늘은 북반구의 영국에서는 제공할 수 없는 천문관측 결과를 제공했기에, 영국 중심부 과학계는 호주에서의 천문학에 대해 이미 호주대륙 발견 직후 때부터 상당한 관심을 보였다. 영국의 직접적인 후원 하에 이미 1788년 시드니 만(Sydney Cove)의 도스 포인트(Dawes Point)에 천문대가 세워졌다. 1820년대에는 NSW 식민지의 총독 브리즈번(Thomas Brisbane) 시절 패러매타(Parramatta)에, 그리고 1840년대에는 호바트(Hobart)에 천문대가 세워졌다. 특히 열정적인 아마추어 천문학자이기도 했던 브리즈번 총독은 영국으로부터 천문학 도구를 도입했으며, 전문 천문학자 룸커(Carl Rumker)와 던롭(James Dunlop)을 초빙하기도 했다. 패러매타에 세워진 브리즈번 천문대는 1822년에 엥케(Encke) 혜성[22]을 관측함으로써 국제적 명성을 얻기도 했다. 이후에도 다수의 천문대들이 식민지 정부에 의해 설립되었고, 천문대에 임명된 정부 천문학자들은 식민지 호주 과학계의 저명한 연구자들로서 천문학

21) 1850년대 가서야 시드니(Sydney) 대학과 멜버른(Melbourne) 대학 등 식민지 호주에서 고등교육기관이 등장했으나, 여전히 과학 교수직은 신설되지 못했다.

22) 엥케 혜성(2P/Encke)은 1786년 프랑스의 메섕(Pierre Méchain)에 의하여 처음으로 관측되었다. 1818년 독일의 엥케(Johann Encke)는 이 혜성이 1786년, 1795년, 1805년에 나타난 혜성으로 3.3년이라는 극도로 짧은 주기를 가지고 있음을 발견하였다.

(식민지의 시보업무를 포함하여) 연구뿐 아니라 일상의 지자기(geomagnetic)·기상(meteorological) 관측과 측지학 측량까지 책임졌다. 천문대가 세워지지 않았던 퀸즈랜드(Queensland)와 태즈매니아(Tasmania)에서는 기상학자들이 정부의 부름을 받았다.

식민지 정부는 그 밖의 과학분야들도 지원했다. 특히 식물학자들이 대거 정부 소속으로 임명되었는데, 이들 중에는 빅토리아 식민지의 폰 뮬러(Ferdinand von Mueller)는 최고의 명성을 자랑했다. 독일 태생의 식물학자인 폰 뮬러는 1853년에 정부 식물학자로서 호주 남동부 전역[23]을 두루두루 섭렵하면서 호주 식물군에 관한 수집활동과 식물학 연구를 통해 800여 개의 논문과 다수의 저서를 출간했다. 또한, 금광 개발의 분위기가 무르익자 NSW 식민지는 1850년에 정부 지질학자를 임명하기도 했다. 빅토리아 식민지는 1852년에 대규모 지질학 측량에 착수했으며 다른 식민지들도 이 뒤를 이었다. 이외에도 식민지 정부는 공중보건 관료들을 임명하였을 뿐 아니라 정부 분석관(government analyst)을 채용하여 시금(assays, 금 따위의 광물의 성분을 분석하여 품질을 정함)을 맡겼으며, 상수도와 식량수급의 질을 관장하게 했다. 과학자들을 관료로 임명하여 활용한 데서 보듯, 이 당시의 식민지 호주 정부의 과학 지원은 식민지에 대한 효율적인 통치와 관리가 1차적인 목적이었다.

다양한 측면에서의 점진적인 발전에도 불구하고 19세기 중반에 이르기까지 여전히 식민지 호주과학은 본질적으로 중심부 영국에 의존했던 식민지적 특성을 유지하고 있었다, 예를 들어 당시 호주

---

23) 폰 뮬러는 빅토리아 마운트 버팔로(Mount Buffalo)와 윌슨 곶(Wilson's Promontory)을 포함한 지역의 탐사를 통해 호주 토종식물에 대한 연구를 수행했다.

에서의 과학활동은 대체로 실험실 기반의 실험이 아니라 관찰·기술(記述) 과학으로 여전히 남아 있었으며 보편적 과학문제에의 접근보다는 개별적 사실의 문제에만 관심을 기울이고 있었다. 뿐만 아니라, 호주의 과학자들은 여러 식민지들에 흩어져 있어 서로 고립되어 있었다. 지적 지원과 독려를 위해 식민지 과학자들이 의존했던 것은 동료 과학자들보다는 영국 본국의 과학자 공동체였으며, 호주 지역에 기반을 둔 연구의 경우에도 그 결과물은 호주 현지의 과학단체의 학술지가 아니라 영국 런던 왕립학회의 학술지에 보냈다. 이는 출간물들을 소화할 독자층의 주류는 여전히 호주가 아니라 영국에 존재하고 있었기 때문이었다.

호주 사회의 경제적 개발과 과학의 제도적 성장

19세기 후반 금광 개발로 밀려든 이주자로 인해 식민지 호주 사회는 경제적으로 활기를 띠게 되었다. 호주는 금·주석·구리·은·납·아연 광석 매장량이 상당했으며, 최대 금 생산국가의 하나가 되었다. 이러한 자원탐사와 개발에는 과학과 과학자들에 대한 수요를 불러 일으켰다.[24] 호주 과학자 공동체의 폭넓은 다양성은, 특히 1880년대부터 정부 부처들이 과학활동에 대한 수요처가 됨으로써 가능해졌다. 정부 과학서비스들은 규모와 범위 측면에서 확대되어 갔다. 가령, 호주에서의 지질학 측량 서비스(geological surveys)는 그 기원이 명료하지는 않지만 19세기 말경에는 확실히 정착 단계에 있었으며 정부 발행 정기간행물도 내놓기도 했다. 천문대들은

24) 이러한 기초조사들은 훗날 20세기에 붐이 일어난 광물탐사 활동의 저변이 될 수 있었다.

전신 서비스의 등장과 연계되어 기상업무를 확대할 수 있었다. 박물관은 수집물의 전시 역할을 넘어 과학적 기능을 수행하고 연구결과물을 자체적인 정기간행물을 통해 출간하기도 했다. 대부분의 식민지들은 농무부를 설립하였는데, 부서의 전문 스태프에는 화학자 · 식물병리학자 · 곤충학자 · 세균학자 · 생물학자 · 낙농업자와 그 밖의 전문가들이 포함되었다. 이외에도, 점점 더 증가한 공학자들과 과학자들의 상당수는 공공사업(public works), 철도, 우편 · 전신, 광산, 측량 서비스 등 정부 과학서비스 부서들의 확대에 활용되었다.

식민지 호주 사회가 필요로 했던 과학자들은 일차적으로 영국 중심부 과학기관들로부터 선발되었지만, 호주의 경제적 발전으로 인해 영국으로부터 호주로 유입된 과학자 부류도 많았다. 호주에서 활동하는 과학자들의 수가 늘어나면서 이들을 위한 과학단체들도 증가했는데, 19세기 후반에는 대부분의 식민지에서 과학협회들을 찾아볼 수 있게 될 정도였다. 예를 들어 자발적 과학단체의 성격을 띤 철학협회(philosophical societies)들이 세워졌고 이들은 머잖아 왕립학회(royal society)로 이름을 바꿔 나아가게 되었다. 철학협회들은 아마추어와 전문가뿐 아니라 과학에 조예를 가진 독자와의 과학의 소통과 교류를 위한 포럼을 제공했다. 이러한 철학협회들은 호주에서의 과학활동의 성장의 한 단면을 보여주며 그 회원수는 1850년대부터 꾸준하게 상승세를 보여주었다. 왕립학회라고 이름붙인 학회들은 다름 아닌 본국 런던의 왕립학회의 모델을 따라 자체 간행물을 발행하는 등 호주 지역의 과학활동을 위한 창구가 되었으며 지역의 활동가들이 교류할 수 있는 인프라를 제공했다. 이와 같이, 철학협회 · 왕립학회들은 지역의 신생 과학자 공동체의 핵심과 상징이 되었으며, 철학협회 출간물은 19세기 말까지 중요한 지역의 과학활동을 잘 반영했던 것이다. 1884년경에는 식민지 호주 동부 지역에서는 상당수의 왕립학회 · 철학협회가 존재했다.

1880년대 호주과학의 제도적 성장세 이면에는 식민지 사회의 풍요로운 안정세와 더불어 호주 사회 도처에서 활동한 식민지 왕립학회들의 성장이 있었다. 이러한 학회들이 연합하여, 식민지 호주의 과학이 가야할 통합된 방향을 제시하고자 1888년에는 호주 식민지 전역을 아우르는 과학협회인 호주 · 뉴질랜드 과학진흥협회(Australian and New Zealand Association for the Advancement of Science, ANZAAS)가 출범하였다. 시드니에서의 ANZAAS의 창립총회와 첫 학술대회에는 천여 명에 조금 못 미치는 과학자들이 참여하였다. ANZAAS의 설립은 식민지 호주 사회에서 영국 중심부의 의존 경향으로부터 탈피하여 독립적 과학문화가 형성되기 시작한 신호탄이라고 할 수 있는, 이른바 바살라 모델의 3단계를 예고하는 상징적 사건이라고 볼 수 있다.

경제적 성장과 더불어, 호주 사회에서는 문화적 욕구 역시 증가했으며, 특히 인구밀도가 높은 식민지에서는 과학에 대한 관심과 식견을 가진 주민의 수 역시 늘어갔으며, 과학에 대한 대중의 요구도 무르익어 갔다. 이러한 요구에 부응하여 여러 식민지들의 행정수도에서는 공공도서관이 곳곳에 세워졌다. 또한 호주 여러 식민지들에서 다양한 종류의 과학기관들이 설립되거나 재정비되었는데, 이러한 과학기관들로는 대학 · 과학서비스 기관(지질학 측량 등) · 식물원 · 박물관 · 천문대 등이 있었다.

이들 과학기관들 중 대학은 연구기관인 동시에 교육기관이라는 특성상, 호주 사회가 요구하는 과학지식과 과학자들을 배출하는 데 있어 핵심적인 역할을 했다. 1850년대경 시드니 대학과 멜버른 대학의 설립에 이어, 애들레이드(Adelaide) 대학과 호바트(Hobart) 대학이 그 뒤를 이었으며, 20세기 초에는 브리즈번(Brisbane) 대학과 퍼스(Perth) 대학이 설립되었다. 호주의 대학들은 처음에는 고전과 수학에 집중한 교양과정에 치중하였지만 과학 역시 교과과정에 비중 있게 반영하였으며, 시간이 지남에 따라 과학과 공학에서 실험연구 기반 강좌들이 개설되었다. 또한 과학교육을 지원하는 식민지 정부의 기금이 꾸준하게 증액되었다. 시드니 대학에서 과학교수직·의학교수직이 신설되었으며, 영국에서 시드니 대학으로 건너온 물리학 교수 스렐펄(Richard Threlfall)은 화학과 물리학의 분리 교육의 필요성을 강조하기도 했다. 멜버른 대학에서는 1881년에 물리학 교수직이 신설되었으며 1883년에는 과학과 공학 분야의 학위제가 도입되었다. 이 대학의 공학 학위제는 영국 중심부의 옥스퍼드 대학과 캠브리지 대학의 학위제와 버금가는 높은 수준으로 평가받기도 했다. 졸업생들 중 과학분야(의학을 포함) 학위 비중은 처음에는 미약했지만, 점차 상당한 수준으로 증가했다.

이상에서 보듯 19세기 말까지 식민지 호주는 나름의 과학 인프라를 구축해 가며 독자적·자생적 과학전통의 수립으로 나아갔는데, 이러한 과정은 호주과학의 성장과정을 설명하는 데 있어 바살라 모델의 유효성을 지지하는 듯하다. 그러나 후술하듯이 호주과학의 성장의 이면에는 영국 본국 중심부로부터의 독립은 물론 중심부에의 의존의 양면성이 공존했다는 점에서 바살라 모델에 대한 추가적인 해석 역시 필요한 지점이다.

호주과학에 내재한 독립과 의존의 양면성

19세기 말의 식민지 호주에서의 지질학 측량 등 과학서비스 기관들은 본국 영국의 기관들을 모방하였으며, 전문인력의 양성 역시 본국에 의존하는 경향이 컸다. 과학기관의 수립과 운영을 위해 과학의 자격과 전문성을 가진 사람들이 필요했을 때, 이들은 대체로 영국 본국에서 선발되어 교육과 훈련을 받았다. 이와는 반대로, 식민지 자체적으로 과학자를 양성하려는 움직임도 생겼는데, 이는 식민지 과학의 독립을 향한 자양이자 출발점이 되었다. 예를 들어 1870년에 NSW 식민지 정부 천문학자로 임명된 러셀(H.C. Russell)은 시드니 대학 출신이었으며, 1874년 호주 박물관(Australian Museum)의 큐레이터로 임명되었던 램지(Edward Pierson Ramsay)는 식민지 교육 체제의 수혜를 받은 인재였으나 어디까지나 호주 태생이었다. NSW에서 출생한 러셀은 1871년 시드머스 곶(cape Sidmouth)에서 개기일식(태양이 달에 의해 완전히 가려지는 현상) 관찰을 수행했으며, 호주의 4개의 관측소에서 1874년 금성의 태양면 통과(transit of Venus) 관찰을 주도함으로써 식민지 호주 과학계를 이끌었던 인물이었다. 렘지는 시드니 대학을 졸업하지는 못했고 동물학의 공식 교육을 받지는 못했지만, 과학협회·왕립학회 등에서 발표된 다수의 논문들은 그에게 학자로서의 명성을 안겨주어 그는 호주 출신으로서는 최초로 호주 박물관의 큐레이터에 임명되었다.

식민지 자체의 과학 인력 양성과 관련하여 대학에서도 조금씩 진전이 일어났다. 1880년대부터 대학이 교육과 연구를 연계하기 위한 혼신의 노력을 기울이면서, 호주 자체적인 과학인력 육성과 과학연구 수행을 강조하고 나선 것이다. 1886년 멜버른 대학 화학 교수직에 임명된 마송(Orme Masson)은 대학은 단순히 지식을 제공하는 전달 매체를 넘어 연구활동이 강조되는 과학연구의 본산이 되어야 한다는 점을 강조했다. 1891년 마송 자신은 당대 유럽의 용액론(theory of solution)[25] 분야에서 기체 용해도(gaseous theory of solution) 이론을 제시했던 연구자이기도 했다. 마송 이외에도, 영국에서 호주로 건너온 스펜스(W. Baldwin Spencer)와 라일(Thomas Lyle) 각각은 생물학 교수와 자연철학 교수로서 마송과 함께 대학원생들의 연구역량을 강화하는 과학연구 프로그램을 제도화하는 장치를 강조했으며, 호주의 대학에서 연구학위제 수립을 돕기도 했다.

뿐만 아니라 대학은 화학·자연철학과 공학의 새로운 교수직에 식민지 지역의 전문가 후보를 임명했다. 예를 들어, 1885년 애들레이드 대학에서 화학 교수직은 호주 태생의 시드니 대학의 졸업생(1870년)으로 런던에서 과학 박사학위를 획득한(1882년) 레니(E.H. Rennie)가 차지했다. 레니는 대학 화학교육의 제도화에 전력을 다했을 뿐 아니라 사우스 오스트레일리아(South Australia) 식민지 왕립학회와 호주 화학협회 등의 회장직을 역임했던 식민지 호주 과학자 공동체의 전국적 인물이었다. 이후 1926년에 레니는 ANZAAS의 최고 요직에 올랐을 뿐 아니라, 런던 화학협회와 베를린 화학협회는 물론 대영제국 화학자협회의 회원으로 선출되는 등 국제적인 수준의 과학자로 성장했다. 레니의 과학적 명성은 화학의 탁월한

25) 용액론이란 용액을 정량적·이론적으로 다루는 물리화학의 한 분야이며, 용액의 끓는점 오름(boiling point elevation, 용매에 용질이 녹아 있는 용액의 끓는점은 순수한 용매의 끓는점보다 높아지는 현상) 현상이나 전해질에 관한 연구에서 비롯되었다.

연구에 매년 수여되는 레니 기념 메달(Rennie Memorial Medal)의 제정으로 이어지기도 했다. 이외에도, 1891년 시드니 대학은 데이비드(T.W. Edgeworth David)를 지질학 교수직에 임명하였는데, 데이비드는 영국에서 태어나 호주에 정착한 지질학자이자 남극 탐험가로 국제적 명성을 누렸던 인물이었다.[26] 중요한 것은 데이비드의 임명은 영국 본국 대학선발위원회로부터 하달된 영국 지질학자 추천을 거부하고 시드니 대학이 자체적으로 강행한 것이었다. 호주 지질학을 이끌었던 데이비드는 NSW 왕립학회를 주도했을 뿐 아니라 호주 국립 연구위원회(Australian National Research Council) 설립에 중요한 역할을 수행하는 등 호주과학 전반에 걸쳐 큰 영향력을 미쳤다.

1880년대부터는 호주의 출간물 역시 영국 중심부 과학으로부터 독립하고 식민지 과학으로부터 탈피하기 위한 성향을 보여주었다. NSW 왕립학회의 20여 명의 주요 기고자들은 여전히 연구결과를 해외 유럽의 간행물에 출간하고자 애쓰는 동안에도, 점점 식민지 지역의 간행물에도 눈길을 돌렸다. 또한, 자체적인 과학상의 제정 역시 식민지 과학자 자체의 지적 역량을 고양하기 위한 노력을 보여주는 또 다른 신호였다. 호주 과학자들은 물론 본국 왕립학회의 펠로십(Fellowship)과 같은 명예를 얻는 것을 선망했지만, 그런 와중에도 그들 자체적으로도 과학상(science prize)을 제정하였다. 호주에서의 최초의 과학상은 NSW 왕립학회가 클라크 신부(Reverend W.B. Clarke)에 경의를 표하고자 1878년에 제정된 클라크상이었다.

26) 지질학자・측량학자인 데이비드는 남극대륙 탐험대에 참가했다. 남극대륙의 곳곳에는 그의 이름이 붙여진 지형들, 예를 들어 데이비드 빙하(David Glacier), 데이비드 섬(David Island), 그리고 데이비드 산맥(David Range)이 있다.

클라크는 영국에서 건너와 호주에서 정착한 지질학자이자 종교인으로, NSW에서 지질학·기상학은 물론 식민지의 석탄층과 퇴적광상에 대한 집중적 연구로 호주과학 전반에 걸쳐 상당한 영향력을 발휘한 인물이었다.

국가 간 과학 출간물 교류가 시작되면서 식민지 호주 과학계는 영국을 넘어 다른 국가의 학계와도 교류를 확대해 갔다. 1890년경에는 NSW 왕립학회의 간행물은 31개국의 과학기관들에 전달되었으며, 역으로 해외 과학기관들의 간행물은 호주로 보내졌다. 물론 영국 본국은 식민지 호주 간행물의 최고 수령자였지만, 1895년경에 이르러서는 영국의 과학기관들(68개)보다도 더 많은 미국의 과학기관들(71개)이 호주로부터의 과학 간행물을 수령하기도 했다. 독일과 프랑스, 그리고 이탈리아 역시 호주와 간행물 교류를 활발하게 펼쳤다. 이것이 의미하는 바는, 상당수의 호주 과학자들은 영국 본국의 의존을 벗어나 기타 해외지역의 학술지 간행물에 연구 결과를 발표할 기회를 얻었다는 뜻이었다. 물론 연구 주제에 따라 차이는 있었지만, 천문학의 경우 19세기 말경 테벗(John Tebbutt)은 영국뿐 아니라 독일의 간행물에서까지 연구를 출간했던 천문학자였다. 1845년부터 테벗은 혜성(comets), 이중성(double stars), 변광성(variable stars), 그리고 목성의 위성의 발견으로 이어지는 천문학 관찰을 수행했으며,[27] 테벗에서 비롯된 호주 천문학은 훗날 광학천문학(optical astronomy)과 전파천문학(radio astronomy) 등에서 호주를 명실공히 근현대 천문학의 선봉에 설 수 있게 했다.

---

27) 혜성이란 태양이나 행성을 주변으로 돌고 있는 행성으로, 그 실체는 성장하지 못한 작은 천체이다. 이중성이란 마치 한 별처럼 보이는 두 개의 별을 의미하며, 변광성이란 시간에 따라 밝기가 변하는 별이다.

식민지 호주의 과학은 영국 중심부로부터의 독립적 성향이 뚜렷하게 드러내기 시작했는데, 특히 호주 특유의 환경으로부터의 자료·데이타가 연구상의 이점을 발휘하는 생물학 분야에서 그러했다. 예를 들어 시드니 대학의 윌슨(James Wilson) 연구팀의 유대목과 단공류 동물 연구는 단순히 이들 신기한 생명체의 소개로 끝나지 않고, 이들의 생식·분류·지리적 분포 등의 이슈를 중심으로 진화체계 속에서 이들 동물들이 지니는 특이한 지위를 파고들었다.[28] 식민지 호주의 과학자들은 호주의 동식물 표본을 직접 관찰하고 수집할 수 있는 유리한 위치에 있었기 때문에 새로운 박물학 또는 동식물학적 문제를 제기할 수 있었던 것이다. 단공류는 가시두더지·오리너구리 등 알을 낳기는 하지만 마치 포유류처럼 새끼에게 젖을 먹이는 동물들을 지칭하는데, 이들 단공류는 호주와 뉴기니에만 서식하여 유럽 박물학자들은 이전에 접한 적 없는 분류학상의 새로운 이슈·논란을 겪었다. 당시의 과학 중심부 유럽의 박물학·분류학의 경험적 상식에 따르면, 모든 수유동물은 새끼를 낳으며, 모든 온혈·난생동물은 조류로 분류되며, 모든 난생·4족동물은 파충류에 속해 있었다. 이 세 가지 특성을 동시에 지닌 단공류는 전통적인 분류학의 범주를 재조정해야 할 특이한 사례로 주목과 관심을 끌었다.

영국에서 건너와 호주에 정착했던 시드니의 베넷(George Bennett)은 식민지에서 가장 존경받은 과학자 중의 한 사람으로 유럽에서도

28) 19세기 중반까지만 해도 호주의 동식물군은 신의 특별창조의 산물이라고 믿었던 호주 박물학의 견해가 지배적이었다. 반면, 유럽의 다윈 진화론자들은 호주에 널리 분포된 원시적 동식물(유대류·단공류 포함)에 대하여 진화론적 견해를 내놓았다. 즉, 오래 전에는 호주와 유럽은 육지로 연결되어 있었으나 이후에 이 연결 육지가 사라짐에 따라 호주대륙은 고립되어 버렸고, 유럽으로부터 고립된 호주에서 유대류·단공류는 유럽 유대류와의 경쟁이 사라져버리게 되어 거의 진화하지 못하고 옛 모습 그대로 남았다는 설명이었다.

꽤 알려진 인물이었다. 베넷은 영국 최고 박물학자 오언(Richard Owen)과의 서신교류를 통해 선진 유럽의 분류학 체계의 최신 이론의 수혜를 받고 있었다. 오언과 베넷 두 사람은 오리너구리(platypus)와 같은 단공류는 새끼를 낳는 포유동물이라는 분류학의 기본 전제를 고수했다. 그러나 단공류의 생식에 관한 과학 주변부 호주 과학자들의 실제 경험적 지식은 과학 중심부 영국의 이론적 지식 체계에 도전하는 것이었다. 새끼를 낳지 않고 알을 낳는 오리너구리를 호주 현지에서 직접 관찰한 결과에 근거하여 오리너구리의 난생 생식을 확신했던 식민지 과학자의 경험적 지식이 중요한 증거로서 수용되고 인용되어갔을 때조차, 베넷은 여전히 식민지 과학자들의 결론을 불신하기도 했다.

단공류 오리너구리가 난생포유동물이라는 사실의 발견은 일종의 동시발견이었다. 사우스 오스트레일리아 박물관 관장 하케(Wilhelm Haacke)는 바늘두더지(echidna)와 오리너구리는 암컷의 주머니에 알을 낳는 난생포유동물인 단공류라고 주장했다. 동시에 영국 캠브리지 대학에서 호주로 연구차 건너온 콜드웰(William H. Caldwell)은 호주의 생태적 환경에는 무지했지만 식민지 과학기관의 협력에 힘입어, 그리고 퀸즈랜드 식민지 주민의 표본 수집에 힘입어 단공류의 난생 생식을 발견할 수 있었다. 콜드웰 역시 처음에는 베넷처럼 식민지 측의 과학적 진가를 인정하는 데 인색함을 보이기도 했지만, 결국 호주의 하케와 영국의 콜드웰은 알을 낳은 생명체인 단공류를 포유동물(난생포유동물)에 포함시킴으로써 분류학적 체계를 새롭게 할 수 있었다.

식민지 호주의 과학자들이 유럽 생물학의 아이디어와 전문성에 의존하면서도, 호주 현지에서의 지식을 바탕으로 독자적인 성과를 내놓으려는 노력은 지질학의 경우에도 전개되었다. 호주 지질학은 유럽에서 확립된 지식체계에 바탕을 두었지만, 1870년대 이후에는 호주 자체 제작의 지질 지도, 빙하의 지질학적 시간의 관계, 현미경을 이용한 암석분류학의 발달과 호주 지층에 대한 진화적 설명 등의 독자적인 연구결과를 내놓았다.

그러나 이러한 노력에도 불구하고 호주과학의 형성 과정에서 중심부 영국으로부터의 독자적 전통을 수립하는 데는 불리한 요소들이 여전히 산재해 있었다. 과학의 중심부와 주변부의 관계를 만들어내는 중요한 요소들 중에는, 권위와 능력, 그리고 지적・물적 자원에의 접근성이 있다. 중심부 영국의 과학자들은 주변부 식민지의 과학자들과 비교해볼 때 이 모든 요소들을 향유할 수 있었던 반면, 주변부 호주 과학자들은 더 나은 과학훈련과 전문적 고등교육을 받기 위해서는 여전히 중심부 영국으로 건너가는 수밖에 없었다. 1851년 시작된 영국 박람회 장학금(Exhibition Scholarships)과 1895년 캠브리지 대학 연구학위제의 수립은 영국 중심부 교육을 식민지 과학자들에게도 개방했다. 이어서 등장했던 로즈 장학금(Rhodes Scholarship)[29] 역시 식민지 과학자들이 영국 제국으로 건너와 선진과학의 혜택을 누릴 수 있는 기회를 제공해 주기도 했다. 또한 식민지의 과학자들이 조직한 과학협회들이 다수 존재하기는 했지만 아직 소수만이 적극적으로 식민지 과학협회에 기여했을 뿐이었다. 예를 들어, 1888년에 수립된 ANZAAS는 위원회(Committees)별

29) 영국의 남아프리카공화국 식민지의 정치가로 활약했던 로즈(Cecil Rhodes)의 유언에 따라 1903년에 그의 모교인 옥스포드 대학에 설립된 장학제도였다.

로 극소수만이 지적 활동을 주도했으며, 회원들의 논문 발표는 시간이 갈수록 미미한 수준에 그쳤으며(예 : 1923년까지 축적된 발표 논문은 604건에 불과), 회원들은 대체로 적극적인 투고자로서보다는 독자나 관객에 머물렀다. 호주 과학자들 스스로 호주가 지적·제도적으로 어려움이 많은 주변부라는 점을 절감하고 있었다. 예를 들어, 폰 뮬러(Ferdinand von Mueller)는 왕성한 국제 출간물의 발표, 응용식물학에 대한 식민지 정부의 자문의 역할, 호주과학 후원 네트워크 조성과 멜버른 식물원 원장 역임 등으로 호주 현지에서 저명한 식물학자였다. 그러한 폰 뮬러가 벤담(George Bentham)과 후커(Joseph D. Hooker)와 같은 영국 중심부의 생물학자들에게 호소한 바에 따르면, 당시 폰 뮬러는 자신의 멜버른 식물원 원장직을 전문 과학자가 아닌 정원사에게 넘길 수밖에 없는 상황에 대해 호소하고 있었다.

이러한 상황 하에서 식민지 호주의 과학을 관통하던 에토스는 중심부 과학에 대한 지적 소외감이었다. 상술한 지적·물적 자원의 부족 이외에도, 주변부 식민지 호주에 대한 중심부 영국의 일방적 패권과 권위가 작동한 사례들은 이러한 소외감을 자극하였다. 위에서 언급한 폰 뮬러는 자신이 수집한 호주 식물군에 대한 저술의 권위를 영국의 저명한 식물학자인 벤담에게 양보하였는데, 벤담은 폰 뮬러의 데이터에 크게 의존했지만 정작 그 자신은 호주를 방문한 적조차 없었다. 폰 뮬러가 호주에서의 생명체의 수집활동과 지식에 정통한 전문가였고 실제 해당 연구의 수집활동을 수행한 것은 바로 그였음에도 불구하고, 저자로서의 대표성은 오히려 영국 식물학자에게 귀속되었던 것이다.

호주에서 골드 러시(gold rush)가 일어나자 금광 탐사는 지질학의 주요 화두가 되었다. 식민지 호주 지질학의 대부인 클라크(William B. Clarke)가 1856년 식민지 빅토리아의 핀갈(Fingal) 금광지와 사우스 에스크(South Esk)강 분지의 금 산출지 특성에 대한 보고를 내놓았을 때, 이보다 앞서 1844년에 호주 동부의 거대 코르디예라 산맥(Cordillera)과 유럽 우랄산맥 금광과의 비교연구를 발표한 바 있었던 영국의 지질학자 머친슨(Roderick Ⅰ. Murchison)은 식민지 호주로 파견된 영국 지질학자들의 성과를 강조하면서 금광 발견을 둘러싼 우선권 논란을 일으키기도 했다. 또한 상술한 단공류 연구사례에서도 보듯, 동물학 분야에서는 중심부 과학의 주의주장이 지배적이었을 뿐 아니라, 식민지 과학자들의 해석은 끈질기게 무시되는 경향이 팽배했다.

이러한 사례들은 모두 본국 중심부와 식민지 주변부 간의 과학연구의 분업 구도 하에서 축적된 식민지 과학자들의 과학연구 기여에 대한 중심부 측의 무시를 보여주는 동시에, 식민지 호주에서의 과학은 여전히 중심부 영국의 우월적 권위가 작동하는 세계였음을 보여준다. 비록 식민지 과학의 규모가 성장하고 시야가 넓어졌다 할지라도, 식민지의 과학활동이 자립적으로 이루어진 것은 아니었다.

식민지 호주과학의 실용성과 과학과 기술의 연계성

앞에서 서술한 바와 같이, 19세기 식민지 호주의 과학은 영국 중심부 과학에의 의존과 독립의 경향이 공존하였으며, 호주과학이 바살라의 확산 모델의 마지막 3단계에 해당하는 독자적·독립적 노선에 도달하는 일은 적어도 19세기 중으로는 일어나지 않았다. 호주과학의 복잡한 양상은 식민지 호주에서의 과학과 기술 발달의 연계 관계에서도 드러난다. 일찍이 바살라는 식민지 주변부에서 전개되는 기술적 기반은 서구 중심부 과학의 수용과 확립으로 나아가는 추이에 필요한 한 가지 조건이었다고 제안했지만, 이러한 기술과 과학의 역학관계를 설명하지는 못했다. 맥러드(Roy MacLeod)는 식민지 호주에서 영국 본국의 과학이 전개되는 과정에서 과학과 정치·경제, 그리고 기술이라는 세 요소들 간의 연계를 제안했지만, 그 같은 복잡한 연계의 구조를 잘 보여주지는 못했다. 잉스터(Ian Inkster)는 식민지 호주 사회의 변화를 유도하는 데 기술개발의 필요성을 강조하면서, 기술개발은 과학활동의 사회경제적 기반에서 가능하다고 보았지만, 아쉽게도 기술과 과학 그리고 사회경제적 기반과의 관계에 대한 경험적 데이터를 보여주지 못했다. 바살라를 비롯한 이러한 연구들은 식민지 호주 사회에서 과학과 기술의 긴밀한 관계를 인정하면서도 과학은 기술과는 별도의 활동이라는 인식의 한계를 드러내고 있다.

그러나 19세기 말 호주에서 이루어진 기술 변화의 제반 측면을 고찰해보면 이전에 조명받지 못했던 호주에서의 과학과 기술과의 상호작용의 면면을 보여주고 있다. 가령, 1880년대 말 유럽으로부터 도입된 기술들, 특히 (1) 목축업을 위기에서 구한 탄저병(anthrax) 예방 백신과 (2) 광산업의 새 전기를 마련해 주었던 금 채취 시안화법은 과학과 기술 간의 연계, 그리고 그런 연계 속에서 식민 모국의 중심부 과학과 기술에 대한 식민지이자 주변부 호주의 의존 관계의 복잡성을 엿볼 수 있게 해준다. 분명한 것은 이러한 두 가지 기술들의 기저에 있는 과학지식의 체계, 지식의 내용은 영국 중심부에서 나왔으며, 각 기술을 실행으로 옮기는 데 필요한 기술 레퍼토리 역시 식민지 주변부 호주로 이식되었음을 볼 수 있다. 요컨대, 식민지 호주의 과학자들은 유럽 중심부의 이론적 지식과 기술에 노골적으로 의존하는 양상을 드러내었다.

탄저병은 사람과 가축에 공통으로 발생하는 질병으로, 19세기 최대 산업의 하나였던 양모업에 커다란 재앙을 불러 일으켰다. 탄저병을 일으키는 탄저균(Bacillus anthracis)은 지표 하에 잠재되어 있다가 양들이 풀을 뜯을 때 양들에게 옮겨가, 이들 양들을 매개체로 하여 농장 전체를 탄저병에 감염시키곤 했다. 탄저병은 이미 유럽의 프랑스에서도 오랫동안 농업에 위협이 되었는데, 그 퇴치에 전환점을 가져다 준 것은 파스퇴르(Louis Pasteur)가 개발한 탄저병 백신이었다. 그러한 백신 개발이 가능했던 학술적 배경에는 세균병인설의 확립이 있었다. 독일의 코흐(Robert Koch)가 탄저균에 이어 결핵균·콜레라균까지 발견함으로써 질병이 세균에 의해 일어난다는 세균병인설은 유럽 중심부의 의학·미생물학계에서 공인되었으며, 탄저병 백신 개발을 가능케 한 이론적 근거가 되었던 것이다. 유럽 중심부에서의 세균병인설의 확립과 탄저병 백신의 개발은 식민지 호주의 과학계에도 영감을 주었다. 예를 들어 호주 시드니 남서부 컴버랜드 질병(Cumberland disease. 즉, 실은 탄저병)은 한때 독성 식물이 그 원인인 것으로 지목되기도 했으나, 실상은 탄저병이라는 것이 밝혀지게 되었다.

본장이 다루는 또 하나의 기술 사례인 시안화(cyanides) 금 채취법 역시 식민지 호주의 산업 위기와 맞물려 있었다. 1850년대 중반만 해도 식민지 호주는 금 생산에서 세계적으로 중요한 지위를 차지하고 있었는데, 호주 금광업이 1870년대 접어들어 정체되면서 금 채취법에서의 기술적 전환에 대한 요구가 호주 광공업계는 물론 식민지 사회로부터 거세게 일었다. 이러한 요구에 부응하여 부상한 것이 영국으로부터 전파된 시안화 금 채취법이었다. 영국 화학자 맥아더(J.S. Macarthur)와 포레스트 형제(R.W. Forrest and W. Forrest)에 의해 고안된 시안화법은 금을 함유한 광석을 시안화물(예를 들어 시안화나트륨sodium cyanide이나 시안화칼륨potassium cyanide 등)의 묽은 용액에 녹여 금을 추출하는 것이었다. 시안화법은 NSW, 빅토리아를 비롯한 식민지 사회로부터 즉각적인 관심을 받았다.

호주 식민지에서 목축업과 광산업이라는 주요 산업에 드리워진 이들 절박한 문제들은, 유럽과 영국 중심부 과학의 세례를 받은 식민지 호주의 전문 과학자들이 참여하면서 해결의 실마리가 잡히기 시작했다. 탄저병의 경우, 세균학 배경을 가진 신임 정부 수의사들은 호주 탄저병의 발생은 당시 세간에 알려진 것과는 달리 독성 잡초 때문이 아니라 탄저균이라는 세균에서 기인하는 것임을 밝혀내었다. 세균병인설에 대해 무지했던 식민지 목양업자들과는 달리, 유럽 중심부로부터의 정통 세균학 지식의 세례를 받았던 식민지의 소수 과학자들은 탄저병의 창궐로부터 탄저균의 존재를 감지해 낼 수 있었던 것이다. 한편, 야금술 전문 과학자들은 금광업 추락 문제에 대한 해법을 당시 흔히 제기되던 것처럼 새로운 광맥을 채굴하는 데서가 아니라, 새로운 금 채취법을 도입하는 데서 찾았다.

탄저병 백신과 시안화 금 채취법 모두, 그 핵심 과학지식은 유럽 중심부에서 나온 것이었기에 식민지 호주로의 기술 도입을 위해서는 일종의 선별(screening) 과정이 필수적이었다. 이러한 기술 선별 과정을 주도한 것은 호주학계 또는 정부기관에 종사하던 과학자들이었다. 탄저병 해법과 관련해서는, NSW 식민지 정부 소속 수의사 스탠리(Edward Stanley)의 세균학 지식은 탄저병에 대한 해외연구를 파악하고 예방백신의 효과에 대한 검증자료들을 평가하는 데 기여했다. NSW 탄저병 위원회(NSW Anthrax Board)는 과학자 대표인 스탠리, 그리고 파스퇴르의 연구성과에 정통했던 정부 측 전문가 햄릿(William Hamlet)의 공동 작업 하에, 프랑스로부터 도입된 파스퇴르 백신의 효용성과 안전성을 검증했다. 세균병인설에 기반한 산업문제의 해결이 시도되었던 것은 탄저병의 경우만은 아니었다. 예를 들어 1859년에 목축업자에 의해 본격적으로 호주에 반입되었던 토끼가 천적동물의 부재로 엄청나게 번식하여 목초지를 초토화시키는 바람에 효과적인 토끼 몰살책이 필요하게 되었을 때, NSW 토끼위원회(NSW Rabbit Commission)는 세균병인설에 기반한 파스퇴르식 해법, 즉, 병원균을 통한 토끼 몰살의 가능성을 타진하는 일련의 실험을 수행한 바 있었다.

시안화 금 채취법의 경우에도 학계와 정부의 전문 과학자들이 그 선별과 보급에 나섰다. 미국 하버드 대학에서 야금술과 과학의 전문교육을 이수하고 영국 왕립광산학교(Royal Mines of School)에서 시금술(assaying) 훈련을 거쳐 빅토리아 식민지 정부 분석사(Analyst)로 임명된 뉴베리(James Cosmo Newbery)가 시안화법 기술의 선별에 적극적으로 관여했다. 뉴베리는 1891년에 영국 본국의 왕립조사위원회(Royal Commission)를 대표해서, 밸러렛(Ballarat) 광산학교의 교수였던 스미스(Alfred Mica Smith)는 호주 광산교육과 광산업계의 대변자로서 시안화법의 효과를 선별하고자 했다. 영국 오웬즈 칼리지(Owen's College)를 졸업했던 스미스는 산업문제에 대한 해법 선별 및 그 보급을 주도하는 것은 교육계의 몫이라는 의식으로 무장해 있었다. 이외에도, 사우스 오스트레일리아 식민지 정부 분석사인 고이더(G.A. Goyder)가 시안화법을 선별하는 등, 당시 위기의 광공업 진흥을 위한 노력은 과학지식 기반의 기술을 도입하는 것으로부터 시작되었다.

과학지식에 기반한 신기술의 도입이라는 난제를 달성하기 위해, 식민지 호주 과학자들은 신기술의 보급 대상, 즉 해당 신기술의 잠재적 사용자들에 대한 소통과 설득에 각별한 역량을 기울였다. 이들 과학자들은 목축업·금광업이라는 산업영역에서의 문제에 대한 기술적 해법을 도입했을 뿐 아니라, 산업의 문제가 다름 아닌 과학의 과제로 치환될 수 있음을 해당 기술의 잠재적 사용자들에게 납득시키는 데 애썼다. 예를 들어 스탠리와 햄릿은 소위 컴버랜드 질병이 가져온 가축의 몰살은 탄저균의 전파와 확산에 기인한 것이라는 과학적 견해를 목축업자들에게 납득시키는 데 앞장섰다. 시안화금 채취법과 관련하여 과학자들은 기계적 방식인 사금 채취법과는 상이한 화학적 채취법인 시안화법이 수용될 수 있도록 지역 광산 관리인들과 광산업자들을 설득하는 데 부단히 노력하였다.

탄저균 백신과 시안화 금 채취법이라는 두 기술의 전파과정을 보면, 기술에 대한 산업적·사회적 요구를 발판으로 그 기술의 원천지식에 해당하는 과학지식의 진흥을 추진했던 당시 호주과학계와 사회의 노력이 드러난다. 상기 두 기술의 전파와 보급에는 관련 산업계의 정기간행물과 정부출간물의 역할이 컸는데, 이는 해당 기술의 실용화를 가속화한, 식민지 호주의 현지 산업계·사회로부터의 요구와 호응을 보여준다. 그러한 실용화 과정에서 호주학계의 과학자들은 과학이론을 발표하고, 정부과학자들은 과학적 시연을 통해 기술의 효과를 보여주는 선순환적·보완적 협력이 시도되었다. 이 외에도 과학자들은 신기술 도입과 관련하여 전문가와 민간·사설 영역의 기술 사용자 사이를 잇는 컨설턴트 역할을 자임했으며, 이는 구체적인 성과로 이어지기도 했다. 가령, 세균학에 뛰어 들기 전 각각 시계공과 목축업자였던 스미스(John Smith)와 건(John McGarvie Gunn)은 유럽 중심부의 과학지식 체계를 습득하고자 파스퇴르와 코흐 등의 세균학 저술을 두루 섭렵했다. 스미스와 건의 협업 아래, 식민지 호주의 특유의 환경에 최적화된 대체 파스퇴르 백신이 선보였으며, 이는 식민지 호주에서의 백신의 확산을 촉진하는 기술적 모멘텀으로 작용했다.

더욱 중요한 것은, 탄저균 백신과 시안화법의 도입은 기술 자체의 전파와 보급으로만 끝나지 않고 다음과 같은 점에서 관련 과학지식과 그 지식생산 체계에 대한 변혁으로 이어졌다는 점이었다. 탄저균 백신과 시안화법의 보급과 궤를 같이하여, 관련 과학은 대학의 교과과정으로도 편입되어 갔다. 애들레이드 대학의 레니(Edward Rennie), 밸러렛 광산학교의 스미스와 멜버른 대학의 마송(Orme Masson), 시드니 대학의 리버시지(Archibald Liversidge) 등은 광공업 교육과정에 시안화법의 도입을 주도했다. 탄저병 백신의 경우에도 비슷한 시도가 이루어졌다. 시드니 대학 수의학 신임 교수였던 스튜어트(John Stewart)는 호주인으로서 영국 에든버러 왕립 수의학 대학의 병리학·세균학 분야 은상을 수상한 바 있었으며, NSW 축산과(Stock Branch)의 수의사 경력 또한 지닌 다재다능한 수의학자였는데, 그는 새로운 수의학 교과목으로 세균학과 탄저병 백신 기술의 도입을 추진했다. 나아가 식민지 과학자들은 단순히 유럽 중심부로부터의 기술 도입에 머무르지 않고 중심부의 과학 진흥체계를 본 따 식민지에서의 과학 증진에 적합한 제도적 장치를 구축하고자 했다. 프랑스 파리 파스퇴르 연구소를 모델로 호주 축산연구소(Australia Stock Institute)가 설립되었으며, 본국 런던과 독일 프라이부르크의 광산학교 모델은 빅토리아 식민지에서 4년제 광산학 전문 학위과정으로 구현되었다.

그러나 이러한 변화의 노력에도 불구하고, 식민지 호주에서의 기술개발을 떠받치는 과학활동의 전개 과정은 한계 또한 드러내었다. 단순히 식민지 호주에서의 과학계의 역량이 유럽 중심부의 과학지식을 능가하는 또는 그와 차별되는 어떤 새로운 지식을 만들어내지 못했다는 점을 지적하고자 하는 것이 아니다. 그보다 주목할 점은, 탄저균 백신과 시안화법 기술의 경우가 보여주는 바 식민지 호주의 과학은 기술개발과의 상호 긴밀한 관계 하에 추진력을 얻기는 했으나, 동시에 유럽 중심부로부터의 기술 도입을 위한 기술평가와 시행을 가능케 하는 실무적 지원의 제공처를 크게 벗어나지 못했다는 점이다. 유럽 중심부에서 과학이론과 개념은 기술개발의 바탕이 되며 과학활동의 인프라는 기술체계 수립에 필요한 지식생산의 토대로 작용하는 등 과학연구와 기술개발은 서로 연관되어 있다. 그러나 이러한 연관성에도 불구하고 과학활동은 새로운 과학지식의 창출 또는 심화를 목표로 하여 전개되며, 과학연구 프로그램들 중 상당수는 단순히 기술적 요구에 의해 좌지우지되지는 않는 독자성이 확보되어 있다.

반면 식민지 호주에서 시안화법을 비롯한 기술들의 관련 과학 연구프로그램들은 산업계의 실용적 요구에서 출발하여, 그러한 요구에 대한 대응으로써 전개되었다. 물론 단순히 응용연구만이 시도되었던 것은 아니었다. 도입된 기술과 식민지 환경과의 상호작용을 이해하기 위한 적응형(adaptative) 연구프로그램은 물론, 해당 기술의 작동을 둘러싼 보다 근원적 이해를 모색하기 위한 확장형(comprehensive) 연구프로그램 등이 전개되었던 것이다. 예를 들어 1870년대에 분석화학자로서 시드니 예술대학 화학강사였던 딕슨(William A. Dixon)은 지역 금광업의 당면문제에 대한 기술적 해결을 목적으로 연구프로그램을 가동시켰다. 또한, 정부 분석사인 고이더는 정부시설에서 시안화법을 작동 가능하도록 하는 데 필요한 화학적 메커니즘을 규명하는 적응형 실험 연구프로그램을 진행했다. 이외에도 NSW 정부 분석사인 스토러(John Storer)와 멀홀랜드(Charles Mulholland)는 난광(refractory ore, 제련이 어려운 광석)에서 실행 가능한 시안화법을 위한 화학적 메커니즘을 규명하고자 했다.

실무적 응용에 초점을 둔 이러한 적응형 프로그램 이외에도 해당 기술에 대한 원론적 과학지식을 얻기 위한 확장형 연구프로그램 역시 가동되었다. 빅토리아 베언즈데일 광산학교(Bairnsdale School of Mines)의 교장 클라크(Donald Clark)는 시안화물 용액에서의 금 용해성에 관한 실험을 통해 시안화법의 작동 원리 자체에 대한 심화지식을 위한 확장형 프로그램을 고안했다. 시드니 대학에서 저만(Arthur Jarman)과 러 게이 브레러턴(Ernest le Gay Brereton)은 시안화법에서

암모니아 용액을 이용하는 확장형 실험연구를 수행했다. 즉, 이들 시안화법 관련 연구 사례들을 보면, 기술의 선별과 현지 적용을 위한 적응형 연구프로그램은 물론 해당 기술의 기저 과학지식을 향한 확장형 연구프로그램까지 아우르고 있음을 볼 수 있다. 그러나 이들 확장형 연구프로그램 역시 그 연구주제 분야를 보면 어디까지나 시안화법을 둘러싼 금 채취와 생산의 영역으로부터 나온 실용적 요구에 편승한 것들이었지, 과학계 내부의 어젠다와 동력에 의한 것은 아니었다.

이러한 한계는 당시 과학의 인프라 측면에서도 발견된다. 기술도입을 시행하고 관련 기술적 문제를 해결하기 위한 연구프로그램들이 식민지 곳곳의 광산학교(school of mines), 기술박물관(technological museum), 정부 야금학 분석사가 배치된 정부실험실, 시안화법 관련 전문가들에게 허용된 민간시설들, 산업기술 대학들의 화학실험실 등 다양한 장소에서 이루어졌다. 즉, 이러한 제도적 인프라들도 금 채취법이라는 산업계의 직접적・실용적 요구의 산물이었지, 과학연구 활동을 관장하거나 이끌어내는 과학-기술체계 연구프로그램과 같은 상부구조로부터 나온 것은 아니었다. 이와 관련하여, 당시에는 전문적 과학연구의 결과물이 공유되는 채널 역시 부족했다. 시안화법에 관한 스토리와 뮬홀랜드의 연구결과물은 전문 광산기술자를 주요 독자로 대상으로 한 『호주 광업지』(Australian Mining Standards)와 NSW 배서스트(Bathurst) 과학협회와 호주 광업협회(Australian Mining Society)에서 선보이는 정도로 그쳤다. 탄저병 백신 기술 역시 NSW 왕립학회(Royal Society)와 호주의학관보(Australianian Medical Gazette)에서 선보였던 한 두 편이 고작이었을 뿐 목축업업계지(trade journal)를 통해서 소개되는 정도에 그쳤다. 즉, 기술 도입에 대한 실험 연구프로그램은 금광업·목축업의 긴급 현안에 대한 대처방안 이상으로는 매체에서 그려지지 않았다.

탄저병 백신과 시안화법을 통해 본 바, 식민지에서 과학과 기술은 상호 긴밀한 연계 하에 식민지의 산업적·사회적 토양과 어젠다에 기반하여 전개되었지만, 그것이 호주에서의 독자적·독립적 과학 확립의 과정으로 나아가는 데는 한계가 있었다. 식민지 호주에서 기술개발은 과학활동보다도 훨씬 중요한 관심사였으나 주로 소수의 실험 연구프로그램의 형태로 전개되었으며, 식민지 과학계에서의 독자적인 기술체계의 확립과정은 용이하지 않았다. 탄저병이 창궐했던 1880년대와 1890년대 세균병인설과 같은 미생물학 연구는 식민지 과학자 공동체에서 서서히 관심을 끌기 시작했으나, 그에 연관된 과학활동은 유럽 중심부에 의존하는 형국으로 나타났다. 식민지의 독자적 기술개발 능력을 강화할 일환으로 도입된 기술의 안정과 확산 그리고 각색의 과정에서 과학활동은 간접적일 뿐 즉각적인 효과로 이어지지는 못했다. 식민지 호주에 있어 과학은 고유의 지적 창의력의 원천이라기보다는 유럽 중심부와의 지적·문화적 소통 내지는 그에 대한 의존을 가능케 해 주는 가교에 가까웠으며, 새로운 과학지식의 창출 또는 심화보다는 실용적 기술개발의 추진력으로 작동하고 있을 뿐이었다. 이런 의미에서, 19세기 말 식민지 호주에서 과학활동은 과학 자체의 내적 역동성에 의해서라기보다는 기술개발과의 상호작용으로부터 얻은 추진력을 통해 전개되고 있었던 것이다.

나가면서

19세기 말까지 식민지 호주과학의 발전사는 바살라의 3단계 확산 모델의 1~2단계에 비교적 잘 부합되었음을 알 수 있다. 1770년대 쿡의 탐험을 시작으로 호주대륙은 유럽 박물학 연구의 장으로서 바살라 모델의 1단계에 발을 디뎠다. 19세기 전반에는 호주 식민지 사회가 성장하면서 영국의 선진과학은 식민지 사회의 운영과 관리에 필요하게 되었다. 이에 과학에 대한 식민지 정부의 제도적 지원과 과학자 공동체의 자체 노력이 시도되었지만, 호주에서의 과학활동은 모국 영국의 중심부 과학에 종속·의존된 전형적인 식민지 과학(colonial science)의 특징을 보여주었으며, 이는 바살라 모델에서의 제2단계에 해당되었다. 19세기 중반 이후 금광 개발로 식민지 사회가 더욱 성장하고 과학에도 추진력이 붙자, 식민지 과학자 공동체와 과학기관들은 호주과학의 독자적 과학문화를 조성할 수 있는 기반으로 자리 잡기 시작했다. 예를 들어 1888년에 설립된 전국적 과학 연합체인 호주·뉴질랜드 과학진흥협회(ANZAAS)를 위시하여 과학단체들의 성장과 호주 대학들의 자체적인 인력 양성은 독자적·자생적 과학문화 전통의 수립이라는 바살라 모델의 3단계를 예비하는 것이었다. 그러나 여러 가지 한계로 인해 호주가 이 단계에 실질적으로 도달하는 것은 적어도 19세기 중으로는 일어나지 않았다.

19세기 호주 과학이 독자적·자생적 과학문화의 전통을 수립하는 데 역부족이었고 여전히 영국 중심부 과학에의 의존과 독립 추구의 미묘한 공존이 지속되었던 데는 다음과 같은 배경을 들 수 있었다. 첫째, 주변부에서 이루어진 호주과학은 식민지 시절 내내 영국 중심부의 지적 권위에 의존하는 지속적인 경향을 드러내었다. 식민지의 유망한 과학자들은 영국 본국에서 장학금・학위제를 통해 선진 고등교육의 혜택을 받은 수혜자였으며, 식민지 호주에 정착한 영국 출신 과학자(리버시지 Archibald Liversidge, 브래그 William H. Bragg와 스렐펄 Richard Threlfall 등)의 수혈은 식민지에서 과학교육과 연구의 활력을 제공함으로써 영국 중심부와의 과학적 연계를 강화했다. 식물학자 폰 뮬러의 사례에서 보듯, 중심부 과학과의 연계는 식민지 주변부에서의 소외를 극복하는 데 중요시되었지만, 동시에 그러한 연계는 중심부 영국 과학에 대한 의존관계의 반영이자 그것을 강화하는 측면도 있었다.

둘째, 19세기 호주과학의 발전 과정을 보면 과학의 실용성, 즉 응용과학에 편향된 특성이 드러난다. 가령, 금 채취 시안화법 기술의 선별과 확산을 위한 다양한 실험과 연구프로그램 등의 활동에서 볼 때, 식민지 호주에서 기술개발 활동은 과학연구 활동을 훨씬 능가했다. 물론, 기술개발과 과학발전이 상호작용하는 것은 흔한 현상이지만, 식민지 호주의 경우 과학은 그 자체의 내적 동력에 의해 서라기보다는 기술적인 요구에서 출발하여 실용성의 범위 내에서 안주하는 양상을 보여주었다. 또한 과학과 기술 둘 다 유럽 중심부에 의존하는 형국을 보였다.

물론 이러한 19세기 호주과학의 한계가 이후에도 고정불변으로 지속되었던 것은 아니었다. 앞서 서술한 ANZAAS 설립을 위시하여 19세기 말 이후로 호주과학이 추구한 자체적인 역량 강화 노력은 보다 후대에 중심부 영국으로부터의 독립을 준비하는 예비단계로 볼 수 있다. 그러나 어떠한 예비단계에도 시간은 요구되는 법이며, 영국·유럽 중심부 서구과학에의 의존이라는 호주과학의 딜레마는 20세기에 들어서도 계속 드러났다. 예를 들어, 영국 출생의 물리학자 브래그(William H. Bragg)는 호주 애들레이드 대학을 졸업하고 애들레이드 대학교수로서 X선 결정 연구의 가능성을 개척했던 당대 호주 최고의 물리학자였다. 그러나 호주에서 그의 과학적 행보는 평탄치 않았다. ANZAAS를 통해 동료 과학자들과의 네트워크를 매개로 한 사회적 교류와 정보·아이디어의 비판이 가능했지만, 브래그는 유럽 일류급 과학자들과의 소통이 쉽지 않은 고립을 느꼈다. 과학의 주변부에서 느낀 한계는 브래그로 하여금 영국 케빈디시 연구소(Cainvish Laboratory) 소장 러더퍼드(Ernest Rutherford)의 도움으로 영국으로 건너가도록 이끌었다. 영국에서 브래그는 그의 아들(William L. Bragg)과 함께 X선 회절 이론으로 1915년 노벨상 수상의 영예를 안았다. 말하자면, 아버지 브래그는 중심부 영국으로의 우수 과학인력 유출의 사례였던 것이다. 아버지 브래그만큼 유명한 과학자들은 아니지만, 우수 과학인력들의 유출은 제1차 세계대전의 와중에도 일어났다. 전쟁 중에 상당수의 호주 과학자들, 특히 화학자·지질학자들이 선발되어 영국군을 위해 일하였는데, 문제는 다수의 과학자들이 종전 후에도 귀국하지 않았던 것이다.

호주가 영국 중심부 과학으로부터 독립·독자 노선을 본격화한 것은 제1차 세계대전 이후에 과학의 전문화·제도화에 대대적으로 착수하면서부터였다. 1920년대를 통해 호주 국립연구위원회(Australian National Research Council), 호주 화학협회(Australian Chemical Institute), 공학자 연구협회(Institution of Engineers) 등이 등장했으며, 1930년대에는 과학산업연구위원회(Council for Scientific and Industrial Research)가 제조업·농업분야의 연구를 지원하고, 물리학·공학의 표준화 수립에 나섰다. 1940년대에 대학에서 최신교육으로 무장된 호주 물리학자·공학자들이 새로운 전파 연구(radio research)의 분야를 개척했을 때, 고등교육을 이수하고 과학의 리더십을 갖춘 호주의 과학자들에게 더 이상 영국은 이전과 같은 학술적 권위의 근원이 아니었다. 과학의 대학원 고등교육이 이루어지고 연구투자가 늘어나면서 응용과학을 넘어 기초과학이 활기를 띠었다. 의학연구에서도 상당한 성과가 이루어져 1960년대 노벨 생리의학상 수상자들(바이러스 학자 버넷(F.M. Burnet)과 신경생리학자 에클스(J.C. Eccles))이 배출되기도 했다. 이러한 투자와 성취에 힘입어, 제2차 세계대전 이후에도 상당한 기간이 지난 1960년대에는 호주과학은 비로소 서구과학에 대한 의존으로부터 완전하게 탈피하였다는 평가를 받게 되었다.

04 의존과 고립 사이의 딜레마에 선 라틴아메리카 과학

들어가면서

15세기 말 콜럼버스(Christopher Columbus)의 항해를 통해 유럽인들은 신대륙의 존재를 알게 되었다. 16세기에 아즈텍(Aztec) 제국을 정복한 코르테스(Hernán Cortés)와 잉카 제국을 정복한 피사로(Francisco Pizarro) 이후, 라틴아메리카(북아메리카 멕시코·중앙아메리카·남아메리카) 도처에서 스페인령 식민지 시대가 시작되었다. 스페인 치하의 16세기부터 18세기에 이르는 약 200여 년 동안 라틴아메리카에서의 과학은 귀족적인 지적 유희에 머물렀으며, 과학자들의 존재는 대학·수도원 등의 기관에서 간혹 볼 수 있는 정도였다. 18세기에 이르러서는 이러한 기관들에 근대 유럽과학이 전파되었으나, 이들의 과학은 경험적 실증연구라기보다는 이론적 담론 정도에 그쳤다. 18세기 말에서부터 19세기 중반의 기간에 라틴아메리카 도처가 정치적 독립을 쟁취하는 과정에서 과학활동 역시 정치적 상황과 맞물려 부침을 겪었다.

그러나 나름의 성과는 있었으니, 비록 소규모지만 과학자 공동체가 형성되었으며 과학 전문화의 초기 단계에 돌입하기도 했다. 가령, 멕시코의 경우 1788년에 알자테(Jose Antonio Alzate)를 편집장으로 한 문예잡지(Gazeta de Literatura)의 등장, 1788년의 식물원 조성, 그리고 1792년 광산학교 개교에 이르기까지 일련의 진전이 있었다. 특히, 광산학교에는 전통적인 라틴아메리카 교육과는 차별화된 혁신적인 교육이 도입되어, 독일의 과학탐험가 훔볼트(Alexander von Humboldt)가 1804년에 평하기를, 당시 멕시코시티의 광산학교는 과학의 중심지로 손색없다고 평가했을 정도였다. 그에 따르면 멕시코의 광산학교는 유럽 최상의 기술학교와 버금갔으며, 광산학교에서는 수학・미적분, 이론화학・실험활동, 실험물리학・역학・전기학・광학・천문학 그리고 광물학・지질학 등의 다양한 과학교육이 이루어지고 있었다. 광물 컬렉션, 시연용 도구, 과학장치와 도서들 역시 유럽으로부터 도입되었으며, 최신 과학의 발견(예 : 프랑스 화학자 라부아지에Antoine Laurent Lavoisier의 최신 화학)도 신속하게 업데이트되었다고 훔볼트는 언급했다. 연구 측면에서는 광산학교의 연구활동은 이론적・실용적 연구를 함께 아울렀다. 이외에도, 식민지 멕시코 정부의 재정적 도움으로 세워진 식물원은 대서양 너머 유럽과의 연계에 힘입어 과학의 연구・교육을 제공하고 과학의 대중적 명성과 전문적 권위를 누렸다.

그러나 서구과학을 제도적으로 정착시키려는 노력은 1811년 멕시코 독립전쟁의 발발과 함께 서서히 쇠퇴 국면으로 빠져들었다. 이는 독립전쟁의 여파로 발생한 사회적 불안정・폭동, 폭력적 계급투쟁, 스페인을 이은 영국・미국의 제국주의적 개입 등이 멕시코의 경제적 · 문화적 기반 자체를 황폐화시켰기 때문이기도 했지만, 멕시코의 전도양양한 과학자들이 독립전쟁에서 살아남지 못했기 때문이었다. 라틴아메리카의 또 다른 식민지인 포르투갈령 브라질의 경우, 애초에 과학은 식민지 착취경제를 보조하기 위한 실용 · 응용지식의 공급처로 출발한 한계를 보였으며, 브라질 공화국의 건국 이전에는 과학발전을 위한 제대로 된 모멘텀이 부족했다.

본장은 스페인령 라틴아메리카 식민지인 뉴 그라나다 왕국(New Kingeom of Granada, 오늘날의 콜롬비아) · 페루 · 멕시코, 그리고 포르투갈령 식민지 브라질에서 전개된 식민지 과학의 특성을 조명한다. 라틴아메리카에서 서구과학의 확산은 절반의 시도에 그쳤으며, 식민지 과학에 대한 바살라 모델은 거의 부합되지 않는다. 라틴아메리카는 서구과학과의 조우 지점에서 상당한 저항이 있었으며, 라틴아메리카의 독자적 과학을 향한 시도에서 식민지 본국 스페인을 넘어 유럽 국가들과의 탈국가적 교류의 활동을 보여주었다 볼 수 있다.

서구 근대과학의 유입과 스콜라 과학의 퇴조

16세기 후반까지만 해도 스페인령 라틴아메리카의 교육기관들은 기독교 교회의 통제 하에 스콜라철학 교과과정을 채택하고 있었다. 유럽에서 유입된 스콜라철학은 기독교 신앙을 이성적 사유를 통하여 논증하고 체계화한 중세철학이었다. 스콜라철학의 우산 아래 과학은 방법론적으로는 신학과는 분명한 차이를 지녔지만, 신의 존재를 증명하고 신이 만든 자연의 원리를 찾는다는 측면에서 신학과 궤를 함께 하였다. 그러나 유럽에서는 16세기 데카르트(René Descartes) 이후 방법론적 회의론을 통해 신의 존재를 증명할 수 있다는 믿음이 시작되었으며, 베이컨(Francis Bacon)의 경험론·합리론 등의 철학사조의 등장과 더불어 인간 이성의 능력에 대한 확신은 한층 강화되었다. 그 결과 16세기 유럽에서는 스콜라철학이 무너져갔으며 신학의 권위는 근대과학 담론의 영향력에 의해 대체되어 갔다. 성직자·천문학자인 코페르니쿠스의 지동설은 성서가 아니라 인간이 수행한 수학적 계산에 근거해서 나왔다. 갈릴레이는 자연현상을 직접 관찰하고 실험을 수행하고 그 결과를 수학적으로 탐구했다. 그리고 뉴턴은 우주 전체에 적용되는 보편적 법칙을 찾기 위해 기본 가설을 세우고 경험적 증거들을 제시하는 과학적 과정을 통해 중력의 법칙을 발견하였다.

특히 뉴턴과학의 성공은 과학, 나아가 인간 이성을 대표하는 사고방식을 확립시킴으로써 과학뿐 아니라 18세기 유럽 사상 전반에 커다란 영향을 주었다. 뉴턴과학이 가설이나 독단을 사용하지 않고 수학적·합리적·경험적·실험적 방법을 사용하여 성공을 거두었다는 점이, 다른 분야 또한 그렇게 함으로써 성공을 거둘 수 있다는 믿음을 안겨주었던 것이다. 뉴턴과학의 여파로 당시 서구권의 철학자와 사상가, 심지어 문인들까지도 형이상학적이고 현학적인 논의를 배격하고 합리적이고 경험적인 면을 강조하게 되었을 정도였다. 인간 이성에 대한 이러한 신뢰는 18세기의 계몽주의로 이어졌다.

18세기 프랑스를 풍미한 계몽주의는 이성에 전권을 부여하는 이성중심주의적 세계관에 입각하여 대상에 대한 이성적 추론이 진리를 발견할 수 있게 해 준다는 신념을 선사하였다. 그 연장선상에서 계몽주의는 인간과 자연에 대한 정복적 패러다임, 무한진보에의 낙관을 토대로 지식·자유·행복을 합리적 인간의 목표로 설정하고 사람들을 독려하였다. 유럽의 계몽주의의 영향은 스페인, 그리고 그 식민지 역시 비껴가지 않았다. 스페인 계몽 전제군주 카를로스 Ⅲ세(Charles Ⅲ) 치세 속에서 유럽 계몽주의 사조는 대서양 너머 스페인령 라틴아메리카 식민지까지 번져 나갔다. 계몽주의는 멕시코에서 큰 영향을 미쳤는데, 이는 계몽사상을 담은 유럽 저술가들의 도서들이 대규모 도서 교역을 통해 멕시코에 보급되었던 덕분이었다. 당시 멕시코의 독서 환경을 보면, 몇몇 개인 도서관의 경우 파리의 지식인이 부러워할 정도의 규모와 질을 자랑할 정도였다. 스페인 식민지 총독으로 진보적 성향이었던 레비야히헤도(Revillagigedo)는 프랑스로부터의 정치저술은 규제하였으나 프랑스 과학저술의 유통은 굳이 막지 않았다. 유럽 국경을 넘는 해외 과학도서 대다수가 라틴아메리카 학자의 서고에 소장되었다. 저술들은 주로 불어·영어판이었지만, 때로는 번역물로 때로는 원본으로 되어있었다.

위와 같은 인프라와 더불어 멕시코 과학자 개개인들의 유럽과의 탈국가적 교류는 멕시코에 본격적인 과학 교육기관이 수립되기 전에 이미 현지 과학자들이 유럽과학과 계몽주의의 지적 혜택을 받을 수 있도록 이끌었다. 당시 멕시코 과학자 지식인들 사이에서 프랑스어는 하나의 소양이었다. 멕시코의 모치노(Jose Mariano Mocino)는 역시 유럽과학에 대한 공부는 프랑스의 과학저술, 더 나아가 영국 과학저술을 통해 독학했다. 이러한 개인적 사례 이외에도, 프랑스 과학아카데미(French Academy of Science)의 통신원으로 활약한 멕시코의 알자테가 편집장으로 있었던 문예잡지에서는 영어·독어·불어로 된 과학저술과 지식이 소개되었던 점도 주목할 만하다.

일찍이 서구과학이 비서구 문화권으로 확산되는 과정에 대한 모델을 제시한 바살라는, 비서구 사회는 과학 답사를 매개삼아 서구과학에 지식의 원천을 제공하며, 나아가 비서구 사회에서 조성된 식민지 과학은 서구과학의 전통과 제도에 근거하여 발달되어 간다고 강조했다. 그러나 멕시코의 사례는 바살라가 강조한 비서구권 사회로의 과학문화의 일방적인 확산이라는 단방향형 패턴과는 잘 부합하지 않는 면이 있다. 오히려, 라틴아메리카에서의 서구과학의 전파과정은 탈국가적 상호교류를 통해 과학발달의 모멘텀을 찾는 과정에 가까운 것이었다. 예를 들어보자. 1645년 멕시코시티에서 태어난 곤고라(Carlos Siguenza y Gongora)는 멕시코 1세대의 최고 과학자로서, 멕시코를 방문한 유럽 과학자들과의 서신교류와 소통을 지속적으로 유지했다. 18세기에는 유럽의 라틴아메리카로의 탐사활동, 프랑스의 라 콩다민(Charles-Marie de La Condamine)의 탐사 이후 라틴아메리카 과학자 7명이 프랑스 과학아카데미 회원으로 선출된 등의 사례는 이 시기의 탈국가적 교류를 잘 보여주고 있었다. 식민지 멕시코에서 서구과학의 전파과정을 보면 스페인 본국과 식민지의 지배-종속 관계를 넘어 식민지 멕시코와 유럽 각국 사이에도 유연한 교류가 있었다. 18세기 식민지 멕시코 과학자들의 초기 과학활동은 천문학·수학·공학·식물학 등 마치 17세기 말 유럽과학의 활동과 비슷할 정도로 다방면에 걸쳐 있었다. 식민 모국 스페인 자체가 유럽과학에서는 주변부에 있었던 만큼, 식민지 멕시코의 과학에 대한 모국 과학계의 영향력은 다소 미미했으며, 오히려 멕시코 과학은 유럽의 과학 선진국들과의 탈국가적 지적 교류로부터 직간접적인 탄력을 얻었다.

아울러 유럽 근대과학이 식민지 라틴아메리카의 토양에서 뿌리를 내리는 과정에서, 변화의 추이가 서서히 일어나고 있었다. 전통적으로 라틴아메리카에서 과학은 대학에서 이루어졌으며 모두 카톨릭교의 통제 하에서 스콜라철학 풍의 과학교육이 교과과정을 차지하고 있었다. 스페인 제국의 왕권은 식민지 총독으로 하여금 고등교육에서 서구과학의 교육을 수용하는 변화를 유도하게 했다.

당시 식민지 라틴아메리카의 대학 제도권에서는 서로 다른 태생의 인물들이 스콜라철학으로부터의 탈피를 둘러싸고 서로 대조적인 의견을 보이고 있었다. 스페인 출신의 대학교수들은 스콜라철학의 교육 아래 성장하여 상대적으로 스콜라철학 풍의 과학을 옹호하는 입장이었던 반면, 교수직을 두고 이들과 경쟁했던 크리올(Creole) 태생의 엘리트들은 과학개혁을 절실히 원했다. 크리올이란 식민지에서 태어난 스페인·유럽인이거나 스페인인과 식민지 원주민과의 혼혈인을 의미하는데, 이 크리올의 엘리트들은 식민지 뉴 그라나다(오늘날의 콜롬비아) 등지의 대학에서 과학연구와 교육의 변화를 주도한 집단이었다. 예수회에 대한 반동의 기류도 교육개혁을 향한 자극을 더했다. 유럽에서 건너간 예수회(Jesuits)는 성직자 양성과 교육을 연계하는 대표적인 수도회였는데, 이들은 대학에서의 과학교육에도 관여하였던 것이다. 이에 스페인 제국은 식민지 대학에서의 과학교육이 예수회에 의해 최악으로 운영된 점을 들어, 자연과학의 새로운 교과과정에는 자연철학자 출신의 교수를 영입해야 한다고 보았다. 이러한 기조 역시 대학에서의 스콜라철학의 세력 약화에 기여했다.

그렇다면, 스콜라철학으로부터의 탈피를 통한 교육과 연구 개혁에 대한 요구가 한창이던 18세기 라틴아메리카에서 스콜라철학의 대안으로 모색되었던 것은 무엇이었을까? 때마침 유럽의 최신과학이 식민지로 유입되었다. 식물학의 린네 분류학(스웨덴), 의학의 뷔르하비(Hermann Boerhaave, 네덜란드), 임상학의 시드넘(Thomas Sydenham, 영국), 물리과학의 코페르니쿠스(폴란드), 뉴턴(영국)과 프랭클린(Benjamin Franklin, 미국) 등의 저술과 근대과학이 라틴아메리카로 전파되었다. 특히 당시 18세기 유럽은 뉴턴과학의 과학이데올로기가 팽배했고 계몽주의의 영향력이 확산되던 시기로, 이러한 사조는 식민지 라틴아메리카 사회에도 파고 들어왔다. 식민지의 과학개혁가들은 기본적으로 뉴턴과학을 추종했으며, 그들의 첫 번째 조처는 자연철학의 교육체계에 뉴턴물리학을 도입하는 것이었다. 유럽의 이론적 뉴턴주의자인 네덜란드 뮈스헨브루크(Pieter van Musschenbroek)와 프랑스 놀레(Jean Antoine Nollet)의 저술들이 식민지로 유입되어 있었다. 뉴 그라나다에서 식물학자이자 수학교수로도 상당히 유명했던 무티스(Jose Celestino Mutis)는 물리학 교육혁신의 필요성을 설파했다. 무티스는 엄밀한 물리학 이론으로서의 뉴턴주의보다는 합리적·기계적 방법론으로서 뉴턴주의를 강조했다. 말하자면, 무티스에게 뉴턴주의는 근대의 과학적 세계관의 대명사였던 것이다. 무티스가 뉴턴의 『프린키피아』를 선보이면서 젊은 세대의 지식인들에게 독려한 것은 다름 아닌 근대과학의 기계적 합리주의로 무장하는 것이었다.

그러나 교육과 연구 현장에서 뉴턴물리학의 도입은 만만치 않았다. 무티스가 1774년 로사리오 대학(Colegio Mayor del Rosario)에서 지동설을 옹호한 것은 뉴 그라나다 보고타(Bogota) 토미스트 대학(Thomist University)의 도미니크 수도회의 분노를 불러일으켰으며, 결국 무티스의 교육개혁은 실패를 맛보기도 했다. 그러나 마침내 무티스의 제자 발렌수엘라(Juan Eloy Valenzuela)에 이르러서 뮈스헨브르크의 물리학 교과서가 채택되었고 로사리오 대학에서 뉴턴물리학이 가르쳐졌다. 아울러 뉴 그라나다에서 대학의 교육개혁이 서서히 자리 잡아갔는데, 1801년에 무티스는 뉴 그라나다 총독에게 보낸 편지에서 뉴턴물리학은 그 자체로 코페르니쿠스 체계를 의미하며 뉴턴물리학이 성경과 모순된다는 전제 하에서도 공공연하게 가르쳐지고 있음을 언급했다.

뉴턴물리학의 수용은 지역별로 편차를 드러냈다. 페루의 경우, 1758년부터 산마르코스(San Marcos) 대학의 수학교수였던 부에노(Cosme Bueno)가 뉴턴물리학 도입을 시도했지만, 이러한 쇄신이 속도를 얻은 것은 1774년 예수회 대학이 폐쇄되고 산카를로스 대학(Real Convictorio de San Carlos)이 설립되면서부터였다. 당대 매체(Mercurio Peruano)의 논평에 의하면, 산카를로스 대학은 뉴턴물리학의 전파에 주도적인 역할을 했는데, 이는 뉴턴물리학의 확산이야말로 계몽사상의 확산을 통한 '행복한 혁명'으로 이어진다고 보았기 때문이었다. 즉, 대학이 앞장서서 새로운 과학의 대중화를 시도했으며, 그 결과 뉴턴과학은 학교 안팎에서 열렬한 환호를 받게 되었던 것이다. 한편, 페루에 비해 멕시코에서는 뉴턴물리학의 수용이 더뎠다. 멕시코에서는 페루와 뉴 그라나다에서 뉴턴물리학이 보편적으로 수용되어가는 분위기와는 달리 대학에서 여전히 스콜라철학 풍의 과학이 지속되고 있었다. 멕시코에서의 뉴턴과학의 도입은 19세기 초까지 기다려야 했으며, 몬타나(Luis Jose Montana)와 같은 개혁가들이 교수직에 오르고 나서야 뉴턴물리학을 강의할 수 있게 되었다. 그러나 크고 작은 지역 간 차이, 시간적 차이에도 불구하고, 뉴턴물리학의 수용은 거스를 수 없는 대세가 되어, 19세기에 들어 스콜라철학에 대한 불신이 팽배해 감에 따라 스콜라철학 풍의 과학도 점진적으로 막을 내리게 되었다.

라틴아메리카 본위의 과학을 향하여

식민지 라틴아메리카에서 스콜라철학 풍의 과학을 대체할 만한 대안이 모색되었을 때 크리올 지식인들은 그러한 대안은 근대적인 특성을 지니는 동시에 라틴아메리카의 독특한 스타일을 겸비해야 한다고 보았다. 뉴 그라나다의 크리올이었던 칼다스(Francisco Jose de Caldas)는 독일 과학탐험가 훔볼트의 『멕시코 통계 보고서』(Semanario del Nuevo Reino de Granada, 1810년) 서문에서 라틴아메리카 스타일의 독특한 특성, 즉 의식적으로 유럽과학과는 차별화되는 과학의 가능성을 제안했다. 이러한 견해는 크리올 박물학자들 가운데 널리 펴져 있었다. 일찍이 아메리카 신대륙의 자연은 유럽인들의 관심을 끌었지만, 그러한 관심은 유럽 우월주의에 입각해 있었다. 네덜란드의 드 파우(Cornelius de Pauw)와 프랑스의 뷔퐁(Comte de Buffon)은 아메리카 환경의 부정적 특징(예를 들어, 냉랭함과 습기 등)으로 인해 신세계는 생물학적으로 구세계 유럽에 비해 열등하다는 소위 퇴행성의 논리를 폈다. 뷔퐁에 따르면 대서양 양편에 공통적으로 분포하는 동물들을 비교해 보면 구세계의 개체들이 보다 강건했으며 신세계 토착동물들은 구세계보다도 훨씬 왜소하기까지 했다는 것이다. 나아가 유럽의 사육동물들이 신세계로 도입되었을 경우 대부분 퇴행해 버렸으며 소수의 종들만이 신세계 환경에 순응할 수 있다는 것이었다.

아메리카 대륙의 분류학과 기술(記述)·관찰과학에 관심을 가진 크리올 과학자들은 유럽 본위의 정치적 이데올로기에 오염된 뷔퐁류의 주장에 대항하여, 아메리카 환경에 대한 유럽 박물학자들의 인식에 오류가 있음을 지적하고 나섰다. 아메리카 대륙 생물 퇴행설은 유럽의 엘리트에 의한 식민지들의 통제를 정당화하는 데 도움을 줄 수 있을 뿐 아니라 크리올 과학자들의 자아상에도 악영향을 줄 위험이 있다는 것이었다. 예를 들어 페루의 의사 우나누아이(Jose Hipolito Unanue)는 뷔퐁의 퇴행설에 대한 격렬한 비판을 제기했던 미국 제3대 대통령 제퍼슨(Thomas Jefferson)의 논증을 지지했다. 우나누아이는 유럽으로부터 도입된 양(羊)은 안데스에서 퇴행하기는커녕 엄청난 번식률을 보여주었으며, 말과 소 그리고 페루 저지대에서 작은 당나귀(burro)의 경우도 마찬가지였다고 언급했다. 또한 아메리카에는 해로운 기후로 인해 유럽보다도 더 많은 해충이 있다는 유럽 과학계의 주장은 사실이 아니며, 오히려 프랑스 파리에는 더 많은 해충이 존재한다고 우나누아이는 반박했다.

라틴아메리카 박물학자들은 지속적으로 더 파우와 뷔퐁 부류의 견해에 깔린 전제, 즉 신세계 기후의 열등성 같은 명제를 반박해 나갔다. 우나누아이와 칼다스의 주장은 신세계의 기후야말로 유럽인들이 추정하는 것보다도 훨씬 살아가는 데 적합하며, 아메리카의 다양한 범위의 기후대는 과학적 관찰과 연구를 촉진할 수 있다고 강조했다. 기후 결정주의자였던 칼다스는 문화의 지역적 차이는 기후 변화의 관점에서 완전하게 설명할 수 있다고 믿었으며, 우나누아이는 인간사의 결정요인으로서 기후가 부수적으로나마 중요함을 인정하면서 특히 기후와 질병의 관계를 규명하는 데 관심을 가졌다. 두 사람 모두 아메리카 대륙의 지리적 정상성(우수성이 아니라)을 보여주고자 했으며, 동시에 아메리카 대륙에서 살아가는 학자들 역시 유럽과 마찬가지로 계몽사상과 같은 지적 작업을 전개할 수 있음을 보여주고자 했다. 이 둘의 주장은 독일의 과학탐험가 훔볼트의 지지를 받았다. 1803년 훔볼트가 스페인 마드리드(Madrid) 식물원 관장인 카바닐루(Antonio Jose Cavanilles)에게 보낸 편지에서, 많은 유럽인들은 아메리카 대륙의 기후의 부정적인 영향력을 과장해왔으며, 아메리카 대륙에서 지적 작업을 수행하는 것은 불가능하는 주장 역시 오류인 것 같다고 썼다. 반대로 훔볼트는 자신의 과학탐험 경험에 근거하여, 아메리카 기후는 사람을 활기차게 만들었다고 했으며, 우나누아이는 페루 리마의 대기는 유럽의 대기만큼 산소가 많다는 훔볼트의 관찰 결과를 인용했다.

아메리카 환경에 대한 우호적인 옹호는 19세기 초 페루의 의학사상의 단골 레퍼토리였다. 우나누아이와 뜻을 함께 했던 다발로스(Jose Manuel Davalos)는 페루 과학의 정당성의 근거를 리마 지역 기후가 지닌 건강성(salubrity)에서 찾았다. 그러나 질병의 발생요인에 대한 우나누아이의 기후설에 대한 크리올 의사들의 맹목적인 지지는 의학에 응용되었을 때는 위험한 효과를 초래하기도 했다. 예를 들어 페루 의사들은 리마의 기상 변화가 질병의 본질을 바꾸므로 때로는 의학 처방 역시 바뀌어야 한다고 믿었다. 그 결과 그들은 1818년 독감 창궐 당시 기상 변화에 대응한다는 명분 아래, 당시 널리 사용되던 치료약인 타르타르 구토제(tartar emetic) 대신 엉뚱한 처방책을 내놓기도 했다. 이러한 해프닝에도 불구하고, 기후·기상에 따른 차별적인 약물 처방은 당시 문헌에서 널리 일반적으로 나타나는 관념이었으며, 훗날 라틴아메리카 대륙만의 독특한 의약품 개발로 이어지는 결과를 낳기도 했다.

라틴아메리카 과학은 식물학 연구에서도 독특한 경향을 드러내었다. 18세기 멕시코의 식물학 분야에서는 16세기에 아즈텍 제국의 약물을 연구했던 스페인의 박물학자·의사였던 에르난데스(Francisco Hernandez)의 식물학 연구에 대한 복원·갱신이 이루어졌다. 이러한 활동의 주체는 멕시코의 크리올 식물학자들로, 그들은 에르난데스의 연구를 소생시켜 아즈텍 식물학의 정당성을 입증할 목적으로 스페인 식물학자 동료들의 주장을 근거 없는 것으로 공격하고 나섰다. 멕시코의 알자테는 경험적이고 이론에 얽매이지 않는 분류학을 강조하면서, 유럽으로부터 기존 이론을 맹목적으로 수용할 필요가 없다고 주장하기까지 했다. 이는 다분히, 스페인 식물학자들이 린네의 분류체계만이 식물의 신비를 밝혀내는 것이라며 고대 멕시코인이 축적한 식물 지식을 무시한 데 대한 반작용이었다. 스페인 식물학자들의 비판이 어느 정도였냐면, 고대 멕시코인의 식물학 언어는 시장의 식물 잡상인을 위한 수준이라고 치부할 정도였다. 그러나 알자테는 에르난데스가 취합한 고대 멕시코인의 식물 기술·묘사는 오히려 독창적인 동시에 과학적 정확성을 지녔다고 평가했으며, 따라서 에르난데스의 저술을 도구삼아 고대 멕시코인의 식물학을 복원시켜야 한다고 주장했다.

멕시코에서 알자테 류의 식물학의 연구는 18세기에 이르러 괄목할 만한 성장을 이루었으며, 19세기 초에는 라틴아메리카 스타일의 식물학을 둘러싸고 크리올 식물학자와 스페인 식물학자들 간에 논쟁이 벌어지기도 했다. 리더급 크리올 식물학자였던 모치노(J.M. Mocino)는 아즈텍에서 전승되었던 식물의 약물효과를 확인하고는, 멕시코가 전통적 약리학 지식의 복원과 응용에 국가적 역량을 투입해야 한다고 제안했는데, 이에 대해 스페인의 마리티네스(Jose Longinos Martinez)가 모치노를 비판하고 나선 것이다. 이에 대한 재반박으로 모치노를 옹호했던 크리올 박물학자 몬타나(J.L. Montana)는 린네 분류체계의 인위적 속성까지 공격하면서, 라틴아메리카의 고대과학 전통에 기반한 과학연구 활동을 옹호하였다.

고립과 의존의 딜레마에 선 라틴아메리카 과학

칼다스, 우나누아이, 알자테 등을 위시한 많은 라틴아메리카 과학자들이 유럽과학과 구별되는 라틴아메리카 과학을 보여주기 위해 전력을 다했다. 아메리카 대륙 특유의 환경에 대한 해석과 라틴아메리카 고대 과학전통의 가치에 기반한 과학연구 활동은 유럽과학의 그것과는 차별화되기에 충분했다. 그러나 라틴아메리카 과학을 추구한 크리올 과학자들은 유럽과학으로부터의 독립을 추구하면서도 유럽 중심부의 선진과학에 의존할 수밖에 없는 양면적 상황에 맞부딪치게 되었다. 스페인 제국이 행한 스페인 종교재판, 교육의 종교적 통제, 과학정보의 자유로운 이동의 장애, 과학연구를 위한 제국의 지원의 부족 등은 식민지 라틴아메리카 과학의 진흥에 장애가 되기도 했다. 이에 대한 대안으로 크리올 과학자들은 스페인을 넘어 영국과 프랑스 등 중서유럽의 과학 중심부와의 교류의 필요성을 역설했다. 일전에 영국으로부터 뉴턴과학을 도입해 본 경험에 비추어, 유럽에서 과학의 주변부에 머무르던 스페인의 과학적 역량에 의존하는 대신에, 크리올 과학자들은 식민 모국을 넘어선 탈국가적 교류를 추구하기 시작한 것이다.

크리올 과학자들이 라틴아메리카 스타일의 과학을 수행하는 과정에서 겪어야 했던 상황은 실질적·관념적 소외였다. 물론 크리올 과학자들에게 유럽 선진과학과의 교류 가능성은 열려 있었지만, 그러한 가능성은 실제로 달성되기 쉬운 것은 아니었다. 예를 들어 크리올 과학자들이 서구과학의 도서에 접근하는 것은 가능은 했지만 항상 순조로운 것은 아니었다. 이러한 현실에 대한 크리올 과학자들의 심리적 고립감은 상당했다. 칼다스는 1801년 무티스에게 다음과 같이 썼다. 칼다스는 자신을 두고 "아는 것도 별로 없는 무지하며, 심지어 우리나라에서도 잘 알려지지 않으며, 때로는 우리나라 구석탱이에서 비참한 삶을 참아야 하며 책도 없으며 과학도구도 없으며 학문의 수단도 없으며 여하튼 나의 조국에 봉사할 수도 없는 상태"라고 일컬었다.[30] 사실 칼다스는 무티스의 소장도서,[31] 뉴 그라나다 서남부 포파얀(Popayan)의 칼다스의 스승 레스트레포(Jose Felix de Restrepo)와 뉴 그라나다 정치인 나리뇨(Antonio Nariño)의 소장도서 등에 용이하게 접근 가능한 위치에 있었다. 그럼에도

---

30) Thomas F. Glick, "Science and Independence in Latin America (with Special Reference to new Granada), *The Hispanic American Historical Review* 71(1991), P. 315에서 재인용.

31) 무티스는 훔볼트가 본 사람들 중 런던의 박물학자 뱅크스(Joseph Banks) 다음으로 최고의 식물학 도서 컬렉션을 보유했다.

칼다스가 느낀 관념적 소외감은 여전했다. 칼다스는 레스트레포 소장도서에서 발견한 프랑스의 랄랑드(Jérôme Lalande) 저술의 천문학 교과서를 언급하면서, 이 한 권의 책이 천문학에 대한 소양을 넓혀준 것은 사실이지만 이 책만으로 라틴아메리카에서 천문학자가 된다는 것은 불가능한 것 같다고 느꼈다. 얼마 후, 산타페 더 보고타(Santafe de Bogota)의 왕실 천문대의 대장으로서 칼다스는 이 모든 역경을 극복하는 노력을 통해 라틴아메리카에서 천문학자로 성장했지만, 젊은 시절에 겪었던 자신의 조국의 토양은 과학 발전에는 불충분한 것이었다고 비관하기도 했다.

과학자로서의 칼다스의 복잡한 소외감은 라틴아메리카 과학탐험 중에 1801년 뉴 그라나다에 도착한 독일 훔볼트와의 교류 속에서도 엿볼 수 있다. 훔볼트는 라틴아메리카 과학자들에게 서구의 선진과학을 이어주는 매개체의 역할을 톡톡히 수행했다. 먼저 훔볼트는 크리올 과학자들의 고립감을 해소해 주었다. 그는 크리올 과학자들이 유럽과의 접촉이 용이하도록 도왔으며 동시에 식민지 과학에 대한 유럽 과학자들의 불신을 줄이도록 도왔다. 훔볼트는 크리올 과학자들이 자신들의 관찰·연구 능력이 궁극적으로 테스트를 받을 수 있도록, 자신들의 입지를 국제적 과학자 공동체에서 더 확실히 갖게 하는데 필요한 비판과 자극을 수용할 수 있어야 한다고 격려했다. 훔볼트와의 인연을 통해, 칼다스 역시 라틴아메리카 신세계에서 과학은 유럽 과학자들과의 신속한 소통이 없이는 진보할 수 없다는 점을 깨달았다. 이와 동시에 훔볼트는 크리올 과학자들의 역량이 유럽 과학자들의 그것에 비해 지적으로 쳐지지 않는다며 자신감을 불어넣어 주었다. 훔볼트는 신세계 라틴아메리카에서의 과학활동의 가능성과 타당성을 극찬했으며, 식민지 과학자들의 상호 간 활동과 그 활동의 가치를 인식할 수 있는 소통의 창구를 통해 전국적 핵심세력을 만들어야 할 것을 강조했다. 무엇보다도, 훔볼트는 라틴아메리카 환경의 퇴행성을 주장하는 유럽 학자들을 비판하면서 크리올 지식인 편에 섰다. 특히 훔볼트는 크리올 과학자들에게 스페인 제국으로부터의 독립을 쟁취하고자 하는 정치적 의식을 북돋아 주었는데, 이는 훔볼트가 크리올들의 정치적 애국심은 마치 서구과학으로부터의 지적 독립을 향한 의식과도 궤를 같이한다고 보았기 때문이었다.

이제 식민지 라틴아메리카에서 과학자들은 고립과 의존의 딜레마를 극복하는 노력을 계속하는 가운데, 과학자의 역할은 정치적 맥락에서 중요한 의미를 띠게 되었다. 유럽과학의 의존으로부터 벗어나는 과정은 식민지로부터의 정치적 독립·혁명의 쟁취와 라틴아메리카 식민지의 독립 과정과도 동일시되었다. 왜냐하면, 라틴아메리카 크리올 지식인들은 유럽과학에의 의존은 그들을 지적 유아기에 갇힌 상태로 만들어 노예제보다도 더 수치스러운 굴종의 상태로 전락시킨다고 보았기 때문이었다. 따라서 뉴 그라다나의 독립혁명기에 칼다스가 표방한 과학적 독립 이데올로기의 기조는 독립 공화국 볼리비아의 독자적 과학기관을 수립하고 라틴아메리카의 독자적 과학문화를 확립하는 것이었다.

식민지 과학의 독립과 과학자의 정치적 독립운동

유럽 중심부 과학으로부터 독립하여 라틴아메리카 과학을 수립하기 위해서는 식민지 과학자들은 그들의 과학적 역량을 강화해야 했다. 칼다스와 그의 스승인 레스트레포, 그의 지적 후원자인 무티스 등은 뉴 그라나드 식민지 사회에서 자연과학의 낮은 위상을 제고시키는 데 주력했다. 예를 들어, 무티스는 대학의 신규 교수직에 대하여 식민지 총독에게 유럽으로부터 과학자를 초빙할 것이 아니라 식민지 출신의 크리올 과학자를 채용할 것을 설득하기도 했다. 그의 애제자인 로자노(Jorge Tadeo Lozano)는 스페인 마드리드에서 교육을 받은 재원으로 식민지 대학에서 과학교수직을 꿰차기도 했다. 무티스는 칼다스와 같은 크리올 지식인들과 함께 스페인 제국과 상당한 거리를 유지하는 독립 노선을 추구했다. 무티스의 주장에 동조했던 제자 레스트레포의 언급에 따르면, 그 전에는 코페르니쿠스의 지동설을 옹호하는 것은 교회 파문에 준하는 처벌을 받을 수 있는 불손한 행위로 간주되었지만, 19세기 초 독립혁명의 투쟁 과정에서 언론의 자유가 허용되는 분위기 하에서 과학자들은 더 이상 무지막지한 스페인 검열관들의 승인을 필요하지 않게 되었다. 레스트레포는 진보적 스페인 예수회 학자인 안드레스(Juan Andres)를 인용하여, 이제 신세계에서의 지식 획득은 더 이상 유럽인의 지적 자선에 기댈 필요가 없어졌다고 강조했다.

스페인 제국으로부터의 과학적 독립을 달성하려는 노력은 계속되었다. 1787년 무티스는 뉴 그라나다 총독에게 로사리오 대학에서 수학교육을 위한 새로운 계획을 제안했는데, 이 제안서에서 그는 수학 교육의 가치뿐 아니라 수학자의 사회적 가치를 강조했다. 무티스는 수학은 계몽교육의 초석이며 젊은 수학자들이 훗날 독립 공화국 시대를 빛낼 진정한 애국 활동이라고 보았던 것이다. 무티스의 교육과 과학연구를 중심으로 모여든 세력은 과학 공동체의 핵심이 되었다. 무티스의 제자인 레스트레포가 뉴 그라나다 서남부 포파얀(Popayan)에서 철학교수직을 얻었고, 레스트레포와 그의 제자들인 칼다스, 지아(Francisco Antonio Zea), 폼보(Miguel de Pombo) 등은 무티스 서클의 과학자 그룹을 형성했다. 무티스는 1783년 스페인 제국 황제의 요청으로 전개된 스페인령 식민지 식물학 탐사(Botanical Expedition)에 스페인 박물학자를 배제하고 그 자리를 그의 서클의 제자들인 크리올 과학자들로 충원하기도 했다. 식물학 탐사는 왕실천문대라는 부수 과학기관의 설립으로 이어졌으며 그 대장에는 칼다스가 임명되기도 했다.

과학 공동체 멤버의 과학자들은 살롱(tertulias)과 같은 비공식적 장소에 모여 과학·정치 주제를 토론하기도 했다. 또한, 과학자들은 대학의 경계를 넘어 협회를 형성하여 배움의 계몽을 진흥하고자 했다. 가령, 무티스 식물학 탐사의 일원으로 참여했던 동물학자 로자노는 뉴 그라나다 보고타에서 애국협회(Patriotic Society) 설립을 시도했다가 불발되기도 했다. 그러다가 1808년 뉴 그라나다 독립혁명의 전야 무렵에 칼다스는 뉴 그라나다 친우회(Society of Friends)를 세웠으며, 조국애·인류애를 향한 계몽인의 협회로 억압받는 식민지의 운명을 향상시킬 목적을 구체적으로 드러냈다.

식민지 라틴아메리카에서의 독립혁명 운동이 가시화되면서 크리올 과학자들은 지식인으로서 독립 쟁취를 위한 운동에 중요한 핵심 역할을 구사했다. 프랑스 나폴레옹 황제의 스페인 침략전쟁을 틈타 식민지 크리올 지식인들은 쿠데타를 통해 세워진 임시 독립정부(junta)를 중심으로 독립운동을 전개했으며, 스페인 제국의 재정복군(reconquering army)의 탄압에 맞서 독립을 추구하는 데 적극적으로 참여했다. 과학자들 역시 이러한 지식인들 중 일부였다. 당시 독립운동에서 과학자들의 참여는 다양한 방식과 수위로 일어났지만, 특히 뉴 그라나다에서 과학자들은 독립혁명 모의에 깊이 관여했다. 과학자들은 훗날 뉴 그라나다 독립혁명의 선구자로 널리 알려진 나리뇨의 가택에서 자주 회합을 열었는데, 아마추어 과학자였던 나리뇨의 개인 도서관에는 계몽시대 정치 저술가들의 저술뿐 아니라 60여 권의 과학저술들이 소장되어 있었다. 나리뇨는 심지어 식민지의 독립 모의에 가담한 프랑스 의사 리외(Luis de Rieux)의 집에 인쇄기를 설치하여 프랑스 정치 저술(예 :『인권』 Rights of Man)의 스페인 번역물을 출간하기도 했다. 1794년 나리뇨의 가택에서 열린 회합에는 리외를 비롯하여 신포로소 무티스(Sinforoso Mutis, 이하 신포로소), 우마나(Enrique Umana), 지이 등 로사리오 대학생으로 훗날 뉴 그라나다의 리더급 과학자들이 될 인물들이 포함되어 있었다. 미국의 정치인・과학자 프랭클린(Benjamin Franklin)의 열렬한 추종자였던 나리뇨는 이 살롱에 모였던 과학자들을 프랭클린 비밀결사대(Franklin junto)라고 불렀다.

젊은 과학자들은 독립혁명 모의에 적극적이었다. 1810년 7월 독립 쟁취를 향한 쿠데타가 칼다스의 왕실천문대에서 비밀리에 계획되었다. 무티스 식물학 탐사(1783년)의 서기였던 카보넬(Jose Maria Carbonell)은 집집마다 돌아다니면서 사람들의 봉기를 자극했다. 신포로소는 임시 독립정부의 경찰국장이 되었으며, 칼다스는 독립정부의 공식신문(Diaio Politico)의 편집인이 되었다. 1815년 임시 독립정부의 부름을 받은 칼다스는 신포로소와 함께 과학진흥을 이끌기도 했다. 동물학자인 로자노는 쿤디나마르카(Cundinamarca, 뉴 그라나다의 보고타 지역) 주의 제헌의회 의장으로 임명되었으며 임시 독립정부의 정규군을 조직하기도 했다.

그러나 1816년 스페인 제국의 재정복군은 독립운동에 참여한 식민지 과학자들에 대한 무지막지한 탄압에 들어갔으며, 뉴 그라나다에서는 과학자들에 대한 대대적인 처형이 단행되었다. 스페인 재정복군이 과학자들을 처형한 이유는 과학자들의 지적 활동은 새로운 사물의 질서를 꾀하는 체제전복적 활동이라고 믿었기 때문이었다. 예를 들어 1806년 뉴 그라나다 식물학 탐사에 참여했던 11명의 멤버들 중 6인의 박물학자들이 처형되었으며 그들의 식물학 수집물은 압류되어 스페인 본국으로 보내졌다. 로자노의 동물학 연구물들은 전부 소각되었으며, 훗날 뉴 그라나다의 볼리바르(Simon Bolivar) 해방군이 보고타에 입성했을 때 이미 왕실 천문대에는 살아남은 천문학자가 없었을 정도였다.[32)]

식민지 사회의 독립운동을 이끌었던 엘리트들 중 과학자들은 수적으로는 소수였으나 그들은 그 숫자 이상의 역할을 수행했다. 그러나 식민지의 이들 혁명적 과학자들은 사실 모두 스페인 제국이 세웠던 대학·광산학교 등의 기관들에서 엘리트 교육을 받은 이들이었으며, 스페인 제국의 요청에 따라 식물학 탐사와 같은 과학의 계몽활동에 참여하고 있었다. 말하자면, 클리오 출신의 엘리트 과학자들은 스페인 제국에 대한 식민지 독립 쟁취에서 두드러진 역할

32) 스페인 재정복군의 탄압에서 살아남은 과학자들은 이전보다 더 정치화되어갔다. 신포로소는 1821년 볼리비아 공화국 의회에 선출되었다. 지이는 스페인과 대립하던 프랑스에 친화적인 성향을 띠게 되었으며 1814년에는 볼리바르 해방군에 합류하여, 독립한 그랜 콜롬비아(Gran Columbia, 오늘날 볼리비아의 전신) 공화국의 부통령이 되었다.

을 했지만, 그들이 스페인 중심부 과학의 수혜를 받았던 것도 사실이었다. 역설적이게도 식민지 과학자들(특히 박물학자)에게 유럽과학으로부터 독립과 의존의 양면성은 간절했고, 식민지 과학자 간 네트워크(다소 불안정했지만)는 정치적 독립을 향한 저항의 불을 지피는 데 기여했다.

그러나 식민지 라틴아메리카의 독립 쟁취를 위한 과학자의 역할은 스페인을 비롯한 서구과학과 라틴아메리카 과학 간의 관계 속에서 바라볼 경우 아이러니한 측면이 드러난다. 라틴아메리카 식민지들이 의존하던 스페인 본국의 과학은 정작 영국·프랑스·독일 등 유럽의 다른 국가들의 과학에 의존하고 있었다. 이에 스페인 과학자들은 유럽 중심부 과학과의 교류의 중요성을 알아차렸으며, 스페인 제국은 식민지와 유럽의 과학자들로 하여금 연구결과물을 스페인으로 집결할 수 있도록 독려하여 스페인을 과학 중심부로 격상시키려는 시도를 계속하고 있었다. 따라서 스페인 제국의 식민지 과학자들은 과학 중심부와 교류·소통하는 가운데서도(특히, 스페인을 넘어 그 밖의 유럽의 각 국가들과 자유롭게), 스페인 제국의 과학계와의 관계를 결코 끊지 않았다. 스페인 과학은 라틴아메리카 과학에 있어 다른 과학 중심부 국가들과의 관계를 매개하는 허브 역할도 겸했던 것이다.

따라서 라틴아메리카에서의 식민지들이 19세기에 스페인으로부터 독립하자, 허브를 잃은 식민지 과학자들이 겪어야 했던 과학 중심부로부터의 소외는 이전보다 심해졌으며, 유럽 과학 중심부와의 지적·전략적 연결고리는 약화되었다. 독립 이후 라틴아메리카에서의 과학은 자체만의 역량과 자원에 의존함으로써, 뉴 그라나다를 비롯한 페루와 멕시코 등지에서 과학은 침체되어 갔다. 식민지 시절 유럽의 과학으로부터 독립을 추구했던 라틴아메리카 스타일의 과학은 정작 독립이 이루어지자 더 이상 모멘텀을 찾기 어렵게 된 것이다. 즉, 라틴아메리카 과학은 유럽과의 교류에 의존한 탈국가적 과학, 그리고 스페인 본국의 세례를 받은 식민지 과학 사이에서 모호하게 표류하고 있었다.

포르투갈령 식민지 브라질과 서구과학의 전파

라틴아메리카 대륙에 식민지를 건설한 것은 스페인뿐만이 아니었다. 영국 · 프랑스 · 독일도 라틴아메리카 대륙의 일부분을 차지하기는 했지만, 해당 대륙의 대부분을 스페인령 식민지와 더불어 양분한 것은 포르투갈령 브라질이었다. 1500년 발견된 브라질은 처음에는 포르투갈의 식민화 프로젝트의 핵심목표라기보다는, 아프리카로부터 흑인 노예를 수입하여 사탕수수를 재배시키는 대농장의 부지 정도로 여겨졌다. 그러나 18세기에 설탕가격이 세계시장에서 급락하게 되자, 광산자원이 풍부했던 브라질은 금광 채굴을 통해 포르투갈 왕정의 재원을 돕는 중요한 식민지가 되어갔다. 그리고 이후에 닥친 금 호황의 종식, 1808년 브라질 리우데자네이루(Rio de Janeiro)로의 포르투갈 왕실의 이동, 1889년의 노예제 몰락, 포르투갈 제국 황제 페드로 2세(Pedro Ⅱ)의 브라질 추방, 그리고 1930년의 브라질 공화국의 수립에 이르기까지 포르투갈령 브라질은 갖가지 풍파를 겼었다. 이 시기를 관통하여 브라질 식민지에서 전개된 포르투갈 제국의 과학은 일관된 논리와 정책이 없는 가운데, 경제적 착취를 중심에 두고 임기응변식으로 전개된 한계를 드러내었다. 요컨대, 식민지 브라질에서 포르투갈은 식민 본국의 정치적·경제적 패권 유지에 복무하는 '제국주의 과학'의 양상을 보여주었던 것이다.

18세기경 유럽에서 건너간 방문가들에게 있어 브라질은 흥미로운 박물학 연구의 장이었다. 포르투갈 제국은 애초에 약탈 대상으로서의 식민지의 효용에 주목하면서 브라질에서 경제적 가치를 지닌 동식물군에 대한 정보 수집 활동을 독려했다. 1783년에 포르투칼 제국은 본국의 코임브라(Coimbra)에서 수학한 최초의 브라질 박물학자인 페레이라(Alexander Rodrigues Ferreira)에게 식민지 동식물군에 대한 탐사를 요청했다. 1772년에는 라브라디오(Marquis of Lavradio) 총독 통치 하의 리우데자네이루에서 설립된 과학협회(Sociedade Clientifica)는 비록 얼마 지나지 않아 폐쇄되었지만 식물학·동물학·화학·물리학과 광물학 등의 다양한 주제를 다루었다. 또한 라브라디오 총독은 식물 순응화(acclimatization)[33] 실험연구와 종자 개량을 위하여 브라질 북부 벨렝(Belem)에 식물원을 세웠다.

19세기 포르투갈 제국은 당대 네덜란드나 영국 등의 유럽 제국이 식민지에서 전개했던 역동적인 과학활동과는 달리, 식민지에서의 생산활동을 보조하는 수준에서 과학 인프라를 형성하는 데 주력했다. 1808년에 해군 아카데미(Naval Academy)·의학교·브라질 국립도서관 등이 세워졌으며, 특히 육군 아카데미(Military Academy)는 전술과 요새·대포 건설을 포함한 군사학 교육뿐 아니라 물리학·화학·광물학·야금술학·박물학 등의 과학교육도 실시하여 훗날 공학학교와 공학자 교육의 산실이 되었다. 또한 몇몇 기술 협회들이

33) 순응화란 생물이 환경 변화에 대해 점차적으로 나타내는 장기적인 반응을 의미한다.

등장하여 보다 체계적인 연구활동이 시작되었다. 포르투갈 제국은 브라질에서 과학연구와 응용개발의 상호연계를 강조하는 활동에 중점을 두었다. 예를 들어, 1819년에 상파울루(São Paulo)로 모여든 과학자들의 지질학·광물학 연구는 광산채굴에 응용되는가 하면, 바이아(Bahia), 미나스제라이스(Minas Gerais), 페르남부쿠(Pernambuco), 상파울루 등에서 식물 종자의 도입과 순응화 연구를 위해 시작된 식물원은 얼마 후 실험과 연구를 수반하는 연구소가 되었다. 특이한 것은 1822년에 세워진 국립박물관(Museu Nacional)은 브라질을 방문한 유럽 박물학자들이 모여들었던 거점이 되었다. 특히, 독일에서 건너온 박물학자들이 깊게 관여했다. 예를 들어, 랑스도르프(Georg Heinrich von Langsdorff)·리델(Ludwig Riedel)·셀로우(Friedrich Sellow) 등은 박물관의 주요 식물학 연구와 식물학 탐사활동에 참여했으며, 당대 『다윈을 위하여』(Fur Darwin)의 저자로 유명했던 독일의 뮐러(Fritz Muller) 역시 브라질 박물관에서 중요한 역할을 수행했다.

식민지 브라질에서 포르투갈 제국의 과학의 정점에는 페르드 2세의 역할이 있었다. 1875년 황제 페드로 2세 개인의 주도 하에 오루 프레투(Ouro Preto)에 세워진 에스콜라 더 미나스 광산학교(Escola de Minas)는 프랑스 파리학파가 아니라 당대 석탄 광공업의 중심지인 생테티엔(Saint-Etienne) 학파의 모델에 따라 개교했다. 즉, 전자의 교육체계는 일반교육에 초점을 두었던 반면, 후자의 2년 과정은 단순 기능공이나 기술공 양성에 필요로 한 것 이상의 고등교육을 제공하면서도 동시에 실용적·실제 응용에 초점을 두었다. 오루 프레투의 광산학교는 광부·공병 양성의 학교를 목적으로 했으며, 결코 파리학파 스타일의 광산학교는 아니었다.

식민지 브라질에서 포르투갈 제국의 의학도 모습을 드러내었다. 1808년 포르투갈 황제는 왕실 소속 일반의(physician general)와 의무감(surgeon general)을 설치하여 포르투갈 식민지의 왕실 내 위생당국으로 삼았으며, 의학교육과 임상활동을 관장하게 했다. 1813년 리우데자네이루와 1815년 바이아에서 각각 출발했던 의학 아카데미는 1832년 의과대학으로 승격되었으며, 1829년 의학협회(Sociedade de Medicina, Medical Society) 창립은 의학의 명성을 고양하고 전문화로 나아갈 수 있는 바탕이 되었다. 포르투칼 제국 의학의 한 가지 중요한 변화는 임상·실용의학에서 과학적 의학으로의 외연을 넓힌 점이었다. 특히, 열대질병 연구협회(Escola Tropicalista Bahiana)가 설립되어 열대질병을 연구할 수 있게 되어 관련 연구는 1866년부터 시작되었던 정기간행 학술지(Gazeta Medica de Bahia)에 선보였으며, 협회와 학술지는 연구자들의 정보 교류에 중요한 도구가 되기도 했다.

그러나, 식민지 브라질에서 전개되었던 포르투칼 제국의 과학은 제국의 정치적 기호에 따라 극단적으로 불안정하게 진행되었다. 과학활동은 자율성이 없었고, 실용주의만을 표방하는 제국의 편협한 이해관계만을 추구하는 데 치중하였다. 불안정한 시작을 보였던 광산학교의 사례는 당시 제국의 과학에 팽배했던 한계를 엿볼 수 있게 해준다. 광산학교의 교육과정은 구식 교과서들만 널려 있었고, 실용적 실험수업은 없었으며 독자적 연구활동도 거의 없었다는 비판을 받았다. 오루 프레투 광산학교는 처음부터 엄격한 교육수준을 표방했음에도 불구하고 그것을 실제로 달성하지는 못했으며, 자연히 광산학교가 내놓았던 숙련기술들 역시 광산업의 경제적 기반이 되기에는 부족했다.

무엇보다도, 제국의 과학을 이끌어갈 만한 인프라의 확충이 원활하게 이루어지지 않았다. 지적 활동으로서의 과학에 대한 인식·관심은 물론 연구 필요성을 역설하고 추진해 나갈만한 주체세력이 당시 식민지 사회에는 없었다는 점이 한계로 작용했다. 과학에 대한 이러한 사회적 지지의 부재 속에서 식민지 브라질에서 과학교육과 연구 프로젝트들은 매우 미미한 수준으로 수행되었으며, 이들이 낳은 응용과학의 실용성·경제성의 효과가 전무함에 따라 대중적 지지는 다시 떨어지는 악순환이 벌어졌다. 페드로 2세 하의 식민지 브라질에서는 박물학·공학·의학 분야의 실용연구를 표방한 기관들이 쇠퇴와 변형을 반복적으로 거듭하면서, 과학활동이 체계를 갖추지 못한 상태가 계속되었다. 다만, 19세기에 들어서 고등교육의 점진적 성장과 더불어 도시의 엘리트 계층들이 유럽으로 건너가 선진과학의 혜택의 세례를 받는 경우도 늘어나게 되었으며, 또는 역으로 유럽의 엘리트 과학자들이 브라질로 건너와 관련기관에 종사하게 되면서 유럽의 선진과학은 브라질 사회와 문화 속으로 파고들어왔다.

1889년에 있었던 무혈 군사 쿠데타로 브라질 공화국이 들어섰다. 20세기 초에 들어서서 브라질 공화국은 과학 발전을 위한 새로운 어젠다를 수립하였다. 응용연구와 단기적·실용적 결과 중심의 어젠다는 물론 보다 학구적인 유럽식의 기초과학 발달 어젠다, 이 둘 간의 상호작용이 강조되었다. 공화국은 구시대의 포르투갈 제국의 과학 기조로부터 탈피하여 농업·응용생물학·열대의학·지질학·공학 분야를 지원하고 이 분야들에서 연구기관들이 설립되는 등 과학연구의 동력이 마련되었다. 1930년대에 들어서서는 브라질 최초의 주요 대학들의 개교와 함께 세균학과 지질학에서의 응용연구, 그리고 수학과 물리학에서의 연구가 지속화·제도화될 수 있게 되었다.

나가면서

라틴아메리카는 16세기 유럽 제국의 건설 과정에서 주목을 끈 대륙 중의 하나였다. 라틴아메리카 대륙은 유럽의 과학탐사대를 불러들였던 매력적인 자연연구의 장이었으며, 유럽과학은 스페인령 식민지들(뉴 그라나다·멕시코·페루 등)로 파고 들어갔다. 식민지 대학으로 뉴턴과학이 도입되는 과정에서, 독일 과학탐험가 훔볼트를 통해 라틴아메리카 과학이 서구과학과 조우하는 과정에서, 그리고 제국의 지배 하에서 과학과 정치가 묘하게 맞물리는 과정에서, 라틴아메리카 과학은 스페인 제국을 넘어 다른 유럽 국가들과의 과학적·지적 교류를 시도했던 탈국가적 속성을 보여주었다. 그 결과 라틴아메리카 과학이 달성하고자 했던 것은 서구과학과는 차별화된 독자적인 스타일의 과학이었다. 스페인령 라틴아메리카 식민지의 과학자들은 스페인 제국이 세웠던 광산학교·대학기관에서 엘리트 교육을 받고 식물학 탐사와 같은 과학의 계몽활동에 참여하는 등 식민지 과학의 지적 세례와 수혜를 받았지만, 동시에 스페인 제국의 지배로부터 벗어나려는 정치적 독립투쟁은 라틴아메리카 고유의 과학 스타일을 확립하는 것과 매한가지라고 보았다.

포르투갈령 브라질의 경우, 처음부터 과학은 제국의 주요 관심사는 아니었으며, 포르투갈 제국의 과학은 미약하게 전개되었다. 브라질에서 박물학·광산학·의학 등의 과학활동은 식민지 착취경제라는 제국의 정치 이데올로기를 지탱하기 위한 실용·응용지식의 공급처 정도에 그치는 한계를 드러내었다. 브라질에서의 과학의 모멘텀 수립은 브라질 공화국의 건국까지 기다려야 했다. 요컨대, 스페인령 라틴아메리카 대륙에서 전개되었던 라틴아메리카 특유의 과학 스타일은 19세기까지도 불발에 그쳤고, 식민지 브라질에서의 과학은 독립 당시까지도 포르투칼의 경제적 제국주의 활동을 보조하는 정도에 그쳤다. 이처럼, 라틴아메리카 대륙에서 스페인과 포르투칼 제국의 식민지 시기에 이루어진 서구과학의 확산은 한계를 드러내고 말았다.

05 탈국가적 접촉지대에서의 식민지 인도의 과학

들어가면서

인도는 세계 제 2위의 인구 대국(약 13억명)이자, 피식민지 경험을 지닌 개발도상국임에도 불구하고 수많은 저명 과학자뿐 아니라 과학분야 노벨상 수상자 역시 복수 배출한 과학 두뇌 국가로서의 위상을 자랑하고 있다. 미국 항공우주국(NASA)에서, 그리고 전세계 IT 업계와 과학기술 분야에서 인도 출신 과학자들의 존재감은 묵직하다. 오늘날의 인도과학의 성공적인 현주소의 씨앗은 수백 년 전 인도와 서구과학과의 조우에까지 소급해 올라갈 수 있다. 15세기 말 포르투갈의 디아스(Bartolomeu Dias)가 남아프리카 남단의 희망봉(Cape of Good Hope)에 도달하고, 이후 소위 케이프 루트(Cape route)[34]가 개척되었다. 1600년 이후 영국·네덜란드·프랑스·포르투갈 등의 유럽 국가들은 동양(아시아) 진출을 목적으

34) 케이프 루트는 대서양의 유럽에서 남아프리카 희망봉과 아굴라스(Agulhas) 곶을 돌아서 인도로 가는 해로이다.

로 각기 동인도회사(East India Company)를 설립하여, 인도와 동남아시아를 상대로 한 무역과 식민지 점거를 위한 전위대로 삼았다. 그 중 가장 앞선 영국 동인도회사(British East India Company, 이하 BEIC)는 1600년에 설립되었는데, BEIC는 특히 인도에 무역과 식민 통치의 거점을 구축해 갔다. 유럽 열강들이 아시아 식민지 건설에 뛰어들던 17세기는 유럽에서 과학혁명이 한창 꽃을 피우고 있을 무렵이었다. BEIC 역시 인도 공략과 지배에 과학과 기술을 적극적으로 활용하였으며, 서구 과학기술은 제국의 건설을 구현하는 데 있어 강력한 도구가 되었다.

고대 인도문명은 과학과 기술의 영역에서 상당한 성취를 이루었다는 것이 중론이다. 그러나 16~17세기의 과학혁명기의 시기에 유럽의 과학기술이 이룬 현저한 진보와 비교해볼 때, 비슷한 시기의 인도 과학기술은 영광스런 과거의 빈약한 흔적만 간직하고 있었을 뿐 상대적인 침체기에 있었다. 이러한 침체와 관련하여, 일군의 서구 학자들은 인도에서 과학기술의 창의적 활동이 부재했음을 지적하고, 그리고 이러한 부재를 지적・문화적 토양의 문제로 귀인하기도 한다. 그러나 이러한 서구의 편견을 비판했던 인도 학자들은 인도인들은 정치적・경제적 환경의 난관에도 불구하고 지적・문화적 창의력을 잃지 않았음을 강조한다. 실제로, 인도와 영국 간의 접촉과 지배・피지배 현장에서 인도과학은 단순화할 수 없는 다채로운 면모를 보여주었다.

17세기부터 시작된 BEIC와 인도 주민과의 조우의 시기에 영국의 측량가・식물수집가・의사들은 인도 전역을 누비고 다녔으며, 이들을 통해 영국으로부터 인도로 새로운 과학 아이디어와 기술적 도구들이 도입되어 인도인들의 상당한 관심을 끌었다. 인도의 엘리트들은 천문학·측량술·의학·과학교육 등 서구의 과학기술과 문화에 매료되었으며, 증기선·증기기관차·전신 등 서구과학의 가시적 문물들은 인도 대중의 실제 삶 속으로 파고들어갔다. BEIC, 그리고 이후 영국 정부의 인도 현지 활동에는 현지 인도인의 협력과 동원이 불가피했다. 그 결과 인도의 곳곳은 영국과 인도 문화·전통 상호 간에 접촉이 벌어지는, 일종의 탈국가적 접촉지대가 되었다. 이러한 탈국가적 접촉지대에서는 영국 및 서구의 과학기술과 인도 주민 사이의 대규모 상호작용 역시 수반되었다. 본장에서는 BEIC의 대(對)인도 활동이 본격화되었던 18세기로부터 인도가 영국 제국의 식민지로 공식 편입되었던 19세기 중반(1857년)까지의 시기를 배경으로, 영국과 인도 두 문화 간의 접촉지대에서 벌어진, 서구 과학기술에 대한 인도인의 다양한 반응과 대응의 스펙트럼을 분석하고자 한다.

서구과학·의학과 과학교육의 정착을 향하여

포켓나이프·가위·작은 거울·안경 등 BEIC가 인도에 가져온 신문물들은 인도의 유력자들의 환심을 사기에 충분했다. 지방의 유력자들을 사로잡은 BEIC는 단순히 인도와의 무역을 전개하는 데 머무르지 않고 인도에 식민지를 건설할 꿈을 실현해 가기 시작했다. 영국인, 특히 BEIC의 대(對)인도 활동이 식민 지배라는 정치적·경제적 어젠다와 얽히게 되면서, 인도에서 영국과 인도인 간의 접촉의 빈도와 밀도는 한층 더 심화·확장되어 갔다. 영국과

BEIC의 대(對)인도 태도와 정책은 지역과 시간에 따라 차이를 드러내기는 하지만, 적어도 영국과 인도인과의 접촉지대에서 영국 측은 과학과 기술을 중요한 도구로 활용하였다.

BEIC의 첫 번째 관심사는 인도에서의 측량사업이었다. 1767년에 인도 측량 총감독관(surveyor general)으로 부임한 르넬(James Rennell)은 인도 북부지방의 힌두스탄(Hindustan)[35]을 비롯한 인도의 수많은 지역의 지도 제작에 착수하였다. 현지 환경에 정통한 인도인들은 측량 현장에서 측량 보조 수행자로서 유용한 인적자원이었고, 인도 토착의 측량지식과 지도제작술의 경험적 노하우는 역으로 영국의 과학적 측량에도 상당한 영향을 미쳤다. 유럽 측량가들은 수학과 삼각법의 교육에 대한 규정을 세워놓고 이에 적합한 유능한 인도인들을 측량 보조원으로 고용했으며, 이들 인도인들은 영국의 측량술을 습득하였다. 일례로, 영국 수리지리학자 이브리스트(George Everest)와 워(Andrew Waugh) 아래에서 활동했던 인도인 시쿠다루(Radhanath Sikdar)는 유럽 측량가들도 놀랄만한 수학적 천재성을 보였다. 삼각법 계산원인 시쿠다루는 이브리스트와 워가 이끌었던 히말라야 산맥 측량에서, 산맥에서 잘 드러나지 않는 한 봉우리가 실제로는 세계에서 가장 높은 산임을 밝혀냈다. 와는 이브리스트의 공적을 기려 이 봉우리를 에베레스트 산(Mt. Everest)으로 명명하였다. 또 다른 인도 현지인 모신 후사인(Mohsin Hussain) 역시 측량도구의 기계적 수리와 복원에서 상당한 능력을 보여주었다. 후사인의 능력에 감명을 받았던 이브리스트는 캘커타에서 모신 후사인을 수학적 도구 제작자인 런던의 숙련 기계공 배로우(Henry

35) 힌두스탄은 힌두교의 땅을 의미하며, 현재의 인도에 해당한다.

Barrow)의 후계자로 임명했다. 이외에도 많은 경험적 사례를 통해, 유럽 측량가들은 인도인의 측량 관련 능력에 신뢰를 지니게 되었다.

반면 물리과학·자연과학 분야의 경우에는 인도에서 영국인이 전개한 지적 활동에는 특기할 만한 것들이 없었으며, 자연스럽게 이러한 분야에서 인도인의 서구 근대과학에의 경험과 참여 역시 제한적이었다. 인도에서 영국인들의 자연과학 분야의 활동이란 대체로 인도 동식물군의 표본 수집 정도에 그쳤다. 예를 들어 영국 식물학자 록스버그(William Roxburgh)가 식물도감에 필요한 식물 삽화를 그리는, 틀에 박힌 작업을 대신할 인도인을 고용하는 수준의 협업들이 주를 이뤘는데, 여기에는 인도인들을 끌어당길 수 있었던 과학연구라고 할 만한 것은 없었다.

물리과학·자연과학의 경우와는 달리 영국의 근대 의학은 인도인에게 즉각적인 반향을 일으켰다. 영국 함선의 군의관들이 인도 북서부의 수라트(Surat) 지역의 부자들, 그리고 인근 수공업 지역의 주민들을 대상으로 펼친 의료 활동은 유럽인의 의술에 대한 인도인의 관심을 불러일으키는 계기가 되었다. 영국 군의관들의 명성은 무굴 제국(Mughal Empire)[36]에까지 알려졌으며, 이에 인도와의 무역을 원했던 BEIC는 서구의학을 인도 통치자들의 호의를 끌어내는 데 활용하고자 했다. 시간이 지나면서 인도인들은 인도에서 유럽인들을 보면 일단 의사로 넘겨짚을 만큼 유럽 의학에 경도되게 되었

36) 인도에서는 12세기 무렵부터 다양한 이슬람 세력들이 성쇠를 되풀이하였으며, 1526년 세워진 이슬람 왕조인 무굴 제국은 18세기 초 무렵에는 '사실상' 인도 반도를 통일하였다. 그러나 그 이후 무국 제국은 쇠퇴기를 맞으면서 인도 도처에서 소규모 왕국과 토후국이 난립하기도 했다. 영국은 1757년에 벌어진 플라시 전투(Battle of Plassey)에서 프랑스-벵골 토후국 연합군에 승리하여 벵골 지역에서의 패권을 확보했다. 이후 영국은 BEIC를 내세워 인도의 소왕국·토후국들을 야금야금 정복해 갔으며, 1803년에는 무굴 제국까지 보호령으로 삼으며 인도 전체를 사실상 식민지화하였다.

으며, 영국 의학은 영국인에 대한 인도인의 우호적인 태도를 이끌어내는 데 긍정적으로 작용했다. 처음에는 지역 상류계급만이 영국 의사의 치료법을 이용하고는 했으나, 영국 의사들은 일반주민 속으로도 파고들어갔으며 때로는 인도인에게 유럽의 의학을 가르치고자 했다. 영국인들은 유럽의 의술을 사용하여 인도 주민을 치료하기 위하여 도처에 진료소들을 개설했다. 이 진료소들의 활동들 중 인도에 큰 반향을 일으킨 것들이 있었으니, 바로 백신접종의 도입과 수술법의 부활이었다.

유럽식 백신 접종은 처음으로 인도 총독 웰즐리 경(Lord Richard Wellesley)의 주도 하에 주민들에게 시도되었다. 그러나, 백신에 대한 첫 반응은 우호적이지만은 않았다. 벵갈 지역 총독 벤팅크(William Bentinck)는 인도 주민들이 접종법을 꺼린다기보다는 일단 무관심했으며, 인도 동부 갠지스강 인근의 파트나(Patna) 너머의 지역은 엄청나게 덥고 건조한 공기 때문에 1년 중 수개월 동안은 백신 물질을 보존하는 것이 불가능하다고 토로했다. 그러나 점차적으로 백신 접종에 대한 무관심 또는 저항감은 옅어져갔으며, 처음에는 접종에 대해 소극적이거나 심지어는 거부까지 했던 주민들도 영국 의사의 권고에 따라 접종으로 돌아서는 경우도 늘어갔다. 학자이자 캘커타 힌두교협회(Calcutta Hindu Society)의 리더였던 라드하칸타 데브(Radhakanta Deb)는 힌두 인도인들을 대상으로 접종을 승인할 정도였다. 특히, 히말라야 쿠마운(Kumaun) 지역에서는 북서부 인도 지역의 부총독 토마슨(James Thomason)의 지휘 아래 백신 접종이 질병 예방에 상당한 성공을 거두기도 했다.

외과 수술법에 대해서도 본디 인도는 나름대로의 노하우와 전통을 가지고 있었지만, 인체해부는 언젠가부터 인도의학에서 사라진 상태였다. 힌두교의 종교적 영향력이 커져가고 체계적인 의학교육이 없었던 탓에 인도에서는 해부학이 소멸되고 말았던 것이었다. 이에 영국의 해부학에 자극받은 인도 의사들은 자체적으로 해부학의 부활을 꾀했는데, 이를 위해서는 그 동안 인체해부를 금기시해왔던 미신적 믿음을 제거해야 했으며 의학교육을 위한 규정의 손질이 필요했다. 처음에 영국인은 힌두 인도인들은 자신들의 고유의 전통과 경험을 거스르면서까지 유럽의 의학을 공부하려 들 것인지를, 그리고 특히 해부학 연구가 인도 신분제(카스트 제도)의 편견을 극복할 수 있을지를 의심했다. 그러나 이러한 의심과 두려움이 무색하게, 캘커타 산스크리트 대학(Calcutta Sanskrit College)과 캘커타 마드라사(Madrasa, 이슬람 교육기관)의 의학수업에서 학생들은 해부학 학습에 커다란 관심을 드러내었다. 1830년의 한 기록에 의하면 대학의 의학 수업에서 동물 해부 과정을 통해 해부학에 대한 편견은 극복되었고 학생들 스스로 인간 골격까지도 거부감 없이 다루었다는 내용이 담겨있었다. 서구의학을 최초로 훈련받은 인도의 의사 마두수단 굽타(Pandit Madhusudan Gupta)[37] 교수는 1836년 캘커타 의과대학에서 인체해부를 성공적으로 시연하면서, 그 동안 인도의학을 퇴행시켰던 장애물이 제거되었다고 자평했다.

물론 서구의학에 대한 인도인의 반응이 환영 섞인 수용으로만 가득했던 것은 아니었다. 백신 접종과 해부학의 경우와는 대조적으로, 유럽 의사들이 처방한 약품에 대한 인도인의 반응은 미지근했다. 인도인들은 유럽 의학을 신뢰하면서도 약을 통한 치료법에는 대체

37) 이름 앞의 팬디트(pandit)란 일종의 존경의 칭호로서, 학식과 지혜를 겸비한 지식인을 의미한다.

적으로 좋지 않은 반응을 보였다. 이러한 불신의 대상은 특히 액체 약품에 있었다. 유럽 의학의 효능 자체에 대한 믿음에도 불구하고 그것의 실제 이용에는 회의적인 사회적 분위기 또한 있었다. 이는 영국 의술의 이용에는 상당한 고비용이 소요되어 인도 대다수 주민들로서는 접근이 어려웠으며, 따라서 주민들은 인도의 전통적인 자체적인 처방이 통하지 않을 경우에만 영국 의사들의 도움을 찾았기 때문이었다.

반면, 근대 유럽의 과학기술 교육에 대한 인도인들의 반응은 상당히 우호적이었으며 수용에도 적극적이었다. 본디 영국은 그러한 이식에 대해 신중한 입장이었는데, 이는 현지의 교육에 대한 어설픈 개입은 인도인의 저항을 불러일으킬 것을 우려했기 때문이었다. 이러한 신중한 기조는, 1813년 동인도회사법(Charter Act of 1813)이 인도인에 대한 교육이 BEIC의 중요한 책무임을 명시적으로 강조함으로써 전환을 맞았다. 그러나 실상은 위에서 본 것과 같은 영국 측의 우려가 무색하게, 근대 서구과학 및 기술교육에 대한 인도인의 반응은 적극적이고 능동적이었다. 캘커타에서는 영국의 계획에 동참하여 영-인 대학(Anglo-Indian College)이 설립되었다. 또한, 비디알라야(Vidyalaya)로 불렸던 당대의 고등 교육기관은 인도에서 유럽 과학교육을 진흥하는 최초의 제도적 장치가 되었다. 유럽과학에 대하여 인도인들이 보여주었던 관심은 인도학자·개혁가인 람 모한 로이(Raja Ram Mohan Roy)[38]의 사례에서 잘 드러난다. 1821년 BEIC 이사회는 인도 고전교육을 목적으로 캘커타 힌두 산

38) 람 모한 로이는 인도의 개혁가로 '인도의 근대화 선구자' 혹은 '인도 근대화의 아버지'라고 불린다. 그는 인도 문화를 부흥시키기 위해 서구문물을 도입할 필요가 있다고 역설하였다. 이름 앞의 라자(Raja)란 왕족에게 붙이는 칭호이다.

스크리트 대학(Hindu Sanskrit College at Calcutta)을 세웠는데, 정작 람 모한 로이는 산스크리트 고전 교육은 실용성이 떨어지는 형이상학적 기품(氣稟)을 가르치는 것에 불과하다면서, 영국식 근대 교육을 강화할 것을 주장했다.

여전히 많은 영국인들은 급진적인 교육혁신이 야기할 수 있는 부정적 결과를 우려했으며, 당분간 인도에서 유럽식 과학교육을 수립하는 것이 시기상조라고 간주했다. 그러나 대학 곳곳에서 관련 교과과정들이 만들어지면서 새로운 교육에 대한 인도인의 기대감은 커져가고 있었다. 예를 들어, 델리 대학(Delhi College)에서 인도어로 개설된 기하학·지리학·코페르니쿠스 천문학 등의 강좌는 학생들의 상당한 관심을 끌었다. 또한, 인도에서 영어교육의 확산의 필요성을 언급하기도 했던 BEIC 공교육위원회(Committee of Public Instruction)는 1831년에 인도 교육기관에서 영어의 능숙함 그리고 고전과 과학에 대한 친밀도는 유럽 어느 학교라도 좀처럼 맞먹을 수 없을 정도로 높은 수준이라고 논평했다. 비슷하게 의학과 공학에서도, 특히 의학 분야에서 유럽에 준하는 수준의 교육이 이루어졌고, 소수의 의학도들은 한층 높은 수준의 의학교육을 받기 위해 영국으로 건너가기도 했다. 이처럼 인도인들이 대체적으로 보여준 반응은 인도 전통의 고전교육을 포기하고 근대과학에 대한 교육을 추종하는 것이었다.

유럽식 과학기술 교육을 위한 인도인의 열망은 1840년대와 1850년대에 들어 보다 명료하게 드러났다. 일부 인도 지식인들은 BEIC의 교육정책이 인도인들의 지적 진보가 아니라 경제적 이해관계의 추구에만 초점을 맞추고 있다면서, 인도인을 대상으로 한 서구 과학기술에 관한 정예 교육을 요구했다. 1835년까지만 해도 BEIC는 영어교육을 인도 교육정책의 주요 목적으로서 삼고 영어와 영문학 교육을 크게 확산시켜 갔지만, 인도인들은 영문학 대신 유럽의 과학·지리학·자연철학·정치학·역사·정치경제 등의 교육을 요구했다. 말하자면, 인도 학생들에게 중요한 것은 영어로 된 시들이 아니라 서구의 과학과 기술이라고 역설했다.

인도인들은 유용한 실용적 기술교육을 받고자 하는 열망을 반복적으로 드러냈다. 가령 당대의 신문을 보면 실용적 역학이나 공학은 인도인 교육에서 배제되어 있다는 요지의 비판을 찾아볼 수 있었다. 학생들은 무언가를 제작할 수 있는 실용적 아이디어와 기술 등을 배울 창구가 없었으며, 이는 당시 교육의 수단과 목적은 계산원이나 편지대서인과 같은 단순직업인 양성 정도에 머물러 있었기 때문이라는 것이다. 보다 거시적으로는, 인도는 원자재가 넘쳐나는 곳이었지만 그 원자재를 유용한 형태로 재창조해 낼 인력이 없어 인도의 자원은 무용지물이 되어간다는 비판도 일었다. 인도의 젊은 학생들이 자원을 활용할 방식을 배우지 않는 한 인도의 국가 발전은 결코 이루어질 수 없다는 요지의 비판이었다. 당대 매체들 역시 인도에서 서구과학과 기술교육의 도입을 지지하는 목소리를 냈다. 1854년 라호르 문예·과학협회(Lahore Literary and Scientific Institution)가 세워졌을 때, 라호르 크로니컬(Lahore Chronicle) 신문은 협회의 강연들은 전기·화학·전신·증기기관·지질학·유체정역학·수리학 등의 과학담론을 포함해야 한다고 제안하기도 했다. 즉, 서구적 과학교육의 도입은 인도인에게 일종의 국가적 슬로건이 되어갔다.

서구문물에 대한 인도인의 비판적 수용

BEIC가 서구 과학기술들을 인도에 도입한 것은 어디까지나 인도에서 영국의 패권을 공고히 하고 인도의 생산력을 향상시켜 제국의 자원 공급처 및 생산기지로 활용하기 위함이었다. 그러나 아이러니하게도 이러한 기술들은 인도인들의 상당한 관심을 불러 일으켰으며, 그 중 하나가 증기선의 도입이었다. 증기선과 기계화된 항해술은 유럽에서도 당대의 주요 기술혁신의 하나로, 그 도입은 기술적 하부구조의 구비는 물론 만만치 않은 재정적 지원을 필요로 하는 것이었다. 인도 무굴 제국과 공존하고 있었던 인도의 토후세력[39]의 하나인 아우드 왕국[40]의 국왕 가지이-우드-딘-하이더(Ghazji-ud-din Haider of Oudh)의 요청에 따라 1819년에 8마력 단발엔진(single engine) 증기선이 건조되었다. 이후 도처에서 증기선들이 도입되어 증기선의 시대를 열었다. 당대의 잡지는 1823년에 증기선들이 갠지스강 지류인 후글리(Hooghly)강에서 띄워졌을 때, 증기선의 진기함에 이끌려 양쪽 제방으로 엄청난 인파가 모여들었다고 보도했다. 후글리강에서 증기선이 처음으로 움직이는 것을 목격했던 인도인은 캘커타와 그 밖의 곳에서 유럽인들의 증기선 진수 활동에 동참했다. 일각에서는 증기선 진수를 냉소적으로 바라보는 시선도 있었지만, 인도인의 삶은 증기선 운행으로 인해 중요한 변

39) 인도에는 지방의 토후세력으로 토후국 또는 번왕국(Indian princely state)이 흩어져 있었다. 토후국·번왕국이란 인도 각 지역 유력자들이 다스린 소규모 군주국들이다. 토후국은 영국의 통치 하에 있던 인도에서 영국의 직접 통치를 받지 않는 보호국을 의미한다면, 번왕국은 영국령에는 속하지 아니하면서 영국의 지도와 감독 아래 현지의 군주가 통치하던 나라를 의미한다.

40) 아우드 왕국은 1856년 영국에 병합될 때까지 인도 북부 아우드 지역에 세력을 떨쳤던 번왕국이었다.

화를 겪었다.

물론 일반적인 인도 주민이 증기선을 이용할 처지에 있었던 것은 아니었다. BEIC 이사회의 1828년 규정에 따르면, 증기선은 공공의 목적을 위해서만 무료로 개방되었다. 따라서 주민이 개인적인 용도로 증기선에 탑승하는 경우 당연히 탑승운임을 지불해야 했다. 그러나 대다수 인도인들에게 증기선의 탑승운임은 지불 불가능한 가격대였다. 두 부두 간의 운임은 인도 농민의 년간 평균소득보다 더 높은 가격이었다. 고가의 운임으로 인해 일반 인도인들 사이에 증기선 항해에 대한 회의적인 기류가 퍼지게 되었다. 그러나 대량으로 물품을 나르던 상인들은 증기선이 화물수송을 위한 저렴하고 안전한 수송수단이 될 수 있음을 알아차렸다. 델리에서 BEIC 교육위원회의 위원이었던 트레벨리언(Charles E. Trevelyan)의 보고에 따르면, 인도 상인들은 화물수송을 위해 증기선의 한 칸이라도 차지하기 위하여 서로 치열한 경쟁을 벌이곤 했다. 인도 상인들 사이에서 증기선 항해가 널리 이용되어, 증기선 운용 지역에서는 마차를 통한 전통적인 수송방법에 종사하던 이들을 당황하게 할 정도가 되었다.

인도인들은 증기선만큼 증기기관차의 도입에도 적극적 관심을 보여주었다. 영국의 증기기관차 발명가 조지 스티븐슨(George Stephenson)의 아들이었던 철도기술자 로버트 스티븐슨(Robert M. Stephenson)이 잉글랜드 당국자들과 인도에의 철도 도입계획을 논의했을 때만 해도, BEIC 이사회는 인도에서 철도는 많은 교통량을 끌어당기지 못할 것을 우려했으며 심지어 인도 사회는 철도를 활용하기에는 아직 성숙되지 못했다고 비웃기조차 했다. 그러나 철도에 대한 인도인의 반응은 그 같은 우려와는 정 반대였다. 인도인은 철도 도입이야말로 물질적 부의 향상을 꾀할 도구라고 큰 기대감을 가졌다. 예를 들어, 캘커타의 사업가이자 사회개혁가였던 람 고팔 고세(Ram Gopal Ghose)는 철도수송은 혁신을 두려워하는 소수의 완고한 힌두 인도인들을 제외하고 전 계층의 사람들이 철도를 이용할 것이라는 전망을 내놓았다. 마침내 1850년대 철도가 인도에 개설되었을 때 인도에서의 철도의 미래에 대한 의구심은 해소되었다. 심지어 철도수송이 활성화된 캘커타-알라하바드(Allahabad) 구간에서는 이전에 인기를 끌었던 증기선 이용 수요마저 증기기관차가 급속도로 대체해 버렸다.

전신(電信)은 인도인으로부터 긍정적 반향을 끌어낸, 서구 과학기술의 또 다른 문물이었다. 영국 제국은 증기선이나 철도의 경우와는 달리 전신의 도입 당시에는 애초부터 군사적 목적에 방점을 두었고 전신선(telegraph lines)의 가설은 전적으로 군사적·전략적 관점에서 이루어졌다. 그러나 마침내 1855년에 전신이 민간용으로 개설되자 인도인들은 이를 적극 활용하였다. 델리 가제트(Delhi Gazette)와 라호르 크로니컬 등의 신문 매체들도 저널리즘의 용도로 전신을 처음으로 활용했다.[41] 인도 전신 총감독관(superintendent) 오쇼네시(William B. O'Shaughnessy)가 1856년에 작성한 보고서를 보면, 이미 인도인들은 전신을 이용하여 결혼·약혼 및 기타 가족 행사를 알리는 용도로 애용하고 있었다. 전신 서비스가 시작되었던 첫 해에, 전신 메시지 송신량의 30%는 인도인들로부터 나온 것이었다.

41) 물론 런던 타임즈 통신원 러셀(W.H. Russell)은 비록 인도에서의 전신의 대중적 이용 자체는 사실이기는 하나 그 정도에 관해서는 과장과 거짓 정보가 난무했다고 보기도 했다.

그러나 영국으로부터 도입된 모든 기술이 인도인을 사로잡았던 것은 아니었다. 특히 농업기술에 대해서는 인도인의 반발이 심했다. 조면기(cleaning and ginning of cotton)·실크 제사(silk filature)와 몇몇 농기구의 인도 전파에 관심을 가진 영국은 인도인 특히 장인과 농민들과 직접적인 관련이 있었던 현장에서 또 다른 유형의 농업기술 도입을 이끌었다. 흔히, 기술의 소비 단계에는 다양한 사회문화적·경제적·심리적 요인들이 영향을 미친다. 영국식 농업기술의 도입은 이를 간과하고 기술사용자로서의 인도인의 제반 여건을 고려하지 않은 채 시도된 턱에 상당한 문제를 불러일으켰던 것이다. 인도인들은 처음부터 영국 농기구의 채택을 꺼려했는데, 이에 대한 영국의 입장은 인도인들이 기술도입에 더딘 원인은 인도인들의 습관과 편견, 그리고 전통적 관습에 대한 집착 때문이라는 추측이었다.

그러나 톱니달린 조면기의 경우를 예로 들면, 인도 농민들이 이 기술의 도입을 꺼려했던 것은 조면기의 복잡한 사용법을 쉽게 이해시키지 못한 BEIC 측의 총체적인 경험 부족에 의해서였다. 조면기란 목화의 솜틀에서 씨를 빼내는 기계로, 톱니가 나있는 원통을 회전시키면 철로 만든 톱니가 홈 위에 있는 목화의 솜털을 잡아당기게 된다. 홈은 틈이 매우 좁아 목화씨는 들어갈 수 없기에 솜털과 목화씨가 분리되는 원리였다. 인도 농민들을 대상으로 한 조면기 사용법 전파 문제는 1830년대에 미국 목화 재배자들까지 고용하여 투입함으로써 어느 정도 극복되었다. 그러나 인도의 자작농(ryot)들은 여전히 인도 전통적인 조면 도구(foot rollers/churkha, 발로 밟아 작동되는 장치)로 작업하는 것을 선호했다. 자작농들은 만약에 목화씨 분리를 위해 목화 수확물을 조면공장으로 넘겨버릴 경우 그들의 경제적 마진을 일부 포기하는 것이었으며, 그렇다고 자체적으로 조면기를 구입하여 사용하기에는 조면기 가격은 자작농들의 구매력 밖이었다. 또한, 조면기 기술 자체의 적합성도 떨어졌다. 당시 보급되던 휘트니의 톱니달린 조면기(Whitney saw-gin)는 미국의 휘트니(Eli Whitney)가 발명한 것으로, 인도의 단섬유 면(short staple cotton)에는 적합하지 않았다. 조면기 바퀴를 목화씨 분리에 적합하도록 그레이팅(grating, 일종의 격자모양의 철물) 모양으로 조정해버리면, 단섬유 면은 쉽게 망가졌던 것이다. 단순히 조면기를 사용하는 것은 그렇다 치고 그것을 유지보수할 만한 숙련작업자들을 쉽게 구할 수 없는 것 또한 문제였다. 인도 마을의 장인들은 나사못과 볼트 사용법에 대해 무지했으며 수리 중에 조면기를 망치기도 했다.

조면기 이외에도, 고치(cocoon)나 솜을 이용해 실을 만드는 기계인 이탈리아산 제사기(filature)의 경우도 마찬가지였다. 제사기는 기술의 복잡성에 높은 가격까지 더해져 농민들은 제사기 채택을 꺼려했다. 게다가, 제사기의 일부 부품, 특히 윈치(winch)와 톱니바퀴 배치 등은 마을의 대장장이와 목수들로서는 할 수 없는 고도의 정밀성을 요구했다. 제사기는 부유한 제사업자나 BEIC만이 소유할 수 있게 되자, 농민들의 입지는 약화되었으며 제사기 소유자·판매상에 대한 경제적 의존은 불가피했다. 농민들은 제사기에 대한 의존을 거부하고 제사기 보유 세력에 대한 복종을 피하고자 저항했다.

또 다른 몇몇 새로운 농기구들에 대해서도 인도 농민들은 반격을 가했다. 그 대표적인 예가 영국으로부터 도입된 철제쟁기였다. 처음부터 인도 농민은 철제쟁기의 사용을 꺼려했는데, 이는 그들이 무지해서라기보다는 도리어 철제쟁기에 적합한 토양의 필요요건과 환경을 충분히 알아차린 탓이었다. 쟁기는 논이나 밭을 가는 데 쓰는 농기구로서, 그 목적은 표토층의 토양을 갈아엎어 잡초를 제거하거나 앞에 재배한 작물의 남은 부분을 토양과 섞고 다공성 토양으로 만들어 파종(播種)이나 작물 재배를 쉽게 해주는 것이다. 봄베이 근처의 살셋(Salsette)섬의 농민들의 경우를 예로 들면, 그들은 철제로 된 쟁기는 너무 무거워 쟁기질을 하는 농민과 소들을 탈진시켜 버린다고 반대했다. BEIC 산하 왕립농업위원회(Royal Commission of Agriculture)는 경작자들이 개량 철제쟁기를 꺼리는 것은 그것이 사용 과정에서 야기하는 통풍력(draught power, 공기의 흐름을 유발하는 능력)에 심각한 결함이 있을 뿐 아니라, 농민들은 가벼워 휴대와 이동이 용이한 농기구를 선호하기 때문이라고 지적했다. 또한 인도의 전통쟁기의 비용이 매우 저렴했던 반면 BEIC에 의해 도입된 철기쟁기는 매우 값비싼 농기구였다. 이익 추구는커녕 생계 연명에 급급했던 가난한 인도 농민에게는 철제쟁기의 가격은 그들로 하여금 철제쟁기라는 신기술의 채택을 거부하게 만들었으며, 대신 마을의 목수가 만들었던 저렴한 나무로 된 전통적 쟁기가 선호되었던 것이다. 또한 철제쟁기를 가진 소유주는 작은 주조소를 운영하여 수리를 도맡았지만, 반면 인도 전통쟁기를 가진 자작농은 마을 목수의 수리를 저렴하게 받을 수 있었다. 따라서 초기 비용과 수선의 어려움이 해결되지 않는다면, 전통적인 나무쟁기는 쉽게 대체될 수는 없었다.

그러나 인도 전통의 나무쟁기에 대한 BEIC 기술자의 공격도 집요했다. 나무쟁기는 토양을 한 번에 깊게 파 올릴 수 없기 때문에 쟁기질을 여러 차례 교차로 쟁기질을 해야 하는 단점이 있음을 영국 기술자들은 강조했다. 그러나 인도 농민은 나무쟁기로 파올린 표토가 햇빛에 강하게 노출되면 최상의 수확을 가져다준다는 사실을 경험적으로 잘 알고 있었으며, 더 나아가 씨앗을 땅 속에 얕게 묻어버리는 것이 도리어 효과적이라는 것을 알고 있었다. 만약 씨앗이 보다 깊게 묻히면, 씨앗이 발아되기도 전에 부패해서 썩어버리거나 땅속에서 휴면상태로 있게 된다는 것이다.

영국은 농기구 이외에도 외래종 식물 역시 인도에 도입하였는데, 이에 대해 인도 농민들은 지역의 조건에 따라 다양한 반응을 보였다. 인도에서 생산적 자원을 증가하기 위하여 BEIC는 목화・아마・대마・인디고 등과 같은 환금작물의 개량종을 도입했다. BEIC는 미국과 벨기에로부터 전문가를 영입하여, 인도 농민들에게 새로운 개량종의 재배법을 가르치는 서비스를 제공했다. 도입 종자들은 무료로 또는 거의 명목상의 비용으로 농민들에게 보급되었지만, 종자 재배실험들은 고무적인 결과를 얻지는 못했다. 이러한 실패의 원인으로 BEIC는 인도인 특유의 게으름을 지목했는데, 사실인즉 다음과 같은 점에서 BEIC는 인도에 대한 무형의 편견으로 사로잡혀 있었음을 보여준다. 첫째, BEIC는 영국 제국 본연의 식민지 약탈경제의 에토스에 젖어 있었으며, 따라서 인도를 경제적 착취경제의 대상으로만 여긴 결과 인도 토양의 다양한 속성이나 과학적 실험의 가장 중요한 원칙을 무시해버렸다. 예를 들어, 펀잡(Punjab) 지역에서 누에치기(견직물의 원료인 누에고치를 생산하는 일)의 실패도, 인도 북부 알리가르(Aligarh)와 인도 남부 마이소르(Mysore)에서의 미국산 목화 경작의 실패도 모두 그것들이 과학적 비전도 없이 행해졌기 때문이었다. 둘째, 영국은 인도 농민에게 도입된 종자 사용의 이점을 확신시켜 주는 데 실패했는데, 인도 지역 마을들 사이에는 수송수단이 미비하여 교류가 단절된 상태여서 마을마다의 취향이 다양했기 때문에 외래종자의 품질 표준을 정한다는 것은 무리였던 것이었다. 도입된 종자는 지역에서 오랫동안 사용해왔던 종자와 섞여버렸으며, 농민은 종자 차이를 알지 못했다. 인도 농민은 복잡한 재배실험을 행할 자본도 없었는데, 더구나 농민의 전통적 경작법을 비판했던 검열관의 잘못된 가르침을 경청할 수밖에 없었다. 따라서 서구 농업기술에 대한 인도 농민의 반응은 합리적 저항에 가까웠다. 사실, 인도 농민은 신기술의 수용을 위한 활동이 부족한 것도 아니었으며, 개량기술이 합당할 경우에는 그 도입에 반대하지도 않았다. 인도 농민은 새로운 주요 기술이 그의 토지의 경작·재배방식에 잘 들어맞고 이득이 되는 경우 기꺼이 그 기술을 받아들일 준비가 되어 있었다.

결국, 영국과 인도인의 접촉지대에서 인도인은 서구 과학기술에 대한 맹목적 추종이 아니라 비판적 수용의 입장을 취했다고 볼 수 있다. 인도 장인과 농민은 서구의 어떤 신기술은 선호했지만, 반면 또 다른 기술에 대해서는 극단적 비판을 취했다는 점에서, 신기술에 대한 진취성이 전반적으로 부족했다고 볼 수는 없다. 그보다는, BEIC를 매개로 이루어진 접촉지대에서 인도인은 자신의 취향과 편리에 적합하다고 판단할 경우에 한하여 유럽으로부터의 기술들을 지속적으로 받아들였다는 편이 보다 정확한 해석일 것이다. 물론, 인도에서 농업 개발이나 제조업 발전을 위한 열정은 처음부터 서구적인 것을 추종하는 세력과 연계되었고, 이는 인도인에게 뭔가 좋은 것은 서구로부터 나올 수밖에 없다는 막연한 기대와 동경심에 힘입은 바가 컸다. 그러나 유럽에서 성공한 기술이기 때문에 인도에서도 성공할 것이라는 막연한 기대에서 도입된 기계・기술들은 실패할 수밖에 없었다. 서구기술에 대한 인도인의 역습은 인도 전통의 기술을 고수하는 방식으로 이루어졌으며, 농업과 제조업 분야에서 인도 토착기술의 실행은 전통의 축적된 경험에 기반하고 있었다. 도입된 서구기술에 대한 인도인의 역습은 타당했다. 단순히 영국의 기술과 비교함으로써 인도 전통의 기술이 비합리적이며 비과학적이라고 폄하하는 시각이야말로 타당하지 않다고 할 것이다. 인도인이 도입된 기계・기술에 적극적 수용을 보여주지 않았던 것은 바로 그 도입된 기술이 인도의 상황과 요구사항에 들어맞지 않았기 때문이라고 보는 편이 보다 설득력 있는 관점일 것이다. 그러나 아쉽게도, 인도인의 전통적 경험을 근대적인 기술개발로 이어나간 학파・그룹은 등장하지 않았다.

인도과학과 기술의 자력갱생을 향하여

BEIC를 매개로 영국과 인도 두 문화 간의 접촉지대에서는 서구 과학기술의 수용과 비판, 그리고 확산을 둘러싼 영국과 인도와의 협상과 조정의 복잡한 과정이 전개되었다. BEIC가 조성한 접촉지대에서 과학기술의 자력갱생을 향한 인도인의 노력은 보다 더 복잡미묘하게 전개되었다.

앞서 언급한 증기선, 철도, 전신처럼 인도에서 환영 받았던 신기술들과 관련해서, 아쉽게도 인도인들에게 기술이전(technology transfer)의 기회는 빈번하게 주어지지는 않았다. 인도에 도입된 거의 모든 기계류는 기술자를 포함한 패키지 상태로 도입되어, 기계의 제조에 인도인이 개입할 여지가 없었다. 영국과 BEIC의 목적은 인도의 자생적인 기술력 습득이나 개발을 장려하는 것이 아니라, 도입된 기술을 도구삼아 식민지의 생산력을 증가시키는 데 있었기 때문이었다. 그러나 인도인들은 이러한 장벽에도 불구하고 신기술을 신속하게 습득해 갔다. 예를 들어, 증기선의 등장 후 얼마 지나지 않아 인도 현지의 조선업자들이 자체적으로 증기선 건조를 시도하기도 했다. 캘커타 인근의 한 조선소(Messrs Kyd & Co of the Kidderpore dockyard)는 1822년에서 1823년까지 최초의 항해용 증기선 스네이크(the Snake)호를 건조하여 후글리강에 진수시켰다. 스네이크호 엔진을 설계·제작한 것 역시 인도 조선업자였다. 스네이크호는 견인선과 바지선으로 이용되었으며, 병력과 필수품 등을 적재할 수 있었다. 스네이크호는 영국 식민지 정부군이 수행한 군사탐험에도 수차례 사용되기도 했다. 다이애나(Diana)호는 1823년 영국에서 공수된 증기기관 엔진을 이용하여 캘커타의 한 조선소(Myds of Kidderpore)에 의해 상선으로 건조된 증기외륜선[42]으로, 1824년 벵갈 식민지 정부가 구매하였다. 이외에도, 봄베이 조선소에서 파시교(Parsee, 인도로 도피한 페르시아의 조로아스터교도) 조선업자들은 80마력의 엔진으로 움직이는 400여 톤급 화물 증기선 휴 린제이(the Hugh Lindsay)를 1829년에 진수했다. 이후 더 많은 증기선들이 봄베이 조선소로부

42) 외륜선(paddle wheeler)은 선체 외부에 노의 역할을 하는 커다란 바퀴(외륜)를 달아서, 그 바퀴가 돌면서 물을 밀어내는 힘을 추진력으로 삼는 선박이다. 증기선에 외륜을 단 것이 증기외륜선(paddle steamer)이다.

터 나왔다. 선박 신기술과 정보에 대한 조선업자들의 열정은 상당했는데, 예를 들어 1838년 파시교 조선업자 잠셋지 보만지 와디아(Jamsetji Bomanji Wadia)는 아들 자한기르 와디아(Jehangir Wadia)와 조카 히르집호이 메르완지(Hirjibhoy Merwanji)를 조선술을 배우게 할 목적으로 영국으로 보내기도 했다.

전신과 철도의 경우 BEIC는 인도인들의 자체 제작을 허용하지 않아서, 인도인은 전신과 철도 운용에 필요한 기술적 정보를 얻는 데 어려움을 겪었다. 그러나 그렇다고 해서 전신과 철도 운용에 필요한 인력 전원을 유럽으로부터 채용하는 것은 BEIC에 상당한 재정적 비용을 초래했다. 이에 1856년에 BEIC 이사회는 기존의 유럽 고급인력들을 대체할 인도 현지 인력들을 양성할 필요성을 제기했다. 이 계획에 고취된 오쇼네시는 벵갈·아그라·봄베이·마드라스(Madras, 인도 동남부)에서 인도인을 대상으로 전신신호 판독 기법을 교육하는 강좌를 열었다. 그러나 오쇼네시도 인정했듯이, 교육 강좌만으로는 가르칠 수 없는 기술들이 많았다. 이러한 상황에서 기술적 숙련을 획득하는 최상의 방식은 유럽 전문가들과 함께 작업함으로써 기술적 노하우를 습득하는 것이었다. 인도인의 탐구 열정은 유럽인의 감탄을 자아낼 만큼 대단했다. 전신 분야에서 난디(Sibchunder Nandy)는 그의 멘토인 오쇼네시와 동반하면서 그의 기술적 능력을 보여주기도 했다. 오쇼네시가 1857년 세포이 항쟁[43] 발발로 영국에 체류했을 때, 난디는 캘커타-봄베이 전신을 안정화하는 데 중요한 역할을 해냈다. 훗날 난디는 1866년 인도 전신의

43) BEIC는 인도에 진출해 있던 프랑스와 전쟁에서 승리하고(1763년) 인도에 지배권을 행사하게 되었다. 이후 BEIC는 인도인을 용병으로 고용하여 자체적인 군대를 편성하여 인도에 대한 지배력을 유지하였다. 하지만 1857년 인도인 용병 세포이들이 영국에 저항하는 항쟁을 일으켰다.

부감독관의 지위로까지 승진되었으며 1884년까지 활동했다.

철도의 경우, 철도운영을 위해 필요한 인력은 크게 나누면 숙련공학자 · 숙련기계공 · 일반작업자의 3종류였다. 숙련공학자들은 유럽인들로 채워졌고 인도인들은 그보다 하급직에서만 종사할 수 있었다. BEIC는 1855년 인도 마드라스에 철도 교육 센터를 설립하였으며 이어서 벵갈에도 또 다른 교육 센터를 추가하여, 지역의 공학자를 철도서비스로 편입시키고자 시도했다. 결과는 꽤 고무적이었다. BEIC 이사회는 1856년 상당한 숫자의 인도인들을 철도회사에 채용했으며, 이들은 유럽에서 온 숙련된 운전원의 지도하에 작업하게 되었다. 물론 인도인들은 대개는 일반작업자와 숙련기계공으로서 고용되었으며, 기관사로 고용되는 일은 여전히 매우 드물었다.

이러한 신문물의 제조법 또는 응용기술의 습득 이외에 보다 학술적인 서구 과학지식의 습득과 관련하여, 인도 지배 세력과 지식인들의 체계적인 노력이 도처에서 있었다. 근대과학과 직접적 접촉을 시도했던 다양한 전문가 그룹들 중에는 인도 무굴 제국 하에서 도처에 위치했던 지방 토후국들의 지배계층들이 있었는데, 서구과학에 대한 이들의 열정은 상당했다. 가령, 아우드 왕국의 국왕 나시르-우드-딘 하이더(Nasir-ud-din Haider Shah of Oudh)는 고도로 발달한 유럽 천문학을 부러워하여, 유럽 천문학자의 지휘 아래 아우드 왕국의 중심지인 러크나우(Lucknow)에 천문대를 건설할 것을 1831년 영국 총독에게 의뢰했다. 나시르-우드-딘 하이더의 목적은 새로운 발견을 통한 천문학의 진보에 기여하고, 인도인에게 천문학의 대중적 확산을 꾀하는 두 가지였다. 이러한 두 마리 토끼를 잡기 위해서는 유럽 천문학의 전문지식을 인도 자국어로 번역해야 했으며 인도인을 위한 천문학의 다양한 영역의 교육을 제공하는 것이 필요했다. 이러한 그의 계획은 1841년 수학적 도구들이 영국으로부터 도입되고 영국 왕립 천문학자(Royal Astronomer)인 윌콕스(Richard Wilcox)가 인도 학생들에게 천문학 이론과 관측실행법을 전수하기 시작하면서 실현되었다. 또한 나시르-우드-딘 하이더 국왕은 유럽 의학의 도입에도 관심을 가졌다. 1834년 국왕은 병원과 의학교 개설을 후원했다. BEIC는 국왕의 계획을 자신들의 입맛에 맞게 수정하려 했으나 국왕은 난관을 감수하면서도 애초의 목적을 고수했다. 이외에도, 나시르-우드-딘 하이더 국왕은 유럽 공학자를 고용하여 공공사업(public works)을 시행하는 데 성공했다. 1839년 국왕은 그의 아버지 사다트 알리 칸(Saadat Ali Khan) 국왕에 의해 영국이 시행한 철교 건설을 위해 상당한 기금을 책정하기도 했다.

한편, 인도 서남부 트라방코르 왕국(Kingdom of Travancore)의 국왕은 1837년 인도 남부 트리반드룸(Trivandrum)에서의 천문대 설립에 주된 역할을 했다. 트라방코르 왕국 역시 천문학의 진보를 꾀하였으며 주민들에게 천문학의 원리와 의미를 전파하고자 했다. 트라방코르 왕국은 영국 천문학자 콜드컷(John Caldecatt)을 국왕 개인의 천문학자로 임명하기도 했다. 인도 남부의 하이데라바드 왕국의 군주(Nizam of Hyderabad)[44]는 서구과학에 관심을 가졌던 또 다른 지배자로, 의학학교 개교에 주력했다.

토후국·소왕국의 왕족들 이외에도 인도 사회의 다양한 유력자들이 곳곳에서 서구과학의 수용과 정착을 위한 재정적 후원에 앞장

44) 니잠은 군주에 대한 칭호의 하나이다. 인도에 있던 여러 번왕국 중의 하나인 하이데라바드 왕국은 니잠을 군주 칭호로 채택했다.

섰다. 이러한 후원에는 토지소유자 · 대상인 · 지식인을 포함한 다양한 계층들이 참여했다. 1817년 캘커타의 부호들은 기금을 모아서 서구학문을 진흥하고자 대학 창립을 추진했다. 특히 캘커타의 산업가인 드와카나스 타고르(Dwarkanath Tagore)는 서구과학의 전파를 위한 기금의 조성에 적극적이었으며, 1836년에는 캘커타 의과대학(Calcutta Medical College)의 학생을 지원하기 위한 기금을 내놓았다. 그는 캘커타 의과대학의 우수한 두 학생을 영국으로 유학시키는 데 필요한 비용 전액을 부담했다. 또한 인도 곳곳에서 유력인사들의 기부에 힘입어 병원과 교육기관 설립이 가시화되었다. 이러한 기부에 힘입어 전염병 예방을 목적으로 한 격리병원(Fever Hospital)이 최초로 건설되었으며, BEIC와의 공조 하에 인도 주민의 공교육 진흥을 위한 장치가 마련되기도 했다. 예를 들어, 대상인이자 박애주의자인 파시교 인도인 잠셋지 지집호이(Jamsetjee Jeejeebhoy)의 기부는 서구과학의 진흥에 중요한 역할을 했다. 1838년 지집호이의 기부는 그란트 메디칼 칼리지(Grant Medical College) 설립으로 이어졌으며, 1856년 문예 · 제조업 향상을 목적으로 봄베이 문예 · 산업학교(Bombay School of Art and Industry)의 개교로 결실을 맺기도 했다.

서구 과학지식의 습득뿐 아니라 과학자들의 연구활동을 위한 과학기관들, 예를 들어 식물원 · 박물관 · 과학협회들이 도처에서 설립되었다. 인도 남부 시브푸르(Sibpur) 도시의 식물원은 캘커타 지역 엘리트들의 상당한 관심을 일으켰으며, 이들 엘리트들은 캘커타 힌두교 협회(Calcutta Hindu Society)의 벵갈 개혁가이자 문화민족주의자인 라드하칸타 데브(Radhakant Dev)와 함께 월리치(Nathaniel

W. Wallich) 박사의 강의를 듣고자 식물원을 자주 방문하곤 했다. 월리치는 네덜란드에서 교육받은 의사 겸 식물학자로서 인도 켈커타 식물원의 설립에 중요한 역할을 했다. 월리치는 인도 식물군의 표본을 대규모로 수집하여 유럽의 식물표본실로 배포하기도 했다. 캘커타 식물원은 인도인에게 과학적 관찰과 연구의 중요성을 일깨워 주었으며, 일부 인도인들은 식물의 세계를 공부하기 위하여 자신만의 작은 식물원을 소유하기도 했다. 인도에서 BEIC와 영국에서 건너온 과학자들이 세운 과학협회의 경우, 비록 대부분의 경우 인도인이 회원으로 등록되는 데는 한계가 있기도 했지만 인도인들 역시 과학활동에 참여할 수 있도록 독려되었으며, 나아가 인도의 독자적인 과학협회의 설립으로 이어지기도 했다.

서구과학에 대한 인도인의 반응에서 한 가지 중요한 사실은 카스트 신분제나 종교적 교리를 이유로 서구과학의 수용을 꺼리거나 반대한 사례는 찾아보기 어려웠다는 점이다. 널리 팽배해 있는 견해는, 무굴 제국 시절 힌두 인도인은 서구과학에 대해 보다 수용적이었던 반면 이슬람 인도인은 도그마에 사로잡혀 서구과학에 더 적대적이었다는 것이다. 예를 들어, 영국의 군인이자 BEIC 관료로 활동하며 인도 암살단 서기(Thuggee)[45]의 폭력 및 살인행위를 진압한 슬리먼(William H. Sleeman)은, 힌두 인도인은 영어 교육에 대해 관용과 열정을 보이는 반면, 이슬람 인도인은 침묵 내지는 심지어 적대적 태도를 보인다고 언급했다. 수많은 힌두 인도인들은 BEIC가 전파한 서구의 지식을 자신만의 전통과 융화하고자 했던 반면,

45) 서기는 전문 암살자들로 이루어진 인도의 유서 깊은 범죄 조직으로, 1830년대 인도 총독 벤팅크(William Bentinck)와 그 부관 슬리먼에 의해 소탕되었다. 이때의 소탕으로 인해 이 암살단은 일단 외견상으로나마 와해되었다.

이슬람 인도인들은 이슬람 경전 코란(Koran)의 세례를 받지 않은 지식의 수용은 꺼리는 기색이 역력했다는 것이다. 그러나 이러한 대체적인 평에 일리가 있었다 하더라도, 실제 세부사례들이 보여주는 양상은 그러한 평과는 또 차이가 있었다.

아우드(Oudh) 왕국의 국왕이나 하이데라바드 왕국의 군주와 같은 최상위 지배계층, 그리고 그 이외에도 이슬람 인도인 지식인들을 보면, 그들 중 상당수는 외부 세력의 침탈을 극복하고 자신들의 정체성을 보존하기 위해서라도 서구과학의 수용에 상당히 적극적으로 나섰음을 알 수 있다. 아우드 왕국의 탈리브(Mirza Abu Talib)는 사상가・여행가・역사학자로서 영국・유럽・아시아에 대한 여행기를 내놓았는데, 그는 이슬람 인도인이었지만 서구 과학기술의 성취의 위대함을 거침없이 표명했던 지식인이었다. 탈리브는 그의 의사 친구와 함께 영국을 방문한 적이 있었는데, 그는 과학기술의 성취가 가져다준 영국의 물질적 진보와 마주했다. 하이데라바드 왕국의 군주인 샘스-을 우마라(Shams-ul Umarah) 역시 서구의 합리적 과학과 기계문물의 중요성을 강조한 또 다른 이슬람 인도인이었다. 샘스-을 우마라는 영어와 불어에 매우 능숙했으며 기하학의 불어판 몇몇 저술을 인도 지역어의 일종인 우르두어(Urdu)[46]로 번역하기도 했던 지식인이었다. 서구 학문의 전파에 각별한 관심을 가졌으며, 그 결과 서구 문헌의 출판을 위한 번역국(Translation Bureau)을 설립하고 궁정 내에 인쇄기를 설치하기도 했다. 이외에도 샘스-을 우마라는 다수의 학교를 설립하였으며, 물리학・화학・수학과

46) 우르두어는 인도의 고대 언어인 산스크리트어가 인도에 진출한 이슬람 교도들의 아랍어와 페르시아어로부터 영향 받아 발달한, 인도-셈족-아리안계의 독특한 언어이다

같은 물리과학을 우르두어로 가르치게 했다.

또 다른 저명한 이슬람 인도인들 중에는 인도의 전통학문에 집착하는 것을 지양하고 새로운 서구 학문의 흡수를 제기했던, 인도 북동부 고라크푸르(Gorakhpur)의 압둘 라만 다흐리(Abdur Rahim Dahri)가 있었다. 방직업 가문 출신인 다흐리는 영어를 능통한 수준까지 습득하여 훗날 캘커타의 포트 윌리엄 대학(Fort William College)에서 영어 교수로 임명되기까지 한 인물이었다. 특히 기하학에 관심이 있었던 다흐리는 현대 역학의 법칙과 원리에 대한 소책자(『Jarr-i-Saquail』)를 통해, 이슬람 인도인도 새로운 학문을 수용해야 함을 피력하기도 했다. 다흐리 이외에도, 이슬람 인도인 지식인들은 서구과학과 기계문명 발달의 진가를 인정했으며 철도와 가교 건설을 비롯한 영국의 물질문명의 성취를 기회가 있을 때마다 강조했다. 당시의 이슬람 인도인 시인들 역시 과학기술 분야에서 영국의 성취를 인정했는데, 예를 들어, 무굴 제국의 최고의 시인인 미르자 갈리브(Mirza Ghalib)는 근대 과학에 깊은 인상을 받았다. 갈리브는 무굴 제국의 악바르 대제(Akbar the Great)의 일대기에 대한 시 『악바르나마』(Akbarnama)에서 증기기관과 석탄으로 대변되는 서구문명의 성취에 대하여 역설했다. 우르두어 시인 알타프 후사인 할리(Altaf Husain Hali)는 과학은 인간의 삶에서 빛을 발하는 귀중한 보석이며, 무궁무진한 미개척 분야라고 기술하기도 했다.

서구 과학기술의 성취를 인정하고 수용해 간 이슬람 인도인들의 이러한 사례들은 그들이 이슬람의 전통적 믿음만을 고집하여 서구 학문의 수용을 꺼려했다는 전통적인 견해에 균열을 가한다. 오히려 역으로, 혁신에 반대했던 힌두 인도인들의 존재도 발견된다. 예를 들어 이미 뉴턴·코페르니쿠스 천문학 체계를 가르치고 있던 베나레스(Benares, 현재의 인도성지 바라나시 Varanasi)의 학교에서 1820년대에 서구식 수학 강좌를 도입하고자 한 적이 있었다. 이 때 일부 힌두 인도인들은 수학이야말로 산스크리트 지식체계에 유해할 것이라고 우려했다. 종합하면, 인도에서 서구 과학기술의 도입에 대한 저항은 분명 존재했지만, 그러한 저항이 어느 특정한 종교적 배경 하에서 더욱 두드러졌다고 일반화하기는 쉽지 않다. 그러한 저항은 이슬람 인도인이든 힌두 인도인이든 그들 중 전통적 학문을 숭상한 부류의 지배계층으로부터 나왔을 뿐이었다.

상술한 바, BEIC를 중심으로 이루어진 영국 제국과 인도 두 문화 간의 접촉지대에서 인도인들은 서구의 새로운 과학이론과 기술의 채택을 꺼리거나 그에 저항했다기보다는, 도리어 상당히 우호적인 모습을 보여주었다. 물론 서구 근대과학과 기술에 동화되고자 했던 인도인의 동기와 노력에도 불구하고, 영국이 근대과학과 기술을 전파한 것은 인도의 지적·물질적 진보 자체를 목적으로 한 것이 아니라 당시 영국 제국의 패권을 강화하고자 하는 정치적 어젠다에서 비롯되었다. 단적으로, 영국이 인도에서 개설한 교육기관들의 목적은 공학자·과학자의 양성이 아니라 신호원·약제상·부감독관 등 하부 운용인력들을 양성하는 데 있었다. 당연히, 영국은 인도의 산업화·근대화로의 이행을 도우려 했던 것이 아니라 인도의 정치적·경제적 식민화를 가속화시키는 도구로서 과학기술의 잠재력에 주목했던 것이다. 그러나 그 목적이 어떠했든, 영국 과학자들의 과학활동은 인도인들에게 긍정적인 자극을 주었으며, 인도인들은 서구의 응용 과학기술의 습득 및 개량, 과학교육, 과학연구 인프라 확충에 능동적으로 나섰던 것 또한 사실이었다.

식민지 인도과학의 한계

1857년 영국이 세포이(Sepoy) 항쟁을 진압하면서 무굴 제국은 종말을 맞았고 인도는 공식적으로 영국 제국의 식민지로 편입되어 직접 지배를 받게 되었다. 이제 영국의 관점에서는 인도는 영국 제국의 가장 중요한 식민지라는 중요성에 걸맞는 과학의 기지로 변모해야 했다. 이에 영국 제국은 식민지 지배와 경제적 착취라는 그들의 탐욕을 충족시키기 위해 보다 체계적인 대(對)인도 과학정책을 펴야 했다. 영국 제국은 자연과학의 다양한 분야를 활용하여 제국의 경제적 이득을 고양하는 데 초점을 두고, 인도 왕립식물원(Royal Botanic Garden)의 설립, 인도 전역에 걸친 측량활동의 수행과 지질학 탐사 등 일련의 과학활동을 전개하였다. 예를 들어, 캘커타에서의 식물원 수립 계획은 사실 후글리강에 띄울 배의 건조에 필요한 버마 티크(Burma Teak) 목재의 수요를 확보하는 데 그 목적이 있었다. 이미 BEIC의 주도로 이루어졌던 인도 측량(Survey of India) 사업은 인도 아대륙(subcontinent) 전지역에 대한 상세한 지리적 지식을 통해 제국의 정치적·군사적 야망을 뒷받침하는 데 활용되었다.

19세기 말경에는 식민지 인도에서 과학의 제도화를 향한 시도들이 본격화되었다. 특히, 영국 식민지 정부의 지원에 힘입어 지질학과 측량학 각각의 부서가 세워지고, 식물학도 식민지 정부의 지원을 얻었다. 농업은 1890년대까지 진가를 인정받지 못한 채로 남아 있었지만 소수의 민간 농업·화훼 협회들이 상업적 목적에 힘입어 세워졌다. 식민지 정부 기구보다 더 활발한 활동을 벌인 것은 민간의 과학단체들이었는데, 벵갈 아시아협회(Asiatic Society of Bengal), 봄베이 왕립자연사협회(Bombay Branch of the Royal Asiatic Society) 그리고 의학협회·물리학협회 등이 활동했다. 이러한 과학 관련 단체들의 확산은 식민지 엘리트들 사이에 과학에 대한 관심이 고조된 것과 관련이 있었으며, 또한 식민지 내의 변화하는 경제적 요구와도 맞물려 인도의 과학문제를 조정할 종합적 기관 설립이 요구되었다. 영국 제국의 요청에 따라 런던의 왕립학회는 인도 자문위원회(Indian Advisory Committee)를 설치하였으며 1902년에는 식민지 인도 정부는 과학자문위원회(Board of Scientific Advice)를 세우기도 했다.

이러한 과학 관련 기관들은 명목상으로는 인도과학의 자력갱생과 성장에 기여하는 것을 표방했지만, 실제로는 식민지 정부가 인도에서의 경제적 지배력과 이익을 유지하는 데 과학을 동원하고자 부설한 장치였다. 식민지 정부는 과학연구를 즉각적·실용적 목적에 활용하기를 열망했다. 당시 인도에서는 실용성·실리주의를 표방한 응용과학 기반 산업들(석탄·면화·차·황마(삼베))이 부상하고 있었는데, 과학 역시 경제적 상업주의에 입각하여 이러한 산업들을 지원하는 것을 최우선 과업으로 부여 받았다. 예를 들어 지질학의 경우, 순수연구 주제들(예 : 지질학 구조와 지형의 물리적 특성 연구, 열대지역에서의 홍토 발생에 관한 연구, 멸종된 연체동물의 화석인 암모나이트 연구, 광물통계학, 지진·온천 연구 등)은 거의 무시된 반면, 탄전(coal fields, 석탄이 묻혀 있는 땅), 금광, 석유

개발 등 경제적·산업적 요구에 따른 응용지질학 관련 주제들이 부상되었다. 일례를 들자면, 유럽으로부터 점증했던 망간 수요를 충족시키기 위한 지질학적 연구를 들 수 있다. 1865년 망간철(ferro-manganese, 철과 망간의 합금) 제조업이 잉글랜드에서 시작되었는데, 때마침 유럽으로부터 엄청난 양의 망간 광석 수요가 발생하였다. 유럽 대륙 자체 생산량으로는 공급이 부족해지자, 인도 광물자원에 대한 대대적인 채굴이 이루어졌다. 요컨대, 영국 제국의 식민지 인도 과학정책 하에서는 과학은 산업과의 긴밀한 연계를 통해 전개되었던 것이다.

영국 제국의 과학정책에 대한 인도인의 반응은 다채로웠다. 1860년대경 식민지 인도에서는 의과대학·공과대학이 정착되고 의학·물리학·그 밖의 다수의 과학협회들이 설립되는 등 과학자 공동체에 많은 변화들이 본격화되었다. 이러한 변화들 중 하나로 인도의 과학 엘리트들의 정체성 찾기를 들 수 있다. 잉글랜드에서 고등교육을 받았던 인도인들은 귀국 후 여전히 인도에서 차별을 감내해야 했는데, 대표적인 예는 인도인이라는 이유로 여전히 식민지 정부의 과학사업에 대한 참여가 배제되었던 점이다. 이에 인도의 영국 유학파 과학 엘리트들은 1876년 인도 과학진흥협회(Indian Association for the Cultivation of Science)의 설립을 주도하여 인도과학 엘리트들로서의 자신들의 독특한 정체성을 찾고자 했다. 이러한 정체성 찾기는 자연히 영국 제국의 과학정책 운영이 야기한 문제점과 딜레마를 극복하기 위한 시도로 이어졌으며, 식민지 인도는 기회가 있을 때마다 반응을 드러냈다. 영국 제국으로부터의 과학교육의 도입에 대해서는 수용의 태세를 보였던 반면, 지역 장인들과 농민들을 대상으로 한 특정 기술의 도입에는 격렬하게 반대하기도 했다. 또 다른 반응에는 제국의 공식적인 지원을 받은 과학협회나 과학기관에는 식민지 인도 엘리트의 참여가 적극적이었으며, 동시에 식민지 자체의 교육기관과 관련 과학단체를 설립하여 그들만의 독특한 정체성을 확고히 하고자 했다. 인도 과학자들의 개인적 역량도 지리학·화학·천문학 분야 등 곳곳에서 돋보였다. 일부 식민지 과학자들은 과학적 방법론과 증명 가능한 증거에의 믿음을 수반한 서구과학에 대한 확신을 가지고 있었다면, 다른 일부는 서구과학에 존재하는 합리성이 고대 인도의 학문적 전통에도 존재한다는 복고주의를 주장했다. 서구 과학문명을 둘러싸고 벌어진 근대적 혁신주의자와 인도 전통주의자 간의 논쟁은 서구과학에 대한 인도 측의 비판적 수용의 한 단면이라고도 할 수 있는 것이다.

나가면서

BEIC로부터 시작된 접촉지대에서 인도인은 유럽으로부터 도입된 기술에 대해 상당한 관심을 보였다. 그러나 인도인들은 새로운 기술장치를 소유하는 데 급급했을 뿐, 신기술을 직접 내놓지 못했다. 기술 분야에서 획기적 기술혁신이 더뎠던 사실을 인도 장인들의 정신적 무능력과 연계시키는 것은 타당하지 않다 할 것이다. 그보다는 인도 장인들은 도구를 개량할 수 있는 발명의 능력을 가지고 있었음에도 불구하고, 기술변화를 이끌어내는 두 가지 필수조건인 수요(demand)와 장려책(incentives) 측면에서 사회적 분위기가 미흡했다는 점에 주목해야 할 것이다.

이론적 과학지식의 경우, 인도 무굴 제국의 지배계층인 나와브(Nawabs)에 속한 이슬람 인도인 지식인들이 영국 근대과학에 대한 교류와 적극적 수용에 나서는 등의 노력이 있었지만 그것이 과학의 획기적 발전으로 연계되지 못했다. 나와브란 지방의 통치자를 지칭했는데, 인도 무굴 제국의 황제가 각 지방을 다스리는 토후에게 수여한 직책이었다. 수학·천문학·의학은 고대 이래로 인도인이 두각을 나타내어 온 분야들이었지만, 이 분야에서도 인도과학이 근대적인 지식의 형성에 기여한 바는 거의 없었다. 18세기와 19세기에 걸쳐 서구 근대과학의 특성을 대변했던 박물학 분야는 인도에서 큰 관심을 끌지 못했다. 영국 제국의 입장에서 박물학은 자연자원의 경제적 활용으로 이어졌지만, 정작 인도인은 자연자원의 적절한 활용에 대해 거의 무관심으로 일관했다. 여전히 식민지 인도에서의 과학은 아마추어의 수준에서 이루어졌으며 의도적으로 동물학 연구는 무시되기도 했다. 그럼에도 불구하고, 본장의 많은 사례들이 보여주듯이, 18세기 BEIC에서부터 시작된 영국 서구과학과 기술의 세례를 받은 식민지 인도과학은 그 어느 의미에서든 반드시 식민지의 프레임에서 신음하는 과학의 모습은 아니었다.

서구과학의 비서구권 세계로의 전파에 대한 여러 모델에 적용해 볼 때 식민지 인도과학은 상당한 복잡한 양상을 보인다. 일찍이 바살라는 서구과학의 비서구권 세계로의 확산에 대한 3단계 모델을 제시한바 있다. 1단계에서 식민지 사회는 유럽과학을 위한 연구 원천을 제공하며, 2단계에서는 제국의 과학문화가 식민지로 이식되어 식민지 과학의 특성이 부각되며, 3단계는 식민지 사회의 독자적인 과학전통·문화를 성취하는 투쟁으로 서구과학의 이식이 완성된다는 것이다. 인도에서의 서구과학의 경험을 비추어볼 때, 식민지 과학의 발달은 바살라의 모델과 잘 부합하지 않는다고 할 것이다. 인도는 서구과학의 이론적 발달을 위한 연구의 원천으로서 출발한 것이 아니었다. 애초에 인도에서 영국의 과학활동의 전개와 기술의 도입은 식민지 자원에 대한 효율적인 운영과 관리를 위해서였다. 식민지 인도에서 과학은 물론 식민지 인도과학의 지적·제도적 토양을 공고화하기 위한 것은 아니었지만, 그렇다고 영국 제국의 과학자를 위한 것도 아니었다. 이외에도, 인도에서 서구 과학문화는 영국 제국의 권력에 의해 굴종의 상태로 억압되거나 유지되는 일종의 '제국주의 과학'의 모습을 노출하지도 않았다. 동시에 인도에서 식민지 과학은 영국 제국에의 직접적인 의존과 종속에 기반한 아류급 과학·하급과학의 특성을 드러낸 것도 아니었다. 차라리, 인도에서의 과학과 기술은 BEIC에서부터 영국 빅토리아 시대 제국에 이르기까지 영국에서 건너온 식민주의자·과학자, 그리고 영국과의 접촉지대에서의 경험을 공유한 인도과학자들의 개개인의 열정의 결과였다고 볼 수 있을 것이다.

06 아프리카 식민지 지배 첨병으로서의 제국주의 과학

들어가면서

16세기부터 시작된 유럽의 제국주의 활동은 19세기 말~20세기 초에 전환기를 맞이했다. 과거 아메리카 대륙과 아시아의 구식민지(Old Colonies)에서의 식민지 정책은 그동안의 기조의 연장선상에서 유지 관리에 치중하게 되었다. 반면 아프리카 대륙은 19세기 말부터 식민지 쟁탈전의 새 타겟, 즉 신식민지(New Colonies)로 급부상하게 되었다. 아프리카 대륙에서 영국·프랑스·독일·벨기에·포르투갈·스페인·이탈리아 등의 유럽 열강들은 식민지 토착주민의 저항 제압, 노동력 확보 및 활용, 식민지 주민과 토지의 새로운 생산양식 체제로의 편입, 법적 틀과 통치 인프라의 개발 등 다양한 새로운 문제들에 직면했다. 이에 유럽 열강들은 과학을 무기로 아프리카 식민지를 효율적으로 정복·지배하기 위한 방안을 모색했다. 이러한 사실은 맥러드에 따르면 19세기 말~20세기 초의 신제국주의 시대는 '제국주의 과학'(imperial science/scientific imperialism)

의 시대이기도 하다는 점을 보여준다.

프롤로그 장에서 살펴본 것처럼, 맥러드는 '제국주의 과학'은 제국의 중심부로부터 형성된 과학의 전문성과 전문가의 네트워크에 기반하여 제국이 달성하고자 하는 정치적 이데올로기와 목적에 따라 다른 양상을 보인다고 맥러드는 분석했다. 본장에서는 영국령 식민지 아프리카에서 추진되었던 열대농업 개발 계획이 아프리카에서의 식민지 패권을 확립하기 위해 제국의 정치적·경제적 권위를 강화하는 '제국주의 과학'의 단면을 보여주고 있음을 살펴볼 것이다. 그러나 아프리카 농업의 과학화는(맥러드의 분석에서 보여준 것과는 달리) 유럽 제국의 전문성·전문지식의 권위가 식민지에서 일방적으로 전수되고 직접적 영향력을 발휘하는 방식으로 이루어진 것은 아니었다. 도리어 근대 서구과학이 제국의 패권을 강화할 수 있었던 것은 아프리카 토착농업과 토착 지식체계와의 상호작용을 통해서였음이 본장에서 보여질 것이다.

1929년 영국-남아프리카 과학진흥협회(British and South African Association for the Advancement of Science)는 영국의 아프리카 식민지 개발을 지원할 목적으로 대규모 회합을 개최했다. 영국에서 500여 명, 그리고 식민지 남아프리카에서 관련자 수백 명이 참여한 이 회합의 결과로, 1929년부터 1939년까지 10여년에 걸쳐 아프리카 연구 조사(African Research Survey, 이하 ARS) 프로젝트가 실행되었다. ARS에 참여한 과학자들과 식민지 관료들은 아프리카라는 생소한 환경에서 식민주의자들이 직면했던 문제들을 해결하는 데 있어, 다양한 분야의 과학들로부터 총체적 지식을 동원하는 다학제 간 접근법의 중요성, 그리고 식민지 현지 지식(local knowledge)

의 중요성을 강조했다. 요컨대, ARS를 위시한 아프리카 열대농업의 개발 프로젝트들은 살아있는 필드실험실이었던 아프리카를, 과학자의 지적 충족의 장을 넘어 과학적 개발을 통해 영국 제국의 패권을 실현하는 공간으로 변화시켰던 '제국주의 과학'의 단면을 보여주었다.

다른 한편으로, '제국주의 과학'은 20세기 초 세계 곳곳의 식민지에서 소위 '문명화 사명'(civilizing mission)을 구현하는 기능을 수행했다. 즉, 제국의 중심부로부터 주변부 식민지에 전파된 기술·농업·의학·지질학·인류학 등의 과학담론들은 식민지 주민들에게 과학의 실용적·교육적 혜택을 제공하는 동시에, 식민지에서 제국의 정치적·경제적 패권을 유지하는 문화적 무기로서 기능했다. 따라서 식민지에 제국 중심부의 과학문화를 전파한 제국의 과학자들은 식민지에서 제국의 설계를 구현하는 데 문화적으로 기여한 요원들로, 이들의 과학은 '문화적' 제국주의 과학이라고 할 수 있다. 프랑스령 식민지 알제리의 사례는 바로 문화적 제국주의 과학의 사례에 해당한다. 본장은 영국령 식민지 아프리카에서 추진되었던 개발 프로젝트들과 프랑스령 식민지 알제리에서 전개되었던 과학활동에 대한 분석을 통해 식민지 아프리카에서 전개된 '제국주의 과학'의 면면들을 고찰하고자 한다.

아프리카 연구 조사(African Research Survey)

19세기 말 아프리카 식민지 분할이 전개됨에 따라, 유럽 열강들은 아프리카 식민지를 효율적으로 정복·지배하기 위한 방안을 모색했다. 이는 아프리카의 지리적·환경적 특성에 대한 정확한 지식·정보를 필요로 하였으며, 유럽 열강들은 이러한 지식을 확보하기 위해서 근대과학이라는 무기의 활용이 필수적이라고 보았다. 이미 그들은 아시아 등지에서 과학기술(예 : 증기선·철도·기관총·전신, 그리고 말라리아 치료약 키니네 등)을 제국의 팽창과 식민지 건설에 십분 활용했던 역사적 경험이 있었다. 이러한 경험을 바탕으로, 유럽 열강들은 아프리카의 식민지 개발 계획을 과학과의 긴밀한 연계 하에 시도하였다. 마침 19세기에서 20세기로의 전환기는 유럽과학이 폭발적으로 성장하고 있던 시기였다. 당시 유럽 과학계에서는 과학의 전문화가 이루어지면서 새로운 과학 아이디어와 연구방법론들이 넘쳐났다. 유럽 열강들은 식민지 아프리카 도처에 과학연구소·기술부·과학협회 등을 설치하여, 과학을 식민지 지배를 위한 운영·관리의 무기로 활용할 방법을 모색하였다. 요컨대, 아프리카의 농업, 공중보건, 자연자원 이용, 질병관리, 노동력 확보, 자원 보존, 무역과 투자 등 다방면에서 유럽 열강들의 적극적인 개입이 가시화되었다.

유럽의 과학자들 역시 이러한 개입에 동참할 동기가 있었다. 아프리카는 유럽 제국들의 관료들에게는 개척과 통치의 대상인 동시에, 과학자들에게는 연구를 위한 거대한 필드·현장이었다. 식민지 아프리카에서의 과학연구는 단순히 실험실 연구 수행과 이론의 모색에 그치지 않고 필드·현장에서의 현상 탐구에 바탕을 둔 필드과학이었다. 실험실 연구가 인위적으로 통제된 상황에서 실험·관찰을 수행하고 데이터를 분석하여 엄밀성·객관성을 가진 지식을 생산하는 과정이라면, 필드과학은 실험실에서는 통제·조성할 수 없는 자연·인문적 환경 하에서 현상을 실재하는 그대로 탐구할 수 있는 특성이 있었다. 필드과학은 인위적 공간에서의 분석보다도 실체에 가까운 현상의 관찰·분석에 초점을 맞출 뿐 아니라, 부분과 전체를 구분해서 바라보는 관점을 탈피하여 현상들 간의 상호관계와 전체를 바라볼 수 있는 관점을 필요로 했다. 유럽에서는 볼 수 없었던 자연물과 환경들이 가득하고, 서구문명에 의한 개발이 아직 이루어지지 않은 미개척의 아프리카는 과학자들에게 살아있는 필드 실험실이었으며, 이러한 필드에서의 과학연구 활동은 기존의 이론적 가설에 도전을 던지며 대안적 지식에 도달할 수 있는 잠재력을 제공하는 것이었다.

영국의 경우, 식민지 지배와 과학적 전문성 간의 연계의 중요성을 간파한 인물들 중 체임벌린(Joseph Chamberlain)이 있었다. 잉글랜드 중부 공업 도시 버밍엄(Birmingham) 의원을 거쳐 영국 식민청(Colonial Office) 장관에 오른 체임벌린은 '건설적 제국주의'(Constructive Imperialism)라는 비전을 내놓았다. 이는 영국의 식민지들을 아직 개발을 기다리는 거대한 사유지에 비유하고 영국 제국을 사유지 개발에 전력을 다하는 대지주로 등치시키는 관점으로, 영국 제국은 패권을 달성하기 위해서는 식민지 개발이라는 책무를 적극적으로 수행해야 한다는 요지였다. 1895년에서 1903년까지 식민청 장관을 역임했던 체임벌린은 식민지 개발에 있어 과학이 지닌 역할의 중요성과 필연성을 강조하였다. 체임벌린의 건설적 제국주의 담론은 제국주의자들은 물론 과학자들에게도 영향을 끼쳤는데, 이후에 식민지 아프리카에 대한 지식 수집 프로젝트로 ARS가 수행되었던 것도 바로 이러한 연장선상에서였다.

1929년에서 1939년에 걸쳐 수행된 ARS의 기조는 영국 제국이 식민지라는 저개발 구역(underdeveloped estate)을 개발해야 한다는 체임벌린의 건설적 제국주의와 맞닿아 있었다. 체임벌린의 담론을 대중화한 것이 아프리카 사무국(Africa Affairs)의 루가드(Frederick Lugard)로, 그는 영국 제국은 아프리카의 토착주민과 자원의 신탁통치를 할 수 있는 위치에 있다는 이중적 위임통치론(Dual Mandate)을 설파했다. 1937년에 루가드가 발표한 『열대 아프리카의 이중적 위임통치론』(The Dual Mandate in Tropical Africa)은 아프리카에 식민지를 두고 있는 다른 유럽 열강들도 관심을 보였다. 체임벌린에서부터 루가드에 이르기까지 아프리카 식민지 지배·개발에 전력한 영국 제국의 입장에서도, ARS 프로젝트의 수행은 시의적절한 조처였다.

ARS에는 아프리카 사무국(Africa Affairs), 제국 사무국(Imperial Affairs), 그리고 국제정치와 과학계를 대변하는 다양한 영역의 전문가들이 관료로서는 물론 과학고문 등의 직함으로 참여했다. 특히 과학고문들은 기상학·지질학·토양학·식물학·임학·동물학·의학·수의학·영양학·심리학·인류학 등의 분야에서 직간접적인 연구경험을 보유한 300여 명의 과학자들로 구성되어 있었다. 즉, ARS 프로젝트는 아프리카라는 필드에 관한 광범위한 지식 수집을 목적으로 했을 뿐 아니라, 다양한 분야들이 어우러진 연구를 꾀했다는 점에서 하나의 거대한 학제 간 필드과학 프로젝트라고 할 수 있었다. 이는 ARS 프로젝트를 이끌었던 인물들 중 하나인 로티언 경(Lord Philip Kerr Lothian)이 ARS 프로젝트에 관하여 1931년에 밝힌 다음의 기대감에서도 드러난다.

본인은 ARS 프로젝트만큼 위대한 인간의 문제에 대한 연구를 정치과학·자연과학·경제학·인류학 등의 지식의 주요 분야에서의 전문가를 중심으로 광범위한 중요성을 가지고 접근한 구체적인 계획을 본 적이 없다고 생각합니다. 지금까지 연구는 대체로 개별적으로 구분지어 이루어져왔기 때문에 늘 종합적 연구로 결론을 내릴 여지가 남아 있었습니다... ARS 프로젝트의 본질은 제가 생각하기에 이전에 시도되었던 것보다도 새롭고 광범위한 연구 형태로 실험을 시도하는 것입니다.[47)]

로티언 경 이외에도 ARS 프로젝트의 핵심 인물로는 영국 제국의 정책 전문가인 하일리 경(Lord William Malcolm Hailey)이 있었다. 하일리 경은 인도 북부 아그라(Agra)-아우드(Oudh) 연합 관구(United Provinces)의 총독을 지내는 등 인도에서 이미 20년 이상 식민지 관료로 근무한 베테랑으로, ARS를 유연한 리더십으로 이끌었다고 평가받았다. 하일리 경은 아프리카 필드연구에서 가장 중요한 작업은 개별적 과학연구의 종합적 조정이라고 보았다. 필드활동에서는 다양한 개별 과학분야의 연구는 기존의 연구성과를 포괄해야 할 뿐 아니라, 이들 개별 과학분야들 간의 상호관계에 대한 분석이 필요함을 강조했던 것이었다. 또한 지리별·연구주제별로 연구의 공백을 발굴하여 그 공백을 채우는 등 체계적인 연구 수행이 이루어져야 한다고 하일리 경은 강조했다.

필드활동의 중요성에 대한 하일리 경의 지론을 이어받은 사람이 바로 하일리 경이 ARS에 초빙한 워딩턴(Edgar B. Worthington)이었다. 캠브리지 대학에서 동물학을 수학한 워딩턴은 케냐·우간다·탕가니카 식민지 정부의 지원을 받아 아프리카 최대의 빅토리아

47) Helen Tilley. *Africa as a Living Laboratory : Empire, Development, and the Problem of Scientific Knowledge, 1870-1950* (Chicago : Univ. of Chicago Press, 2011), 72에서 재인용.

(Victoria) 호수(우간다·탄자니아·케냐 3개국에 걸친 호수)의 기초 조사를 수행한 경험이 있었다. 워딩턴은 동료 필드과학자들과 함께 2년간 먹이연쇄, 어종(魚種)의 상호작용, 유기적·비유기적 요소들 간의 관계 등을 연구했다. 워딩턴의 주된 연구문제는 어종의 수확량 증가와 보존의 방식이었는데, 이를 위해서는 광범위한 생물학적 맥락에서 각 어종의 지위를 이해하는 것이 관건이었다. 필드과학자에게는 지역 정보원과 지역의 구체적 환경에 정통한 지식을 알려줄 일종의 번역가의 존재가 중요했는데, 이는 지역의 정보원들과의 협업관계를 통해 필드연구자는 문헌이나 실험활동에서는 찾을 수 없었던 새로운 정보를 얻을 수 있었기 때문이었다. 워딩턴 역시 빅토리아 호수 주변의 어종의 이름과 낚시법 등을 포함한 지역 어부들의 지식, 지역민들이 보유한 암묵적 지식으로서의 '토착과학'(vernacular science)의 필요성을 인식했다.

ARS는 애초에 의도했던 것보다도 훨씬 광범위한 공동협력 연구 프로젝트로 성장했다. ARS 프로젝트에 참여한 다양한 분야의 전문가들의 수는 수백 명에 달했을 뿐 아니라, 이들을 이끌었던 리더십은 하일리 경의 예에서 보듯 다양한 개별 과학분야들의 종합적 조망에 대해서도 확실한 비전을 가지고 있었다. 여기에다 식민청과 대학 등 각종 유관기관과의 연계는 ARS 프로젝트의 역량을 제고시켰다. 하일리 경은 8개월에 걸친 사하라 사막 이남 아프리카 지역을 탕가니카(Tanganyika, 오늘날 탄자니아(Tanzania)) 식민지 관료인 말콤(Donald Malcolm), 그리고 ARS 프로젝트의 과학보좌관인 워딩턴과 함께 수행하여 『아프리카 조사』(African Survey)라는 보고서를 출간하였다. 하일리 경의 『아프리카 조사』는 필드 곳곳에서 다양한 전문가와 고문들이 보냈던 자료를 취합하여 엮은 2천 페이지에 달하는 보고서였으며, 필드활동의 중요성을 잘 보여주었다. ARS는 하일리 경의 『아프리카 조사』 이외에도 워딩턴의 『아프리카 과학』(Science in Africa) 등을 비롯한 3천여 페이지에 달하는 성과물을 내 놓았으며, 그 성과물은 영국 제국의 해당 식민지 정부들의 행정 및 기술 관료들은 물론 벨기에·프랑스의 아프리카 식민지 정부들에도 배포되어, 영국뿐 아니라 유럽 제국의 아프리카 식민정책의 수립과 정책에도 기초자료로 활용되었다.

ARS 프로젝트는 식민정책을 위한 기초조사로서뿐 아니라 과학연구의 측면에서도 중요한 시사점을 던졌다. ARS는 아프리카 식민지의 환경에 대한 생태학적 사고와 생태학적 원칙의 응용을 시도한 사례로, 식민지에서 과학과 사회를 연계한 생태학적 전망은 자연자원의 개발과 인간사에 대한 이해를 돕는 것임을 보여주었다. 양차대전 사이의 기간에 등장한 생태학은 본연의 과학지식의 진보에도 기여하였을 뿐 아니라, 복잡한 자연현상에 대한 지식을 조직화하는 방식에도 도움을 제공함으로써 단순히 하나의 개념이나 분야를 넘는 환경관리를 위한 도구의 속성을 띄기도 했다. 이런 의미에서, 영국령 아프리카는 식민지의 효율적 지배를 위해 아프리카에 대한 총체적 지식의 수집을 목적으로 필드과학이 행해진 생태학적 필드였으며, ARS는 바로 이러한 필드연구의 결정체였다.

식민지 아프리카의 열대농업과 과학적 필드연구

모든 사회는 농업과 불가분의 관계 하에 있으며, 농업의 영향력은 식량·식품 생산의 범주를 넘어 문화인류학의 영역에까지 걸쳐 있다. 일찍이 영국 제국은 아프리카에서 제국의 비전을 구현하는 데 있어 농업이 지닌 중요성에 주목했다. 아프리카에서 농업은 토착주민의 삶과 직결되는 전통산업인 동시에, 영국 제국을 위한 부의 창출을 위한 원천이라고 보았던 것이다. 1907년 처칠(Winston Churchill) 수상은 동아프리카 순방에서 아프리카야말로 유럽을 위한 미래의 곡창지대라고 언급했으며, 아프리카 농업이야말로 유럽 제국의 경제 발전에서 중요한 역할을 할 수 있다고 강조했다.

유럽 열강의 식민지 관료들은 식민지에서 토지 전유·강제노동·특정작물 재배와 같은 정책을 실행함으로써 농업에서 부를 이끌어내고자 했다. 아프리카의 자연은 제국의 착취 대상으로 전락하였으며, 과학자들은 아프리카의 자연을 농업생산을 위해 길들일 방법을 찾고자 했다. 그 과정에서 유럽 제국의 아프리카 식민지 정책은 국가에 따라 정도의 차이는 있었으나 잔혹했다. 가령 식민지 콩고에서 벨기에 국왕 레오폴드(Leopold) Ⅱ세 체제의 잔혹성은 현재에도 회자될 정도이고, 영국 제국의 정책과 실행도 그에 만만치 않을 정도로 파괴적이었다. 그 결과 20세기로의 전환기에 영국령 아프리카 식민지들은 농업·광업의 분야에서 세계 수출 시장을 주도했다. 아프리카에서 생산된 팜오일·고무·면화·땅콩·목재·커피·코코아 그리고 금속 등은 유럽과 그 밖의 지역·국가로 수출되었다.

영국 제국 역시 아프리카 식민지 도처에서 열대농업 개발을 위한 조치에 착수했다. 이미 1890년에서 1914년에 걸쳐 각 식민지에 농무부(Department of Agriculture)가 연이어 설립되었으며, 농무부와 연계된 식물학 연구소(Botanical Stations)·과학부(Scientific Department)

등은 농업과 관련된 지리학적·인류학적·경제적 문제의 해법 추구와 함께 동식물과 광물 자원에 대한 정보의 수집에 전념했다. 식민지에서의 이러한 활동에 대한 영국 제국 중심부 과학의 지원도 이루어졌다. 런던 큐 식물원(Kew Gardens)의 해외 통신원들의 활동에 힘입어, 열대 아프리카 식물군에 대한 지식을 식민지 아프리카 열대농업 개발에 활용하기 위한 전략도 제시되었다. 예를 들어, 나이지리아의 도시 라고스(Lagos)의 총독이자 식물학자였던 말로니(Alfred Maloney)는 농업 다각화(diversification)를 주된 열대농업 개발 전략으로 삼았는데, 이는 특정한 한 가지 작물에만 의존하는 단작(monoculture)은 여건의 변화에 따라 경제적 재앙에 노출될 가능성이 높기 때문이었다. 또한, 식민청의 체임벌린을 계승한 리텔턴(Alfred Lyttelton)은 식민지 농업개발 계획은 지역 농업의 발달의 특성을 우선적으로 고려해야 한다고 강조하기도 했는데, 이유인즉 지역 농민의 특성을 먼저 이해하는 관심과 접근이야말로 식민지에서의 사회적 불안정을 억제하기 위해 필수적이라고 보았던 것이었다.

사실 제1차 세계대전 이전만 해도 아프리카 열대농업 개발에 대해 유럽 열강들의 전략은 체계적이지 못했다. 예를 들어 1906년 프랑스령 서아프리카 농무부의 식민지 농업 개입은 실패를 겪었는데, 이는 토착농민의 특성·자원·환경·기후, 그리고 토착농업의 본질에 대한 무지로 인해서였다. 그러나 위에서 언급한 발상의 전환에도 불구하고, 실천적인 각론의 측면에서는 영국 제국의 상황도 사실 프랑스의 경우와 별반 다르지 않았다. 특히, 아프리카에서 독일과의 열대농업 개발 경쟁에서 패배해서는 안 된다는 위기의식은 있었지만, 이를 뒷받침할 만한 일관성 있고 논리적인 전략을 영국 제국의 농무부도 식민청도 고안하지 못했던 것도 사실이었다. 식민지 농업에는 상황에 따른 임기응변적 조치가 이루어졌을 뿐이며, 식민지에서의 과학연구는 식물학 연구소의 미미한 활동에 그쳤다. 영국령 식민지들의 경우에도 사정은 별반 다르지 않아, 식민지 관료들은 식민지 주민의 토지보유와 자급농업(subsistence agriculture)·영세농업에 대한 충분한 이해가 없는 상태에서 그저 토착주민들에게 환금작물 재배를 독려하고 있을 뿐이었다. 즉, 아프리카 농업에 대한 식민지 정부들의 초점은 즉시적인 경제적 이익의 추구에 우선권을 넘겨버린 상태였던 것이다. 점차 아프리카 농업의 과학화에 대한 관심이 부상하기 시작했지만, 필드에서는 이해관계의 첨예한 상충 역시 드러났다. 가령, 제국의 수출용 상업적 작물 수확을 위해 식민지에 근대농업을 이식한 일련의 과정은 토착주민들에게 토착농업의 포기를 강제함으로써 그들과의 갈등을 야기했다. 즉, 아프리카 열대농업 개발 계획에는 토착주민의 참여는 완전히 배제되어 있었던 것이다.

1920년대 초에 접어들어 양상은 달라지기 시작했다. 농업·의학·임업 등의 분야에서 필드활동을 수행할 인적 인프라가 구축되어 필드에서의 지식생산이 이루어지는 등 아프리카에서 과학적 필드활동의 기회는 확대되어 갔다. 특히 영국 제국의 과학고문들은 필드과학의 중요성을 제안했는데, 이러한 제안의 요지는 필드과학은 아프리카 환경에 대한 완전한 이해를 목적으로 자연현상과 사회현상 간의 연계를 만들어내는 다학제 간 연구를 가능하게 해 준다는 것이었다. 1920년대 탕가니카 북동부(오늘날의 탄자니아)의 아마니 농업연구소(Amani Agricultural Institution)[48]는 필드과학의 모범적인 가이드로 삼을 만했다. 아마니 농업연구소 소장 노웰(William Nowell)은 영국령 동아프리카의 식민지별로 작물에 대한 단편적인 연구 이외에도 해당 식민지의 지질학적 구조·토양·기후·식생·동물, 그리고 인간과 산업 등의 상호관계를 조명하는 생태학적 필드과학의 필요성을 강조했다. 즉, 노웰은 아프리카 농업에서 매우 중요한 정보를 획득하는 지름길은 생태학적 연구를 통해서 이루어지며, 생태학적 연구에는 협력 연구의 필요성이 수반됨을 역설했다.

생태학적·다학제 간 접근의 필요성에 대한 이러한 인식은, 아프리카라는 필드에서 영국인들이 겪은 경험으로부터 나온 것이었다. 아프리카의 자연환경은 영국 제국의 식민지 프로젝트에서 가장 본질적인 고려 대상이자 난관이었다. 즉, 영국 식민지 관료들은 아프리카가 보유한 자원들을 영국 제국의 패권 유지에 필요한 재원으로 활용하려 했다. 그러나 천연자원을 세원으로 전환하기 위해서는 자원에 대한 사회적 요구, 자원개발의 경제적 효과, 자원의 보존·활용 등 복잡한 요인들 간의 유기적인 연관성을 이해해야만 했다. 이러한 맥락 하에서, 영국령 아프리카 식민지에서 농업개발을 통한 식민지 정부의 부의 축적과 식민지 주민의 복지 고양이라는 이중의 목적을 두고 식민지 관료들은 일련의 도전에 직면했다. 어떤 종류의 토양이 농업에 최상으로 활용될 수 있는가? 어떤 생산체계가 가장 수익성이 있는가? 농업의 성공을 가져오는 가장 좋은 방법은 무엇인가? 이러한 다양한 문제들을 함께 고려하기 위해서라도, 아프

48) 1902년 독일령 동아프리카 식민지 탕카니카에 세워졌던 아마니 연구소는 독일령 아프리카 식민지 지배활동을 지원하기 위한 과학연구소였다. 그러나 제1차 세계대전에서의 독일의 패배로 독일령 동아프리카 식민지가 영국으로 이양되면서, 아마니 연구소는 영국의 지배 하에서 생물학적 농업과학 연구소로 성장하게 되었다.

리카 열대농업 개발은 다양한 과학분야들로부터의 지식을 통합해야만 했다. 이러한 과학분야들의 상호작용을 이해하는 데 적합한 과학은 바로 생태학이었다. 식민주의자・식민지 관료들 역시 아프리카 농업 개발을 둘러싼 이러한 모든 질문들에 대한 해법을 도출하기 위해서는 생태학적・다학제 간 접근이 필수적이라고 결론 내렸다.

예를 들어 1921년 아마니 농업연구소에 모였던 탕가니카・케냐・우간다・잔지바르(Zanzibar) 식민지의 각 농무부 책임자들은 아프리카의 광범위한 자연의 다양성을 이해하기 위해서는 식민지들 전체를 관통하는 통합적(centralized) 접근도 필요하지만 식민지 지역별로 현지화된(localized) 접근 역시 병행되어야 한다고 보았으며, 이를 위해 각 식민지 관료들이 협력할 필요성을 역설했다. 이러한 기조 아래 아마니 농업연구소가 탕가니카의 체제파리(tsetse fly) 연구소, 북로디지아(Northern Rhodesia, 오늘날의 잠비아)의 생태학 연구소 등과의 협력 연구를 이끌어가는 등, 영국 제국과 영국령 아프리카 식민지들이 협력 작업을 통해 생태학적 연구와 민속학적 연구를 통합적으로 수행하는 경향이 퍼져나갔다. 이러한 유형의, 협업을 통한 생태학적 필드과학 연구는 양차대전 사이의 시기에 식민지 아프리카에서 행해진 과학연구의 주요 특징이 되어갔다.

식민지 아프리카 열대농업 개발에서 전개되었던 생태학적 필드과학에는 유럽식 근대농업의 맹목적인 이식을 벗어나 아프리카 토착 농업에도 관심을 기울이는 등 미묘한 추이 변화 역시 일어났다. 이러한 변화는 식민지 특유의 토양・영양학・토지보유제 등 생태적・인문학적 환경요소에 중점을 두는 연구 경향으로 이어졌다. 이는 때마침 농업과학과 생태학을 융합한 새로운 분야로 등장한 농업생태학과 궤를 같이 하였는데, 이러한 연구의 중요한 원칙의 하나는 필드・현지에서의 토착농민의 농업활동에 대한 직접 관찰과 분석을 우선적으로 고려하는 것이었다. 식민지 아프리카에서 식민지 관료들과 과학자들은 식민지 토착농업에 대한 지식을 얻기 위하여 생태학적・인류학적 연구에 점차 관심을 쏟기 시작했다.

샨츠(Homer Shantz)의 필드연구를 보면, 1920년을 전후로 하여 시작된 이러한 생태학적 접근으로의 패러다임 전환이 이루어진 배경을 좀 더 자세하게 이해할 수 있다. 제1차 세계대전 직후, 미국 농무부(US Department of Agriculture) 소속 생태학자 샨츠는 영국 정부의 요청으로 아프리카 경작지와 토양형에 대한 기초조사를 수행했다. 샨츠는 에티오피아와 케냐의 온대성 고지로부터 탕카니카와 우간다의 가뭄형 사바나(savanna, 나무가 거의 없는 열대 초원)에 이르기까지, 그리고 북로디지아의 인적이 드문드문한 산림지에서부터 킬리만자로산과 케나산 주변 인구밀도가 높은 지역에 이르기까지 다양한 필드환경을 관찰했으며, 토착주민들이 각자의 환경에 적응하는 과정에서 쌓아올린 현지 지식(local knowledge)과 기술에 주목했다. 구체적으로, 샨츠는 아프리카 토착농민들이 특정 작물을 상이한 토양형・식생형과 연계하고 있음을 보았다. 가령, 많은 물을 필요로 했던 특정 작물은 개울가 근처에서 재배되고 있었는데, 이를 위해 토착주민들은 상당한 공학적 기술이 사용된 관개수로를 사용하고 있었다. 반대로 어떤 작물들은 건조한 토양을 견디어 재배되고 있었다. 산비탈에서, 나무 그루터기와 개미둑 주변,[49] 그리고 홍수물이 모여 있었던 웅덩이 등등 다양한 환경 하에

49) 그루터기(stump)란 나무가 잘려도 뿌리와 함께 남는 나뭇줄기의 아랫부분을 의미하며, 개미둑

서 샨츠는 경이로운 기발함이 돋보이는 경작법을 관찰했다. 또한 샨츠는 준사막과 사막지에서도 목축민들이 나름의 농업을 영위하고 있음을 보았다.

이러한 관찰을 토대로, 샨츠는 다양한 환경에서의 자급농업・영세농업이야말로 장기적으로 진정한 성취를 가져다 줄 수 있는 묘안이라고 보았다. 샨츠는 유럽으로부터 도입된 근대적 농업방식이 아프리카의 환경 하에서는 반드시 효과적이지도 않으며, 도리어 토양 침식을 일으키고 단작과 해충・질병으로 인한 피해에 취약하기 때문에 수확량 감소로 이어진다고 보았다. 샨츠는 이동 경작 또는 교대 재배(shift cultivation)라고 부르는 방법을 아프리카인들이 시도하고 있었던 사실에 주목했다. 즉, 일정구획의 토지를 일시적으로 재배한 후 버려지고 다음 구획의 토지로 넘어가는 동안 사용 후 토지는 자연상태로 되돌릴 수 있는 경작법이었다. 이 방법에서 경작 기간은 일반적으로 토양에 지친 흔적이 보이거나 잡초가 넘쳐나게 되면 종료되었다. 토착농민들은 토양 비옥도와 물리적・환경적 조건의 문제, 그리고 식물 질병과 같은 세부적인 문제들에 대해서는 관심이 없었지만, 주기적으로 토지를 휴경 상태로 두는 지혜를 가지고 있었다. 즉, 토착농민들은 이미 활용되었던 경작지는 마른풀(사료나 퇴비 등으로 쓰려고 베어서 말린 풀)과 덤불(어수선하게 엉클어진 얕은 수풀)이 널브러진 상태로 만들어, 다시 좋은 수확을 거둘 수 있을 정도로 시간이 경과할 때까지 휴경지로 남겨두는 농법을 구사하고 있었다. 달리 말하면, 이들 토착주민들은 척박해져 버린 토지를 버리고 새로운 토지를 취함으로써, 과학으로 무장된

이란 개미집의 흙가루가 땅위로 솟아올라 쌓인 둑을 의미한다.

유럽식 농업이 성취하지 못한 생산적인 농업을 행하고 있었던 것이다. 또 하나 샨츠가 주목한 점은, 대부분의 토착농민들이 서구에서 들여온 쟁기 사용을 회피함으로써 쟁기질의 부작용을 피하고 있었다는 것이었다. 만약 토착농민들이 쟁기를 사용했더라면 최상의 경작지를 선택하는 것이 쉽지는 않았을 것이라는 것이 샨츠의 해석이었다.

샨츠는 유럽에서 형성된 과학적 도그마에 기반한 유럽의 근대농법이 아프리카 식민지에서 성공할 가능성에 대해서는 상당히 회의적이었으며, 구체적으로는 유럽식 경작법·비료·쟁기질 등은 아프리카 현지의 경작지 환경에 따라 실패로 귀결될 가능성이 농후하다고 보았다. 따라서 샨츠는 아프리카에서의 농업개발은 현지 토양의 비옥도와 토착농민의 경작기술·지식에 대한 연구와 연계되어 추진되어야 함을 주장했다. 샨츠가 내린 결론은 물론 그의 필드과학식 접근방법은 아프리카의 열대농업 개발 방안에 관한 영국 식민지 관료들과 과학자들의 인식 전환에 상당한 영향을 미쳤다. 식민지 농무부는 자급농업과 소규모 농업을 통해 아프리카 농업을 향상시키고자 했지만, 식민지 현장에는 토착주민·백인 이주정착민·식민지 정부·제국 등 다양한 주체들 간에 상이한 아이디어와 이해관계가 상충하고 있었다. 이러한 상황에서 식민지 아프리카 농업의 과학화라는 영국의 어젠다를 달성하기 위해서는 제국 중심부의 과학과 식민지 현지의 지식체계와의 협상과 조정이 불가피했으며, 샨츠의 필드연구는 바로 이러한 협상과 조정을 위한 한 경로였던 것이다.

북로디지아(Northern Rhodesia) 농업생태학 연구와 제국주의 과학

1924년 북로디지아(Northern Rhodesia, 현재의 잠비아)는 영국의 식민지 보호령으로 편입되어 간접지배 상태에 들어갔다. 당시 북로디지아에는 식민지 정부 관료를 포함하여 5,500여 명의 유럽인과 약 백만 명의 아프리카 토착주민이 거주하고 있었다. 북로디지아는 생태학적 열대농업 개발이라는 새로운 개발 모델이 시험적으로 시도되던 곳으로, 샨츠가 표방했던 농업생태학의 연구에 부합하는 곳이었다. 1930년 북로디지아 책임 농업과학자로 시작하여 1932년에는 농무부 책임자로 승격한 르윈(C.J. Lewin)은 북로디지아 생태학 연구(Ecological Survey)에 착수했으며, 이 조사에 참여한 필드연구자들은 지역의 토양형과 식생, 그리고 토착농업의 다양한 특성을 연구할 것을 우선임무로 부여받았다.

르윈의 연구팀에 합류한 생태학자는 두 사람이었는데, 하나는 옥스퍼드에서 고전학을 전공했던 트랩넬(Colin Trapnell)이었으며 그는 대학 내 한 탐험클럽과의 인연으로 생태학에 관한 광범위한 훈련을 쌓은 경험이 있었다. 바로 그 탐험클럽의 멤버에는 당대 최고의 동물생태학자 엘턴(Charles Elton), 생태계 생태학자 탠슬리(Arthur Tansley), 그리고 동물학자 헉슬리(Julian Huxley) 등이 있었다. 르윈의 연구팀의 나머지 한 명의 생태학자는 서인도 제도의 트리니다드 농과대학(College of Agriculture in Trinidad)을 졸업한 클로시어(J.N. Clothier)였다. 트랩넬과 클로시어는 20여 명의 짐꾼과 1명의 통역가를 동반하여 마을에서 마을로 하루 평균 18마일을 도보로 이동해 가며 함께 필드활동을 수행했다. 그들의 필드활동의 주는 각 마을의 연장자를 만나 농경지 선택방법・관개작업・식물 심기・경작기간・휴지기(rest period) 등에 관한 정보를 수집하는 것이었다. 이 과정에서 트랩넬과 클로시어는 토착농민들이 경작지 선택, 관목형(bush-type)과 지표식물(plant indicator, 특정지역의 환경조건이나 상태를 판단하는 척도), 그리고 토양 비옥도 차이에 대해 경험적으로 통달해 있음을 발견했다. 토착농민들의 이러한 지식이 지닌 깊이와 정확성을 높이 평가한 트랩넬과 클로시어는 그와 같은 지식의 체계를 '직관적 생태학'(intuitive ecology)이라고 명명했다.

북로디지아 생태학 연구에서 아프리카 농업에 대한 인류학적・사회학적 차원의 연구를 수행한 것은 사회인류학자 리처즈(Audrey Richards)였다. 그는 북로디지아 벰바(Bemba) 부족이 지역에서 경작지를 선택하는 데 어떤 전통지식을 활용했는지를 알고자 했다. 리처즈는 필드현장에서 토착주민과의 인터뷰를 통해 벰바 부족이 토양 비옥도를 판가름하는 데 식물 종을 활용했음을 발견했다. 벰바인들은 특정 나무의 서식 여부를 통해, 경작지 조성에 적합한 토양을 선별하고 있었던 것이었다. 리처즈의 관찰에 따르면 벰바인들은 10여 종의 나무와 4가지 경작지에 대한 유용한 지식들을 토양 선택에 활용하고 있었다. 트랩넬, 클로시어, 그리고 리처즈가 수행했던 것과 같은 생태학 연구는 아프리카에서의 경작지 선택과 경작지 보유에 대한 가이드라인을 제공함으로써 유럽의 아프리카 식민지 정부의 농업정책에 참고자료로 활용되었다. 1937년과 1943년 2번에 걸쳐 출간된 『북로디지아 생태학 연구』 보고서는 제국의 정책

입안가들에게 팽배해 있던 아프리카 농업의 후진성이라는 편견을 불식시키는 한편으로, 아프리카 열대농업 개발 프로젝트는 광범위한 생태학 연구에 기반을 두어야 함을 설득시켰다.

ARS 프로젝트, 그리고 북로디지아 생태학 연구를 사례로 본 영국 제국의 아프리카 열대농업 과학화 시도는 제국과 과학의 관계에 대한 대안적 해석을 가능하게 해준다. 프롤로그 장에서 소개한 맥러드의 '제국주의 과학'에 의하면, 식민지 아프리카 열대농업 개발 과정에서 시도된 유럽식 근대농법의 이식은 아프리카에서 경제적 농업패권을 강화하려는 영국의 제국주의적 이데올로기를 구현하는 데 유용한 도구로서 시도되었다고 볼 수 있다. 그러나, 실제로는 북로디지아 농업생태학의 사례에서는, 근대 유럽의 농법은 식민지 아프리카 토착농업을 완전히 대체할 수 없었으며, 아프리카에 대한 유럽 근대농업의 지식의 무분별한 적용과 일방적인 이식은 무익한 것으로 판명되었다. 반면 위에서 보았듯 아프리카의 전통 경작법은 토착주민의 문화인류학적 경험과 노하우로 이루어진 암묵적 지식에 근거하고 있었으며, 아래에서 보듯 열대농업의 과학화는 토착농법의 수용을 통한 조정을 거쳐서 안정화 단계에 접어들 수 있었다.

19세기 이래 아프리카 탐험가들은 서아프리카의 비옥한 처녀토양이야말로 식물 성장의 원인이라고 강조해 왔는데, 실상은 20세기 초 당시 아프리카 토양 비옥도는 상당히 떨어져 있어 심각한 문제로 부상했다. 이에, 1924년에서 1929년까지 영국령 나이지리아 연구관료를 역임했던 존스(G. Howard Jones)는 식민지에서의 경작은 토양 비옥도를 보존하고 유지하는 데 필요한 지식과 능력을 토착민의 전통과 관습으로부터 찾아야 한다고 주장했다. 실제로, 아프리카 토착주민들은 아메리카 대륙의 카리브해 식민지 지역에서 널리 이루어졌던 대농장이나 거대농지를 촉구하기보다는, 지역의 환경에 적합한 경작법의 강점을 활용하는 이른바 간접농업(indirect agriculture)의 형태를 선호했다. 결국, 아프리카 환경에서 유럽식 농업의 이식은 힘을 발휘하지 못했다. 이러한 사태에 즈음하여, 북로디지아 생태학 연구는 식민지 아프리카 경작지의 비옥도와 농업 생산성 간의 불가분적 관계에 대한 토착주민들의 지식과 토착농법의 유효성을 각인시켰던 것이다.

북로디지아 생태학 연구 이외에도, 식민지 아프리카 열대농업 개발을 위한 연구를 수행했던 많은 영국 제국의 과학자들 역시 아프리카 토착농법의 유효성에 대한 연구를 내놓기 시작했다. 영국령 동아프리카 케냐의 토양과학자 베클리(V.A. Beckley)는 식민지 현지의 토착작물과 경작법을 분석하면서, 고수확과 수출에 방점을 두는 유럽식의 경작법에 대해 회의적으로 평가했다. 때마침 1920년부터 본격적으로 등장한 과학분야로서의 토양학 분야는 아프리카 열대농업 개발의 중요한 도구로 급부상했다. 1934년 케냐 농무부 책임관료로 퇴임했던 홈(Alex Holm)은 동아프리카에서 농업 문제는 토양 비옥도 · 식물영양학 · 식물질병 · 해충 등에 관한 전방위적 생태학적 분석이 필요하다고 논평했다. 또한, 영국 토양과학자 밀네(Geoffrey Milne)는 1936년 『네이처』(Nature)지의 독자란에서 북로디지아 인근 탕가니카(잠비아)에서 아프리카 부족어인 수쿠마어(Sukuma)로 분류된 6-7개의 토양형을 소개하기도 했다. 밀네의 동료인 하틀리(B.J. Hartley)는 이런 분류를 응용하여 토양침식 방지와 토양 보호를 위해 사용되던 토착농법을 발굴해내기도 했다. 예를 들어, 능선마다 부식된 작물의 잔류물을 옮겨놓은 상태에서 특정 작물을 심는 방법을 에로크 경작법(erok method)이라고 하는데, 에로크 경작법을 다양한 강수량의 조건에서 시도해 본 결과 이 경작법은 능선에서는 토양의 이동을 최소화하며 경사지에서도 토양의 손실을 충분히 통제 가능할 정도로 감소시킨다는 사실을 발견하기도 했다.

1900년경 아프리카는 세계에서 가장 거대한 식민지 대륙이었으며, 영국 제국의 아프리카 식민지 농업개발은 서구 근대과학과 기술의 유입을 통해 제국의 농업 패권 유지를 향한 '제국주의 과학' 어젠다를 달성하고자 했다. 그러나 아프리카 식민지로의 서구 농업기술의 이식(예 : 쟁기)은 큰 효과를 드러내지 못했으며, 오히려 농업생태학 측면에서 볼 때 토착주민의 토착농업(예 : 토착농민의 토양 비옥도에 대한 적응)이 더 효과적인 접근이었다. 요컨대, 아프리카 식민지 열대농업 개발은 필드에서 제국의 과학자·식민지 관료들이 토착농업 지식체계에 우호적인 접근을 시도함으로써 식민지 농민의 저항을 완화하면서도 제국의 식민지 농업 착취에 대한 효율적 지배를 가능하게 할 수 있었던 묘수를 찾았다는 점에서 주목할 만하다. 영국령 식민지 아프리카에서 과학적 농업화라는 어젠다가 추구되는 과정에서 볼 때, 제국의 과학의 권위가 일방적으로 식민지에게 통했던 것은 아니었다는 것을 엿볼 수 있다.

프랑스령 아프리카 식민지 알제리에서의 제국주의 과학

아프리카에서 행해진 제국주의 과학의 또 하나의 사례는 프랑스령 알제리로부터 엿볼 수 있다. 프랑스는 1830년 아프리카 북서부 알제리(Algeria)를 정복한 데 이어, 이 새로운 식민지를 장기적으로 지배하기 위한 설계에 돌입했다. 식민지 총독이자 군사령관이었던 발레(Sylvain Charles Valée)는 지리학·지형학·식물학·기상학·지리물리학의 측량활동의 설계를 구상했다. 또한, 프랑스에서 알제리로 과학자들이 넘어가 활동을 전개하였다. 프랑스 고등사범학교 출신으로 알제리 대학(College d'Alger)의 수학교수였던 에메(Georges Aimé)는 기상대(meteorological observatory)를 설립하여 주기적으로 기온·해류·조류와 인근 바다의 파도를 연구하였다. 그가 남긴 다음의 말은 당시 프랑스 천문학이 알제리 식민지에 이식된 한 경로를 보여준다.

> 알제리 대학에서 수학 선생으로 임용 받은 이후, 나는 자비를 들어 파리로부터 몇몇 물리학 도구를 들여왔으며, 이들 도구들은 3주 전에 대학 물리학 수업에서 사용되기 시작했습니다. 이러한 도구들과 알제리에서 제가 수집했던 몇몇 장치들은 대학 천문대를 세울 수 있는 수단이 되었습니다. 저는 이 천문대에서 매일 6회씩 관찰작업을 행하곤 합니다.[50]

식민지 알제리에서 천문학은 과학활동의 중요한 상징이 되어갔다. 알제리 천문대의 초대 천문대장으로 부임한 뷜라르(Charles Bulard)는 프랑스 파리 천문대에서 활동했던 물리천문학자였다. 뷜라르는 성운(nebular)·이중성(double stars)·소행성·혜성, 그리고 별의 물리적 조성 등에 관한 물리천문학 연구를 수행했을 뿐 아니

50) Lewis Pyenson, *Civilizing Mission : Exact Sciences and French Overseas Expansion, 1830-1940* (Baltimore and London : Johns Hopkins Univ Press, 1993), p. 89에서 재인용.

라, 소행성 관찰을 통해 대중적 관심을 자극했고 선원을 위한 시보 업무(time service)를 수행하기도 했다. 1881년에 이르러, 뷜라르를 계승한 고네씻(Francois Gonnessiat)은 프랑스 국내외의 천문대에서 오랜 경험을 갖춘 베테랑 천문학자였다. 고네씻은 전임자의 주요업무인 시보업무 · 소행성 관찰 · 별자리표(sky chart) 등의 프로그램을 계승했을 뿐 아니라, 천문대의 연구영역을 지진학과 대기전기(atmospheric electricity) 연구로까지 서서히 확장했으며, 식민지의 기상 관련 업무에까지 진출하기도 했다. 그러나 이러한 의욕적인 행보가 무색하게 알제리 천문대는 구조적인 한계를 드러내었다. 식민지 천문대에서의 과학자의 낮은 급여는 프랑스 본국 천문학자를 유치하는 데 역부족이었으며, 그에 대한 대안으로 러시아 천문학자들을 고용하였지만 금방 사직해 버렸다. 전반적으로, 알제리 천문대는 인원의 충원이 어려웠고 연구장비는 제대로 구비되지 못한 열악한 환경에 처해 있어서, 식민지 과학자들이 천문학 연구를 지속적으로 수행하는 데는 한계가 있었다.

식민지 알제리로 도입된 또 다른 과학활동 중에는 기상관측(meteorological observation)이 있었다. 프랑스 육군 엔지니어들이 수행한 기상관측은 식민지 정부 연례 보고서에 등장했으며, 알제리 천문대의 초대 관장인 뷜라르의 기상보고는 식민지 지역 신문에 실렸지만 본국 프랑스 과학계의 인정을 받지는 못했다. 그러나 적어도 식민지 알제리에서는 기상학에 대한 과학적 요구가 무르익었다. 이에 1863년 알제리 기상학협회(Algerian Society of Climatology)가 설립되었으며 식민지 기상학자들은 알제리 교육부로부터 연례 보조금을 받기도 했다. 그러자 이제는 역으로 식민지에서의 기상학에 대한 프랑스 파리 중심부로부터의 개입 역시 노골화되었다. 파리 중앙기상학국(Central Meteorological Bureau)의 국장 드 보르(Léon Teisserenc de Bort)는 유능한 기상학자를 식민지로 파견하여 기상학 정보를 직접 수집함으로써 식민지 기상학의 권위를 약화시키고자 했다. 1920년대에는 기상학이 군용·민간 항공에 응용됨에 따라 상당한 인지도가 높은 분야가 되었는데, 파리의 기상학자들이 기회를 선점하여 식민지에서의 기상학 활동을 병합했다. 예를 들어 프랑스 스트라스부르(Strasbourg)에서 건너온 프티장(Lucien Petitjean)은 식민지의 기상학 연구를 전담했다.

이후, 알제리 천문대에서 프랑스에서 건너온 육군 대령이자 지구물리학자였던 델캄브르(Emile Delcambre)는 기상업무의 일부를 흡수했는데, 그는 조직을 재정비하여 알제리 지구물리학을 전면에 내세웠다. 한편, 식민지 현지 고등학교 물리학 교사로서 알제리 천문대에 처음부터 깊게 관여했던 라세르(Albert Lasserre)는 일상의 획일적인 기상감시 활동으로부터 일정한 자유를 얻게 되자 프랑스로 건너가 지자기 관측 교육을 받은 후 알제리 북구에서 지자기관측소(terrestrial magnetic observation)를 세우는 데 주요 역할을 담당했다. 1928년 라세르는 수년간의 지자기 관측 데이터를 프랑스 중심부의 지구물리학자인 모랭(Charles Maurain)에게 보냄으로써 프랑스 중심부 과학과의 관계를 유지했다. 모랭과의 개인적 접촉을 통해 라세르는 프랑스 제국 중심부의 지구물리학 연구소와 천문대 국립위원회 등의 객원위원이 됨으로써 파리 중심부 과학의 무대에서 주목을 받기도 했다.

식민지 알제리에서 지구물리학은 점점 천문학 분야의 위상만큼 중요해졌고, 나아가 프랑스 중심부에서 누리는 비슷한 지위를 향유하게 되었지만 중심부 파리로부터의 실질적 독립은 요원했다. 식민지에서 지구물리학 연구와 지자기 관측의 독립을 향한 노력이 중심부의 개입으로 인해 난관에 처한 것이다. 이 무렵 프랑스 제국 중심부는 지중해 주변의 기상관측소들을 떠맡으면서, 사하라 이남 아프리카에서 유럽의 어느 제국보다 지구물리학계에서의 우위에 서고자 했다. 때마침 1932년~33년에 지구 곳곳에서 지구물리 관측을 목적으로 한 국제 극년(International Polar Year) 프로젝트가 가동되자, 프랑스 제국은 알제리 남부 도시 타만라세트(Tamanrasset) 기상관측소를 설립하여 지구물리학계에서의 패권을 노렸다. 1936년에 설립된 타만라세트 기상관측소는 1830년대 프랑스의 알제리 침략으로부터 100년을 즈음하여 세워진 프랑스 제국의 상징적 기념물이었으며, 프랑스 중심부 과학자들이 식민지 도처에서 수행한 지구물리학 연구와 지자기 관측의 중요한 거점 중 하나가 되었다.

지구물리학과 지자기 연구소로서 타만라세트 기상관측소의 위상이 강화된 데는 프랑스에서 건너온 쿨롱(Jean Coulomb)의 역할이 컸다. 비록 쿨롱 자신은 지진학자였지만, 타만라세트 기상관측소는 식민지 당국의 요청에 의해 기상업무를 계속했으며 북아프리카 전역에 걸쳐 천문학과 기상학 분야와의 협력을 유지했다. 또한, 타만라세트 기상관측소를 재구조화하는 데 있어 쿨롱은 지구물리학에 대한 실용정보를 식민지에 제공하고 순수연구를 수행하는 것에 초점을 두었다. 알제리 대학과의 연계 하에 쿨롱은 지구물리학 순수연구를 지속하려 했지만, 재정적 어려움은 쉽지 않은 난제로 남았다. 물론 쿨롱의 타만라세트 기상관측소의 역할이 식민지에서 기상학 연구와 서비스로만 국한된 것은 아니었다. 기상관측소의 물리학자들은 지구물리학의 일반법칙을 분석하려는 시도를 했으며 쿨롱은 수리물리학을 지진파 분석에 응용하기도 했다.

쿨롱은 식민지 현지에서 활동하였으나 프랑스 제4공화국(1946년~1958년) 시기에 중심부 과학계의 중요한 인물로 명성을 누렸다. 쿨롱은 알제리에서 식민지 공무관료로서의 활동과 더불어, 파리 과학아카데미 회원으로 선정되고 수많은 메달을 수상할 정도로 과학자로서도 유명한 인물이 되었다. 쿨롱 이외에도, 알제리에서 활약했던 물리학자와 천문학자들은 주로 프랑스에서 건너온, 식민지 공무관료 겸 과학자들이었다. 상술한 고네씻, 라세르, 프티장 등이 바로 이러한 인물들이었다. 공무관료 겸 과학자라는 정체성이 대변해 주듯이, 이들과 쿨롱은 과학자였던 동시에, 알제리의 물리학과 천문학을 파리 중심부 과학문화의 연장선상에 위치시키고 알제리를 프랑스의 과학문화가 고스란히 통용되는 곳으로 바꾼, 프랑스의 문화적 팽창에 복무한 제국주의적 전위대이기도 했다.

알제리에서의 프랑스 제국의 문명화 사명, 그리고 문화적 제국주의 과학

당연히 제국주의적 과학은 영국이나 프랑스만의 전유물이 아니었다. 19세기 말에서 20세기 초 유럽 제국들은 지난 몇 세기 동안 그들이 성취한 과학을 무기삼아 식민지 곳곳에서 제국의 정치적·경제적·문화적 패권을 추구했다. 가령, 독일은 아르헨티나·남태평양·중국에서, 프랑스는 중국·레바논·마다가스카르 등에서 제국주의적 이해관계를 추구하는 데 공식·비공식적으로 과학자들을 동원했다. 그러나 실상은 국가별로 차이가 존재했다. 독일의 경우, 해외 식민지에서 학문적·산업적·군사적 이해관계가 비교적 느슨하게 얽혀있어 과학자들은 오히려 과학연구 본연의 활동에 충실할 수 있었다. 식민지에서 독일 천문학자·물리학자들의 순수학문 활동은 제국의 정치적·경제적 이해관계를 고양하는 제국의 국가설계와는 무관하게 진전되기도 했다. 독일 천문학자와 물리학자들은 식민지에서 대부분의 시간을 새로운 지식을 추구하는 데 할애했다. 이와는 대조적으로, 프랑스 식민지에서 과학자들은 순수한 연구자라기보다는 기능적 공무관료(functionary)에 가까운 역할을 수행했다.

프랑스 7월 왕정(1830년~1848년)으로부터 제3공화국(1870년~1940년)에 이르기까지, 프랑스 물리학자와 천문학자들은 지구 곳곳에서 프랑스 제국의 패권을 공고히 하는 과업의 일환으로 식민지를 문명화시키는 임무를 수행했다. 그러나 이들 프랑스 과학자들의 활동이 단지 식민지 지배의 착취경제 프로젝트의 지원에 전적으로 한정된 것은 아니었다. 알제리의 사례에서 본 바와 같이 식민지 과학자들은 제국의 경제적 이해관계에 직접적 이익으로 환원되지 않는 물리학·천문학과 같은 순수·정밀과학의 일반적 과학문제 또한 연구하고 있었다. 식민지 과학자의 활동은 중심부 파리의 학계에 의해 구상된 문제·이슈·프로젝트를 중심으로 전개되었는데, 이는 중심부의 관점에서 식민지 알제리에서의 순수 과학연구와 활동은 프랑스 제국의 영광을 고양하는 의의가 있었기 때문이었다. 이러한 측면에서, 식민지 알제리에서의 기상시보·소행성 관찰·지자기 관측 등의 과학활동은 순수한 과학연구로서의 성격을 띠는 동시에 제국의 패권에 봉사하는 일종의 제국주의적 교화사업의 성격 역시 띠고 있었다. 즉, 식민지에서의 소위 '문명화 사명'(civilizing mission)은 프랑스 해외 식민지에서 활동했던 식민지 과학자(savant colonial, colonial scientist)들의 정체성을 이해하는 데 떼어놓을 수 없는 부분이었다.

프랑스령 서아프리카 식민지 포병대의 장교이자 지리학자이기도 했던 드마르톤(Édouard de Martonne)은 지리학의 삼각측량(triangulation), 크로스 컨트리 트레킹(cross country treks)과 천문학·전신신호를 이용한 경도 결정 등을 최대한 활용하여 식민지의 지도화 작업을 수행했으며, 지자기 관측을 수행하기도 했다. 이러한 일련의 과학경력을 거쳤던 드마르톤은 1930년에 『식민지 과학자』(Le savant colonial)라는 제하의 책에서 새로운 이념형(ideal type)의 인물상을 제시했다. 드마르톤은 식민지 과학자는 식민지 관료·식민지 장교·식민지 의사·식민지 선교사를 아우르는 다양한 정체성을 지니는 존재로, 식민지 주민들에게 지적·과학적 전파를 통해 과학의 혜택을 받을 수 있도록 돕는 전문가라고 정의내렸다. 드마르톤에 의하면, 식민지에 주어진 과학이라는 선물은 식민지에서의 경제적 약탈이라는 부정적 측면을 어느 정도 보상해 줄 수 있으며, 식민지 주민은 과학자의 과학연구와 과학적 방법을 접함으로써 무지몽매한 아이의 상태로부터 빠져나와 이성을 활용하는 건실한 어른으로 나아갈 수 있다는 것이다. 식민지 과학자들은 마치 식민주의자들과 공무관료들이 식민지에서 제국의 사회적·경제적 팽창을 돕는 매개체와 마찬가지로 프랑스 과학문화 전파의 매개체로서의 역할을 수행한다는 것이 드마르톤의 주장이었다. 달리 말해, 식민지 과학자들이 제공하는 과학서비스의 혜택을 통해 식민지 주민들에게 제국의 문화적 우월성을 보여주자는 주장이었다.

이러한 문명화 사명을 수행하는 데 있어, 식민지 과학자들이 제국의 과학에 봉사할 수 있는 기능적 공무관료로서의 역할이 필요하다고 드마르톤은 보았다. 가령, 식민지의 기상대에서 기온·기압·강우량 등을 기록하는 기상서비스는 단순한 사실의 수집에 불과하지만, 식민지 과학자는 이러한 수집에 머무는 것이 아니라 수집된 사실로부터 새로운 기상학적 문제를 제기하며 심지어 복잡한 이론적 규명까지 수행할 것을 요구받았다. 식민지 현지에서 수집된 관찰자료를 일반화하는 과정을 거쳐 새로운 기상학 지식을 탄생시키는 과학활동이야말로 프랑스 제국 중심부의 과학의 역량을 강화할 수 있다는 것이었다.

그러나 이러한 당위적인 요구를 충족시키기에는 식민지의 환경은 과학연구에 난관으로 다가왔다. 유럽의 과학 중심부가 지닌 인적·물적 자원은 과학자들로 하여금 창의적 작업을 가능하게 하는 인프라로 작용하지만, 식민지에서는 그와 같은 인프라가 부족했다. 과학의 중요한 발견들은 식민지의 고립된 장소에서보다도 과학 중심부의 실험실에서 나오기 마련이었다. 식민지의 열악한 여건은 과학자로 하여금 창의력을 발휘하는 데 어려움을 겪게 하여 장기적인 과학연구의 동력을 약화시켜 버렸다는 것이다. 또한, 식민지 과학자들이 과학의 관심과 조예가 있는 식민지 주민들로 자신들의 연구를 보조하는 기반으로 활용하는 것 역시 용이하지 않았다. 식민지 알제리에서 순수·정밀과학의 추상적 개념에 대하여, 그리고 좀처럼 실용적 가치와 연계하기 어려운 순수·정밀과학에 대하여 식민지 주민은 별다른 호응을 보내지 않았던 것이다. 이에 알제리 식민지의 과학자들은 중심부의 권위를 훼손하지 않으면서도 식민지에서 자신들의 과학활동의 중요성을 중심부의 멘토・상관에게 어필함으로써, 과학에 대한 자신들의 제한된 기여를 인정받으려 했다. 식민지 과학자들의 역할은 지역 주민들에게 제한적인 과학서비스를 제공하는 정도에 그쳤지만, 이러한 활동은 식민지에 과학서비스를 제공하고 식민지를 문명화시킴으로써 프랑스의 문화적 패권 유지에 봉사한다는 대의명분으로 포장될 수 있었다. 즉, 프랑스령 알제리에서 식민지 과학자들은 정밀・순수과학을 도구삼아 문명화 사명을 구현하고 식민지 토착주민들에게 제국의 위상을 과시했던 이른바 '문화적 제국주의'(cultural imperialism) 과학의 형태로 나타났다고 할 수 있다.

나가면서

19세기 말에서 20세기 초반 서구 열강은 아프리카 대륙 지배를 통해 제국주의의 전성시대를 열었다. 식민지 아프리카에 대한 서구 제국의 정책은 미지의 아프리카 환경에 대한 지식・정보 수집과 연구가 절실했으며, 과학은 식민지 지배의 효율적 도구로 복무하였다. 영국령 아프리카 식민지에서 전개된 ARS 프로젝트, 그리고 북로디지아 생태학 연구 사례에서 본 바와 같이 과학은 제국이 식민지에서 열대농업 개발을 구현하는 데 중요한 무기였다. 농업생태학은 영국 제국의 식민지 아프리카에서의 농업경제 패권을 강화했던 '제국주의 과학'을 상징적으로 보여주었다. 그 과정에서 식민지 아프리카에서 농업개발은 서구 근대농업의 전문성·전문지식을 식민지로 이식하는 일방적 강요를 통해서가 아니라, 식민지 현지의 과학적 필드활동으로부터 획득한 토착농업의 지식·실행의 수용과 조정을 통해 가능하게 했다. 다른 한편, 프랑스령 아프리카 식민지 알제리에서는 프랑스 본국에서 건너온 천문학자와 물리학자들은 제국중심부와의 과학적 연계를 통해 지구물리학·지자기학을 수행했으며, 동시에 기상시보·소행성 관찰·지자기 관측 등의 과학서비스를 제공함으로써 식민지의 기능적 공무관료로서 기능했던 식민지 과학자의 전형을 드러내었다.

영국령 식민지 열대 아프리카에서 보여준 농업생태학을 통해 본 영국의 제국주의 과학, 그리고 알제리에서 보여준 순수·정밀과학 연구와 서비스를 통해 본 문화적 제국주의 과학 사례들 각각에서, 과학은 제국의 지배와 관리에 필수불가결한 요소였음을 보여주었다. 그러나 제국의 프레임 하에서 아프리카 과학이라고 불릴만한 것은 거의 없는 과학의 자체적인 역량은 전무에 가까웠다. 서구과학의 비서구권 세계로의 전파에 대한 여러 모델에 적용해볼 때, 아프리카 과학은 서구과학으로부터 벗어나 독자적·독립적 과학으로 나아가지 못했으며 동시에 아프리카 고유의 독자적 스타일의 과학을 내놓은 것은 더더욱 아니었다. 그럼에도 불구하고, 제1차 세계대전을 즈음하여 식민지 아프리카 대륙에서는 서구과학의 존재감이 가시화되어가기 시작했지만, 서구과학과 기술에 대한 식민지 아프리카의 엘리트층의 대응은 대조적이었다. 한편에서는 서구의 새로운 전쟁무기와 공학혁신뿐 아니라 수송체계와 의료시설이야말로 아프리카 주민의 삶을 변화시킬 기회로 보고 서구과학에 대한 우호적인 반응을 드러냈던 반면, 다른 한편에서는 서구과학과 기술은 아프리카의 전통에 백해무익하다고 판단하여 서구의 혁신을 수용하지 않는 태도를 보이기도 했다. 결과적으로, 식민지 아프리카 대륙에서 서구과학에 대한 기대감은 서구과학의 본격적인 수용과 정착, 그리고 확산을 견인하기 위한 동력으로는 불충분했다고 할 수 있겠다.

2부

과학지식의 탈국가화와 과학의 국제화

1부에서 고찰했듯, 서구 근대과학의 비서구권 세계로의 확산 과정은 지역에 따라 다양한 방식으로 이루어졌다. 그리고, 19세기 중반부터 20세기 초까지의 제2차 산업혁명의 시기는 유·무선 전신의 발명, 자동차와 내연기관의 발명, 세계 도처에서의 철도망 구축, 근대적인 선박의 제조 등 통신·교통·수송수단이 비약적으로 발달한 시기였다. 이러한 발달은 국가 간 재화와 인력, 그리고 지식의 교류를 보다 용이하게 만든 것이기에, 과학지식의 탈국가화와 과학의 국제화는 한층 더 가속화되었다.

19세기 말, 유럽 열강들이 주축이 된 전례없는 해외 식민지 팽창의 흐름, 즉 신제국주의가 아프리카를 덮쳤다. 열대 아프리카는 제2차 세계대전 직후까지도 유럽 제국주의가 지배권을 누렸던 보루였으며, 그 과정에서 과학은 아프리카 식민지를 지배·관리하는 데 필수불가결한 무기가 되었다. 아프리카 대륙의 낯선 환경에서 유럽의 제국들이 조우한 위협들 중에는 열대질병이 있었다. 특히, 수면병(sleeping sickness)이라고 알려진 질병은 체체파리(tsetse fly)를 매개로 전염되는 열대 풍토병이었는데, 이 수면병의 해결은 아프리카에서 식민지를 경영하던 유럽 제국들에게 절실한 과제가 되었다. 이에 유럽 본국과 식민지의 의학 전문가들은 국제적 공조와 공통주의를 근간으로 하여, 격리 캠프제 시행에서부터 약물치료법 개발에 이르기까지 다양한 제도적·과학적 해법을 내놓았다. 유럽 제국과 식민지, 그리고 식민지 지역 간의 전문가를 연계하는 탈국가적 네트워크를 매개로 한 지적 교류는 식민지 열대 아프리카에서의 수면병 문제를 해결하는 데 필수적이었다.

과학의 국제화 경향의 심화는 20세기 초중반의 생태학의 부상과 발달에서도 확인할 수 있다. 본서 1장에서 고찰한 바와 같이, 18세기 린네의 식물학 연구는 세계 각처를 대상으로 한 과학탐험을 통해 실증적 토대를 구축하였을 뿐 아니라 유럽 각국에서 린네주의자들의 활약에 힘입어 식물학의 주요 담론으로 전파되었다. 훔볼트는 남아메리카 과학탐험의 과정에서 현지 식민지 과학자들과의 지적 소통에 힘입어, 식물지리학 분야의 토대가 된 그의 이론과 가설을 담금질할 수 있었다. 본서 8장에서는 훔볼트의 식물지리학으로부터 생태학에 이르기까지의 과정이 과학의 국제화가 이행되어 온 과정과 밀접하게 맞물려 있음을 보여준다. 20세기 초 대서양 양안의 유럽과 미국의 식물학자들은 국가별로 서로 다른 지적 경향과 연구학파를 형성하고 있었는데, 국제 식물지리학 탐방(International Phytogeography Excursion)은 이러한 국가별로 상이한 연구전통들 사이의 소통과 교류를 가능하게 하여 식생연구의 국제적 표준화가 확립되는 데 기여하였다. 이후, 미국에서 꽃을 피웠던 유진 오덤(Eugene Odum)의 생태계 생태학(ecosystem ecology)에서부터 20세기 중반 1960년의 국제 생물사업계획(International Biological

Program)에 이르기까지 생태계 생태학은 하나의 글로벌 표준으로 자리 잡았으며, 세계 곳곳에서 생태학 연구는 국제화가 범세계적인 범위에서 이루어지는, 세계화의 흐름 속에서 성장해 왔다.

1945년 제2차 세계대전의 종식 및 제국주의의 쇠퇴로 아프리카와 아시아의 식민지들이 줄지어 독립을 맞이했다. 이들 신생 독립국가들, 그리고 그보다 앞서 독립했던 남아메리카의 국가들에서는 다방면에서 서구 중심적 구도에서 벗어나려는 탈식민주의(postcolonialism) 운동이 일었다. 영국으로부터 독립한 인도에서도 과학분야에서 구미중심적 의존성에서 탈피하여 국제과학계에서 나름의 경쟁력과 성취하려는, 탈식민주의적 과학을 향한 시도들이 있었다. 1990년대 인도에서의 자기공명영상(MRI) 연구개발이 보여준 절반의 실패, 그리고 1990년대 거대미터파 전파망원경(Giant Meterwave Radio Telescope) 건설 프로젝트의 성공은 바로 인도의 이러한 노력을 보여준다. 이러한, 탈식민주의적 과학을 통한 개발도상국 과학의 성장은 탈국경적 과학 교류와 연구 협력에 참여할 역량 있는 주체들이 다양해짐을 의미하는 것이기에, 탈식민주의적 과학의 추구는 과학지식의 탈국가화와 과학의 국제화를 향한 경로의 하나로서 관심을 기울일 필요가 있다.

국가의 경계를 넘는 지식의 교류는 다국적 복수 연구자들 간의 탈국가적 협력(transnational cooperation) 연구와, 다국적의 다수의 연구자들이 조직적으로 기구를 구성하여 협업하는 과학의 초국적 협업(denational collaboration)의 모습으로도 나타났다. 과학의 국제적 협력 연구는 분자생물학의 태동과 발전에서 잘 드러난다. DNA 이중나선 구조의 발견은 영국인 크릭(F. Crick)의 X선 결정학과 미국인 왓슨(J. Watson)의 유전학 지식의 잡종화가 모색된 국제적 공간을 배경으로 이루어졌다. 단백질 합성과 유전자 암호 작동의 이해에 필요한 핵심 개념인 전령 RNA(mRNA)의 발견 역시 영국의 브레너(Sydney Brenner), 프랑스의 자코브(Francois Jacob)와 미국의 메셀슨(Mathew Meselson) 등이 참여한 탈국가적 협력 연구의 산물이었다. 1954년 발족한 유럽핵물리학연구소 세른(CERN)은 입자가속기를 이용해 수백 명의 과학자들의 협업 형태의 연구방식, 다국적 복수저자의 분배방식 등이 조화롭게 이루어진 초국적 협업의 과학을 잘 보여준다.

이러한 점들에 주목하여, 본서 2부에서는 19세기 말에서 20세기 말까지의 100여 년에 걸쳐 열대의학 · 생태학 · MRI · 전파망원경 · 분자생물학 · 고에너지 입자가속기 등의 사례들을 중심으로, 인류의 지혜의 산물들이 범세계적으로 확산되어 온 과학지식의 탈국가화, 그리고 과학의 국제화 경향을 다방면의 차원에서 고찰하고자 한다.

07 과학의 국제공조와 지식의 네트워크 : 아프리카 수면병 캠페인

들어가면서

과학지식의 축적은 과학을 둘러싼 지식의 파편들이 각자의 지점에서 다른 지점들로의 전파·이동을 통해 공통의 교차점에서 수렴되는 과정을 필요로 한다. 따라서 과학자 간의 네트워크는 과학의 아이디어와 이론, 그리고 실행방안을 정립하는 데 중요한 방식으로 작동한다. 20세기 초 아프리카에서의 수면병 방역 캠페인은 어느 한 국가로부터 다른 국가로의 일방적 전수나 이식이 아닌 상호 간의 동등한 지위에서 국제적 공조를 통해 이루어지는 지식의 네트워크의 사례를 보여준다.

19세기 말 아프리카는 유럽 열강의 신식민지 건설 패권의 장이었다. 그러나 식민지의 지배 및 관리, 경제개발 및 착취, 식민지에의 서구문명 이식 등을 시도하던 유럽 열강들에게 다양한 도전들이 기다리고 있었다. 식민지 지배에 대한 아프리카 토착주민들의 저항은 군사적 무력을 통해 평정할 수 있었지만, 열대질병들의 존재는 그와는 또 다른 차원의 대응책을 필요로 하는 위협이었다. 열대질병의 근절이 절실해짐에 따라 열대의학이라는 새로운 의학은 식민지 지배의 중요한 도구가 되어갔으며, 아프리카 식민주의와 의학은 상호보완 관계가 되었다. 20세기 초 사하라 이남의 아프리카에서 확산되었던 수면병에 대응하는 과정에서 영국·독일·프랑스·벨기에·포르투갈 등의 과학자들의 지식의 네트워크에서는 본국과 식민지 간, 그리고 식민지 지역 간의 경계를 넘어 과학의 국제적 공조와 협력 관계가 작동하였다.[51)]

열대의학 네트워크의 태동

19세기부터 유럽에서 분격화되었던 역학(疫學, epidemiology)과 미생물학의 발달은 열대의학의 기초토대가 되었다. 19세기 중반 독일 과학자 코흐(Robert Koch)와 프랑스 미생물학자 파스퇴르(Louis Pasteur)에 의해 확립된 세균병인설(germ theory of disease), 즉 질병은 세균에 의해 발병한다는 이론은 열대질병에 대한 미생물학적 연구의 이론적 기반이 되었다. 또한, 열대의학의 아버지로 불리게 되는 영국의 의학자 맨슨(Patrick Manson)은 1898년에 열대질병에 대한 이론적 기초로서의 기생충학(parasitology)의 중요성을 강조했으며, 최초의 열대질병 교과서를 저술했다. 맨슨의 제자인 영국의 로스(Ronald Ross)는 영국령 식민지 인도에서 열대질병 말라리아가 전염되는 메커니즘, 즉 원충성 기생충이 아노펠레스 모기 종

---

51) 본 연구에서는 열대의학에서의 지식 네트워크와 관련하여 19세기 말 이후 아프리카에서의 유럽 열강들의 사례에 주목한다. 여기서는 다루지 않은, 같은 시기의 미국의 열대의학 연구의 면면에 관해서는 다음 논문을 참조하기 바란다. 정세권, "19세기 말 후발 제국 미국의 열대의학 연구와 존스 홉킨스 의과대학,"『미국사연구』 47 (2018), 35-73.

(*anophles*)을 매개로 숙주를 옮겨감으로써 전염된다는 사실을 발견하는 쾌거를 이루었다. 이러한 발견 외에도 맨슨의 런던 열대의학연구소(London School of Tropical Medicine)와 로스의 리버풀 열대의학연구소(Liverpool School of Tropical Medicine)의 활약에 힘입어 영국은 열대의학 연구에서 선도국가로 우뚝 섰다. 그러나 비단 영국뿐 아니라, 아프리카에 식민지를 거느렸던 다른 열강들, 즉 프랑스・독일・벨기에・포르투갈 등의 과학자들 역시 열대질병이라는 의학적 난제에 도전하고 열대의학의 제도적 장치를 구축하는데 중요한 역할을 했다. 예를 들어 독일 함부르크 열대의학연구소 벨기에의 브뤼셀 열대의학교(Brussels School of Tropical Medicine), 그리고 프랑스 마르세유(Marseille)와 포르투갈 리스본(Lisbon) 등 유럽 곳곳에 세워진 열대의학교와 열대의학연구소들은 열대의학 교육과 연구를 위한 인프라가 확립되어 갔다.

식민지 아프리카에서 수면병에 맞선 유럽 열강들의 캠페인은 초기부터 유럽 본국과 식민지의 의학 전문가의 네트워크를 십분 활용했다. 그러한 네트워크에는 국제회합(international conference)이 중요하게 작용하고 있었다. 유럽 각지에서 개최된 국제회합에는 국경을 초월하여 전문가들이 참여하였으며 그러한 회합은 수면병 문제 해결에 있어 중요한 장치로 급부상했다. 함부르크 열대의학교의 졸업생이자 식민지 의사로 활동했던 독일의 베르너(Heinrich Werner)는 국제회합에서의 전문 의학자・식민지 의료관의 인적 접촉이야말로 열대질병의 해결에 있어 중요한 요소였다고 강조했다. 국제회합에서 본국뿐 아니라 식민지로부터 온 의료관・의학 전문가들 간의 상호교류와 아이디어 교환, 그리고 새로운 연구결과의 발표 등의 국제공조는 식민지 현지에서의 수면병 대책 수립과 실행에 중요한 도움을 제공했다.

국제회합들은 런던·베를린·브뤼셀·리스본 등 유럽 곳곳에서 개최되었으며, 참가자들의 면면 역시 국제적이었다. 일례로, 1913년 런던에서 열린 국제회합의 참가자 8,000여 명 중 1,000여 명은 프랑스와 독일로부터의 참가자였다. 국제회합의 모토는 과학의 국제주의 정신이었다. 예를 들어, 런던 국제회합에서 영국 외무장관 그레이 경(Sir Edward Grey)은 환영사를 통해 "과학은 국제주의입니다. 진정한 과학은 국가나 정치의 영향을 받지 않습니다. 여기 국제회합에서는 다양한 아이디어·주장·견해들이 있기 마련이며, 이는 본질상 한 국가에 제한된 것은 아니기 때문입니다"[52]라고 역설했다. 그레이 경은 과학자들의 학술적 협력이야말로 국가 간의 패권 경쟁보다도 중요하며, 이는 국제회합의 중요한 기조라고 강조했다.

수면병 발생과 확산, 그리고 캠프제 시행

열대 아프리카 식민지에서 유럽 정착민과 아프리카 토착주민을 위협했던 질병 중 하나는 1901년부터 발병이 감지된 수면병(Trypanosomiasis)이었다. 선교사이자 의사였던 하워드 쿡(J. Howard Cook)과 앨버트 쿡(Albert Cook)은 1901년 우간다(Uganda) 멩고(Mengo)의 작은 병원의 환자 2명에게서 발견된 원인 미상의 질병을 규명하고자 했다. 이후 수면병(sleeping sickness)이라고 이름 붙여진 이 질병은 발열·발진·림프절 확장·식욕부진·성격변화 등의 증상을 수반했으며, 증

52) Deborah J. Neill, *Networks in Tropical Medicine : Internationalism, Colonialism, and the Rise of a Medical Speciality, 1890-1930* (Stanford, Calif : Stanford Univ. Press, 2012), p. 39.

상이 심화될 경우 무기력·정신적 변화, 그리고 이질 또는 폐렴을 수반하는 면역계의 저하 등도 나타났다. 수면병 환자는 방향감각을 잃어 각종 외부 위험에 노출되고, 소통이 어렵게 되며, 가혹한 통증과 오한을 느끼거나, 마침내는 수면상태에 빠져 좀처럼 깨어나지 못하는 등의 고통을 겪었다. 수면병은 식민지 아프리카 토착주민은 물론 식민지 의사들에게도 공포의 대상이 되었으며, 이에 쿡은 영국령 식민지 우간다에서의 수면병의 심각성을 영국 본국에 보고했다.

수면병은 인간이 체체파리에 물리면 전염된다고 알려졌는데, 사하라 사막 이남 아프리카에서의 대규모 식민지 개발과 맞물려 인구이동이 활발해지면서 수면병 역시 빠른 속도로 퍼져나갔다. 어시장의 활황으로 인해 어부들이 체체파리가 들끓는 바다에서 일하는 시간이 길어졌고, 징병제와 강제노동의 도입으로 체체파리 서식 지역으로의 인구 이동이 유발되는 등의 외적인 요인이 작용했던 것이다. 이외에도 새로운 경작지가 개간되고 노동자들이 고무 수확이나 상아 사냥 등의 일거리를 찾아 새로운 지역으로 이주하는 등 빈번해진 인구이동은 수면병의 지역 간 전파를 가속화시켰다. 이를 두고, 체체파리가 철도 객차와 증기선을 타고 퍼져나가 열차의 정차지 또는 증기선의 정박지에서 수면병을 옮긴다는 주장이 제기되었다. 수면병의 잠재적 위협을 감지한, 런던 열대의학교의 샘본(Louis Westenra Sambon)은 1903년 『열대의학지』(Journal of Tropical Medicine)를 통해 주장하기를, 수면병의 원인을 신속하게 알아내기 위해 열대의학 전문가들과 유럽 식민지 정부가 모든 노력을 경주할 것을 촉구했다.

이러한 요구들과 맞물려 수면병의 원인을 둘러싼 연구가 착수되었다. 런던·베를린·브뤼셀·파리의 열대의학자들은 수면병 환자로부터 샘플을 수집하여 이 질병의 원인에 대한 가설을 수립했다. 영국령 우간다 엔테베(Entebbe)의 실험연구실로 파견된 영국 왕립학회(Royal Society)의 연구자들은 환자들을 설문조사하고 혈액과 조직 샘플을 현미경으로 검사했으며 동물실험과 부검을 수행했다. 왕립학회의 브루스(David Bruce)는 수면병은 곤충을 매개체로 전염되는 트리파노소마(trypanosomes, 원생성 기생충)가 원인이라고 추정했으며, 카스텔라니(Aldo Castellani)는 수면병 환자의 혈액에서 트리파노소마를 검출함으로써 그것이 수면병의 원인임을 확증했다. 수면병 문제를 해결하기 위하여, 유럽 열대의학 전문가들과 식민지 의사·식민지 의료관들은 트리파노소마 병원체·체체파리, 질병 확산의 패턴 등과 같은 기술적 문제의 규명에 전념했다.

아프리카 수면병에 대한 의학적 규명과 더불어, 그 확산을 막기 위한 방역 캠페인 역시 전개되었다. 방역 캠페인의 초기 단계에서 핵심 전략으로 떠오른 것은 캠프제였다. 샘본은 1903년『열대의학지』에서 캠프를 설립하여 적절한 감시 하에 환자를 수용하는 것은 도처에 환자를 흩어진 채 방치하는 것보다 훨씬 인간적이며 신중한 대책이라고 강조했다. 식민지 우간다의 총독 벨(Henry Hesketh Joudou Bell) 역시 수면병에 감염된 것으로 추정되는 모든 환자들을 격리 캠프에 수용하여 약물 치료를 받게 해야 한다고 언급했다. 이에 따라 식민지 우간다 정부가 1904년에 발효한 규정(ordinance)에 의해 식민지 의료관에게는 막강한 권한이 허용되었으며, 이는 관찰을 위해 수면병 확진환자와 추정환자를 캠프나 수용소 또는 병원 같은 장소에 수용할 수 있게 해 주었다. 우간다의 엔테베 의료관 호지스(A.D.P. Hodges)는 캠프제는 수면병 환자의 격리뿐 아니라, 수면병 환자에 대한 처방법의 효과를 대규모로 시험해 볼 수 있는 기회 역시 제공한다고 보았다.

영국의 수면병 캠페인에 고무된 벨기에의 레오폴드(Leopold) II세는 우간다 인근의 벨기에령 식민지 콩고자유국(Congo Free State)에서의 수면병 통제에 착수했는데, 그 시작은 국제적 네트워크를 통해 영국 열대의학의 역량을 활용하는 것이었다. 레오폴드는 콩고자유국에서 수면병 실태를 탐사하고 질병관리 전략을 도출해 주기를 리버풀 열대의학교에 요청했다. 레오폴드의 요청을 받은 리버풀 대학이 제시한 결론은 다름 아닌 캠프제의 시행이었다. 리버풀 열대의학교의 토드(John Todd)의 권고 대책은 『영국 의학지』(British Medical Journal)에 잘 드러나 있는데, 이에 따르면 수면병의 매개체인 체체파리를 통제하는 것은 거의 불가능하기 때문에 수면병 확산을 막기 위해서는 바로 감염자들과 비감염자들 간의 접촉을 차단시키는 것이 우선이라는 것이었다. 토드는 우간다에서 시행되고 있던 캠프제가 이미 부분적으로나마 성공을 거두고 있는 것으로 평가했다. 캠프제의 성과는 식민지령 간의 경계를 초월하여 식민지 의료관·의사 및 식민주의자들에게 강력한 인상을 남겼다. 이에 수면병 대책의 초점은 수면병 감염자 집단이 이 질병을 더 이상 퍼트리지 못하도록 통제하는 데 모아졌으며, 이를 위해 아프리카인의 이동을 제한하고 잠재적 질병 보균자를 식별하기 위한 조치가 시행되었던 것이다.

우간다와 콩고자유국에 인접한 동아프리카에서 거대 식민지를 지배하고 있던 독일 역시 수면병으로 인해 골머리를 앓았다. 독일령 식민지의 의사 펠트만(Oskar Feldmann)은 식민지 현지에서 영국령 의사들과의 잦은 교류를 통해 수면병 관련 지식을 습득했으며, 영국 측의 수면병 관련 활동사항을 독일 본국에 보고하기도 했다. 영국 측의 수면병 캠페인에 상당한 인상을 받았던 독일 측 역시 수면병 대책 전략을 정비했으며, 그 세부적인 내용은 다름 아닌 영국식 캠프제를 발전시킨 것이었다. 즉, 단순히 캠프에 환자를 격리 수용시키는 것뿐 아니라, 수용된 환자들을 보다 적극적으로 치료하는 것이 필수적이라고 보았던 것이다. 독일 캠프제 프로그램은 영국령 식민지 우간다에서 수면병 탐사팀의 일원이었던 식민지 의사 클라이네(Friedrich Karl Kleine)가 주도했다. 상술한 바, 아프리카의 영국령·독일령·벨기에령 식민지에서 전개된 수면병 캠페인의 이면에는 유럽 열강들 간의 첨예한 경쟁이 아니라 오히려 국제공조가 중요하게 작동하고 있었다.

수면병 통제, 국제회합의 역할, 그리고 지식의 네트워크

수면병의 위협은 동아프리카에서 서아프리카 식민지로 확산되었는데, 특히 독일령 카메룬과 프랑스령 적도아프리카(French Equatorial Africa, FEA. 프랑스령 콩고를 의미함)에서 수면병 상황은 심각해져갔다. 이에 식민지의 의사·의료관들은 수면병 대책을 찾는 데 국제공조를 십분 활용하였다. 그들은 유럽 본국에서 발행한 최신 학술지를 구독하고, 본국의 동료 전문가와의 서신을 활용하며, 유럽 중심부에서 개최되는 국제회합에 적극적으로 참여함으로써 수면병의 현황·동향을 파악하는 데 공통의 협력활동을 펼치는 국제공조에 참여했다. 특히 1907년 런던에서 개최된 국제 수면병 회합(International Conference Sleeping Sickness)은 1908년에 개최된 그 후속학회(follow-up meeting)와 더불어, 유럽의 식민지배국들이 수면병에 대한 인식과 견해를 교환하고 공동의 대처방안을 공고히 하는 데 있어 중요한 계기가 되었다. 국제회합은 식민지배국들이 수면병을 통제하는 데 필요로 했던 지식과 데이터를 제공함으로써 수면병 투쟁을 향한 지적 네트워크의 심장부가 되었다.

국제회합의 목적은 수면병 발생 지역에서 취해졌던 조치들을 복기하고 향후 대처방안을 모색하는 데 있었다. 1907년 런던의 국제 수면병 국제회합에 참가한 의학 전문가들은 동·서아프리카에서의 수면병 대책의 방향을 모색하기 위해 새로운 공조체제를 형성하고 공동의 어젠다를 도출하고자 했다. 런던 회합에서 주목을 끌었던 것은 일찍이 수면병 발생 타격을 받았던 영국과 벨기에 양국의 수면병 대처 활동이었다. 영국 측의 발표에서는 영국이 벨기에 지배하의 콩고자유국에서 벨기에와 공조하여 전개했던 많은 조치들이 소개되었다. 영국과 벨기에 간의 그러한 공조를 매개했던, 영국 리버풀 열대의학교의 토드가 발표를 맡았다. 토드는 과거 벨기에 콩고자유국 식민지에서 수면병 연구를 수행한 바 있었고, 영국 식민지령 로디지아(Rhodesia, 오늘날의 잠비아)에서 수면병 특임 자문관으로 근무했던 베테랑 열대의학자였다. 영국과 벨기에 양국의 수면병 캠페인의 핵심은 수면병 발생지역으로의 아프리카 주민의 이동을 막고 수면병 환자의 격리에 중점을 두는 것이었다.

프랑스·포르투갈·독일 등 국제회합에 참여한 국가들은 수면병에 대한 지식과 아이디어를 얻어갈 수 있었다. 포르투갈의 열대의학자 콥케(Ayres Kopke)는 수면병 실험과 치료에 깊이 관여한 바 있었는데, 콥케에 따르면 포르투갈 정부는 런던 국제학회에서 보고된 수면병 예방 대책들 중 가장 실용적인 것으로 판단되는 것을 포르투갈령 식민지에 도입할 예정이라고 강조했다. 국제회합은 수면병에 대한 기존대책의 전파뿐 아니라 새로운 대책을 모색하는 장소이기도 했다. 독일 측 참가자인 폰 제이콥스(H. von Jacobs)는 수면병 예방 프로그램을 준비 중이던 독일령 동아프리카 식민지 정부를 대변해서, 국경에서 검역을 통해 수면병 환자들을 걸러내는 아이디어에 관한 각국 전문가들의 견해를 국제회합에서 구하고자 했다. 그러나 이 아이디어에 대하여 영국과 벨기에 측은 검역이 지닌 한계를 지적하고 나섰다. 영국과 이집트 공동 통치령이었던 수단의 영국 대령 헌터(Hunter)는 검역으로 인해 지역 간의 교역이 위축되는 부작용이 클 것으로 보았으며, 벨기에령 콩고자유국의 부총독인 란토노이스(Lantonnois) 대령은 수면병의 잠복기는 최장 7년 이상에 달할 수 있기 때문에 검역은 무용하다고 보았다. 독일 측은 이들 국가들의 자문 내용을 깊이 새겼으며, 그 결과 독일이 식민지에서 실시한 수면병 대책은 수면병 환자의 격리 자체에는 중점을 두었으나 국경에서의 검역을 실시하지는 않았다. 식민지령들은 물론 본국들 간의 경계를 가로지른 열대의학 지식의 교류는 시간이 흐름에 따라 아프리카 수면병 캠페인에 국제적인 협업의 기조를 불어넣었다. 이에 벨기에령 콩고자유국・영국령 우간다・독일령 동아프리카 등 도처에서 캠프제가 광범위하게 실시되었다.

이러한 협업의 기조 아래, 식민지의 전문가들은 식민지 경계를 가로질러 상호방문과 접촉을 통해 적극적인 공조를 취했다. 가령,

스탠리 풀(Stanley Pool) 호수로 연결된 프랑스령 콩고(FEA)의 브라자빌(Brazzaville)과 벨기에령 콩고자유국의 레오폴드빌(Leopoldville)의 경우 지역 간의 지리적 이동은 매우 용이했으며 심지어 모두 프랑스어로 소통이 가능했다. 이러한 지리적·언어적 유사성으로 인해 벨기에령 콩고에서 실시된 수면병 대처 방법은 프랑스 측에서도 빈번하게 검토되었으며 일부 아이디어들은 실제로 시행되기도 했다. 벨기에와 프랑스 연구자들은 실험 결과와 기교 등을 비교했으며 각 식민지 정부의 의료 하부구조와 도구·장치를 서로서로 논의했으며 수면병 치료법 등 화학요법의 가능성을 내놓기도 했다. 식민지령 경계를 가로지른 전문가의 공조와 연대 하에 수면병 대책을 위한 지식의 네트워크는 더욱 더 공고해져갔다.

놀라운 것은 프랑스와 독일의 경우 첨예한 군사적·정치적 경쟁과 대립으로 얼룩진 역사적 전통에도 불구하고, 식민지 아프리카에서의 수면병 문제에 대해서만큼은 상호접촉이 활발했다는 점이었다. 1907년에서 1914년에 걸쳐 독일 식민지 의사들은 거리와 이동의 어려움에도 불구하고 프랑스령 콩고(FEA)를 자주 방문했다. 가령, 1909년 프랑스령 콩고 접경지역인 물룬두(Moloundou) 의료소에서 독일 의사 가이슬러(Geisler)는 프랑스 측 의사들과 자주 의견을 나누었다. 양국의 의사들은 각자의 연구노트를 비교했으며, 프랑스 의사들은 브라자빌에서 수면병에 대한 새로운 정보, 수면병의 확산 형태, 아프리카인의 증기선 승선 추적을 위한 건강증명서 도입, 그리고 강제수용소 수립에 대한 견해를 독일 쪽 의사들과 교환하였다. 독일 식민지 의사들은 프랑스령 식민지 곳곳을 방문하여 프랑스 수면병 의사들을 만났다. 예를 들어, 프랑스령 콩고(FEA)의

까흐노(Carnot)에서 독일 식민지 의사 쿤(Philalethes Kuhn)과 프랑스 식민지 의사 무라즈(Dr. Muraz) 두 사람은 마을에서 수면병 병원체(트리파노소마)에 대한 현미경 분석을 함께 수행하기도 했다. 브라자빌의 수면병 대처에 강한 인상을 받은 쿤은 프랑스의 식민지 의사 카마일(Dr. Camail)과 의사 헤켄로스(Dr. Heckenroth)를 식민지 현지에서 만나서 약물치료 프로그램, 수면병 문제의 특성과 범위, 대처전략 등에 관해 논의했는데, 독일과 프랑스 측은 모두 수면병 약물치료 프로그램에 대한 각별한 관심을 보였다.

식민지 의사들은 수면병에 대한 비슷한 문제, 질병해결을 향한 공통의 태도와 질병 통제 방법 등의 어젠다를 공유했기 때문에, 자연히 식민지 간 경계를 넘은 공조를 통해 대책을 찾고자 했다. 이와 관련하여 등장한 대처방안이 의료통행증(medical passports)이었다. 통행증은 벨기에의 요청을 받아 영국 리버풀 열대의학연구소의 열대의학자 로스에 의해 처음으로 제안된 바 있었다. 1903년 로스는 수면병 환자를 마을로부터 고립시켜 식민지 주민의 이동을 통제·관리할 목적으로 의료통행증 제도를 제안했다. 로스의 주장에 영향을 받은 영국 리버풀 열대의학팀은 의료통행증이야말로 식민지 지역 간 지리적 이동이 잦은 식민지 관료와 식민지 정부 회사 소속의 노동자들과 군인들이 수면병 전염구역으로 통행하는 것을 억제하는데 도움을 줄 수 있다고 주장했다. 의료통행증에 대한 아이디어는 유럽 식민국가들을 사로잡았다. 가령, 프랑스령 콩고(FEA) 의사들은 수면병 보균자와 환자를 추적하여 파스퇴르 연구소에서 수면병 검사를 받았다는 것을 인증하는 팔찌 형태의 의료통행증을 도입하여, 브라자빌을 통과하는 아프리카 주민을 감시했다. 의료통행증

아이디어는 얼마 후 벨기에 콩고자유국과 프랑스령 콩고(FEA) 간의 이동을 통제하는 데까지 확대되었다. 프랑스 논평가들은 프랑스 식민지 정부의 즉각적인 통행증제 시행을 촉구했으며, 이어서 독일·영국·포르투갈·프랑스 모두 의료통행증제에 대한 고무적인 입장을 취했다.

수면병 대책은 캠프제에서부터 의료통행증에 이르는 다양한 조처들이 시도되었지만, 이들 조치들은 어디까지나 수면병 환자의 격리를 통한 수면병 확산 방지에 초점을 맞춘 것들이었다. 그러나 수면병의 피해를 효과적으로 경감시키기 위해서는 수면병에 걸린 환자들의 치료가 필수적이었다. 따라서 유럽 식민국가들은 수면병 치료법 역시 적극적으로 모색해야만 했다. 독일 과학자 에를리히(Paul Ehrlich)는 수면병 약물치료 연구에 깊게 관여하고 있었는데, 그의 연구활동은 국경을 넘은 의학 전문가 네트워크를 십분 활용하였다.

수면병 약물치료 연구와 에를리히의 네트워크

유럽 식민국가들의 수면병 문제 해결 과정에서, 약물치료법은 초기부터 중요한 고려 대상이었다. 파리 파스퇴르 연구소, 프랑크푸르트 치료실험 연구소(Institute for Experimental Therapy)를 중심으로, 노벨상 수상자인 프랑스의 라베랑(Alphonse Laveran)과 독일의 에를리히는 수면병 약물치료 연구의 필요성을 상당히 절감하고 있었다. 일찍이 에를리히는 병원균을 선별적으로 죽일 수 있는 화학물질이 존재 가능하다는 주장을 제시한 바 있었다. 예를 들어, 에를리히는 1904년 염색약에 사용되는 화학물질 트리판 레드(Trypan red)가 수면병 병원충인 트리파노소마(Trypanosoma)에 감염된 쥐를 치료하는 데 효과적임을 알게 되면서, 염색약의 구조를 조금만 바꾸면 치료약물을 만들 수 있는 가능성을 인지했다. 1905년에는 수면병 치료를 위해 아톡실(atoxyl)로 불리는 비소화합물을 시작으로 에를리히는 수면병 치료약물에 대한 연구를 시작했다. 에를리히는 아톡실은 수면병을 일으키는 트리파노소마 원생성 기생충을 사멸시킬 수 있지만, 수면병의 재발을 일으킬 뿐 아니라 과다 투여시에는 실명의 부작용도 있다는 점을 알아내기도 했다.

실제로, 에를리히는 영국의 부르스와 카스텔라니가 수면병의 원인으로서 병원체 트리파노소마의 존재를 규명했을 무렵, 인체 조직에 해를 가하지 않고서도 병원체에만 독성을 가하도록 설계되어 개발된 치료제, 소위 '마법의 탄환'(magic bullet)의 발명을 시도했다.[53] 에를리히는 그의 1907년 <화학요법적 수면병 연구>라는 논문에서 인체에 침입한 병원체를 죽이거나 증식을 예방하는 치료약물로 질병을 치료하는 화학요법의 기틀을 마련하기도 했다. 수면병에 대한 마법의 탄환을 찾기 위해서는 에를리히는 연구자들 간 협력 네트워크가 필요하다고 생각했으며 수면병에 처한 심각한 상황은 연구자들의 연계와 협력을 유도할 수 있을 것이라고 보았다. 에를리히는 충분한 규모의 환자집단을 대상으로 치료약물 테스트를 수행할 수 있는 기회를 확보하기 위해, 테스트용 치료약물을 각국 식민지의 연구소와 의사들에게 전달하여 실험을 의뢰했다. 다행스

53) 예를 들어, 에를리히는 당시 공중보건을 심각하게 위협하고 있던 매독의 치료제로 비소(arsenic)를 사용한 살바르산(Salvarsan)을 내놓았다. 이 약은 매독 치료에 최고의 효과를 발휘한 치료제로, '마법의 탄환'이라고 불린 최초의 화학치료제가 되었다. 에를리히가 발명한 이 마법의 탄환은 이후 1940년대에 페니실린이 발명될 때까지 매독 치료제로 널리 사용되었다.

럽게도 이러한 의뢰들이 받아들여져서, 에를리히는 독일령 식민지뿐 아니라 영국령·프랑스령 식민지의 과학자들과도 협력할 수 있었다.

에를리히는 영국령 식민지 우간다의 엔테베 실험연구소를 치료약물 연구의 거점으로 활용하고자 했다. 엔테베 실험연구소에서 영국의 그라이그(E.D.W. Greig)는 동료과학자들과 함께 수면병 치료약물 테스트 실험을 진행하고 있었는데, 에를리히는 그라이그와의 친분을 활용하였다. 1902년 인도에서 이미 친분을 쌓았던 두 사람은 이후에도 교류를 유지했으며, 그 덕에 에를리히는 그라이그가 우간다로 발령을 받았을 때 엔테베의 수면병 환자를 대상으로 하는 치료약물 실험에 대한 협력을 그에게 요청할 수 있었다. 에를리히를 최고의 과학자로 칭송했던 그라이그는 에를리히와의 협력 연구가 수면병 문제를 해결하는 지름길이 될 수 있다고 보았으며, 에를리히를 돕는 데 열정적이었다. 독일인 에를리히에게 영국령 우간다 엔테베가 수면병 치료약물 테스트 연구를 위한 핵심 기지가 될 수 있었던 것은, 에를리히와 엔테베 연구팀이 경쟁상대가 아니라 상호보완과 협력의 대상으로서 일했기 때문이었던 것이다. 에를리히가 연구자 네트워크를 통해 아프리카 도처에서 협업으로 실행한 치료약물 테스트 연구는 수면병을 겨냥한 마법의 탄환의 발견으로 가는 중요한 징검다리가 되었다. 에를리히는 독일 프랑크푸르트의 연구소에서 수면병 원충성 기생충에 전염된 쥐·원숭이를 대상으로 효과가 검증된 치료약물을 식민지 아프리카 도처에서 인간 환자에게 적용하여 테스트하는 국제적인 협력체계를 구축했다.

에를리히는 그가 기존에 발견했던, 수면병 치료에 효과가 있지만 시신경을 손상시킬 수도 있는 아톡실을 대신할 새로운 유도체를 개발하고자 했으며, 계속해서 아톡실의 구조를 조금씩 변형시켜 가면서 수백 가지의 비소화합물 유도체를 만들어 시험했다. 그 중에서도 418번째 화합물인 아르제노페닐글리신(arsenophenyglycine)이 수면병 병원충 제거에 탁월한 효과를 보임을 발견하였다. 이에 에를리히는 1907년 런던의 국제회합에서 새로운 아르제노페닐글리신 약물은 인간 숙주에 유해하지 않으면서도 수면병 병원체를 빠르고 성공적으로 파괴한다는 사실을 발표했다. 에를리히는 이 약물이야말로 그가 줄기차게 추구했었던 마법의 탄환이 될 수 있을 것으로 기대했으며, 그의 연구는 유럽과 식민지 아프리카를 잇는 열대의학 네트워크를 타고 퍼져나갔다. 가령, 영국의 로스는 리버풀 열대의학교에서 수면병 환자에 처방할 에를리히의 최신 약물을 요청하기도 했다. 또한 에를리히의 최신 약물 테스트 실험연구는 영국령 식민지의 수면병 캠프를 넘어 벨기에령의 식민지 의사들과도 협업으로 진행되었다.

에를리히와 연계된 식민지 네트워크에서 특기할만한 이의 하나는 프랑스령 식민지의 파스퇴르 연구소의 메스닐(Felix Mesnil)이었다. 메스닐을 통해 에를리히는 프랑스령 콩고(FEA)의 브라자빌 파스퇴르 연구소(Brazzaville Pasteur Institute)의 마르뗑(Gustave Martin)이 이끄는 수면병 연구팀과의 협력 연구 기반을 조성할 수 있었다. 브라자빌 연구소는 수면병 확진 환자와 추정 환자가 모여드는 곳이었다. 브라자빌의 의사들은 수면병 환자 치료를 위해 당시 가장 효과적이라고 알려졌던 아톡실뿐 아니라 여러 가지 시험용 치료약물들을 테스트하고 있었다. 그 중에서 주목을 받았던 약물은 투명한 황색의 황화비소 광물인 오피먼트(orpiment)로서, 열대의학 협회(Society of Exotic Pathology)에 의하면 이 약물은 아톡실과 같은 목적을 가지고 있지만 부작용은 없을 것으로 기대받았던 것이었다. 그러나 수면병 발병 단계별 환자들을 대상으로 오피먼트의 효능 테스트가 수행되었지만, 그 결과는 고무적이지 않았다. 브라자빌의 의사들은 오피먼트가 혈액 속의 수면병 병원체를 약화시키는 데는 매우 미약하다는 것을 알게 되었다. 게다가, 오피먼트는 항상 무해한 것만은 아니었다. 브라자빌 의사들은 오피먼트 제조 과정에서 소금을 이용하여 약품으로 가공하는 염제에 심각한 문제가 있는 것을 발견했으며, 오피먼트 약물은 정도의 차이는 있지만 심각한 부작용을 수반할 수 있다고 결론을 내렸다. 오피먼트를 통한 수면병 치료는 효과적이지 못했을 뿐 아니라, 오피먼트의 독성성분은 특히 비의료인에 의한 처방 시 그 위험이 더욱 커진다는 것이었다.

이제 브라자빌 연구소에서는 에를리히가 1907년에 제시한 약물 아르제노페닐글리신 약물에 대한 테스트가 착수되었다. 바로 이 약물은 1909년부터 프랑크푸르트·파리·브라자빌을 연계했던 중재자인 메스닐을 통해 브라자빌의 의사들에게 제공되었던 것이었다. 메스닐은 프랑스의 저명한 열대의학자 라베랑과 함께 열대의학 교과서를 공동저술했던 수면병 전문가로서, 독일 동물학 연구소에서의 연구경험 덕에 에를리히와의 지적 친분이 두터웠다. 메스닐과 마르탱과 같은 신중하고 믿을 만한 공동연구자를 통해 에를리히는 치료약물 테스트에 대한 정확한 결과를 기대할 수 있었다. 에를리히가 메스닐과 나눈 서신들에는 다양한 연구주제들, 동료 과학자에 대한 평가노트, 새로운 사실 발견 등에 대한 논의가 포함되어 있었다. 에를리히와 브라자빌 연구소와의 협력 연구는 열대의학을 둘러싼 앙숙과도 같았던 독일과 프랑스 양국의 경쟁관계조차 초월했던 것이었다.

그러나, 프랑스령 식민지 브라자빌 연구소에서 수면병 치료약물 테스트 결과는 긍정적이지만은 않았다. 마르탱을 위시한 식민지 의사들은 약물의 효능에 대한 상이한 결과에 직면했다. 예를 들어, 아르제노페닐글리신은 환자의 상태를 비록 더디나마 지속적으로 회복시키는 것으로 나타나 해당 약물은 폭넓게 사용되도록 권장되었으나, 다른 테스트 약물들은 일시적인 회복을 보이는 것에 불과했으며, 일부 약물은 독성이 강하고 다루기가 복잡하고 고통스런 부작용이 따르는 등 다양한 효과와 문제를 불러 일으켰다. 무엇보다도, 아프리카 수면병 환자들은 약물 비용을 스스로 부담해야 했던 외적인 어려움도 있었다.

이런저런 한계에도 불구하고, 에를리히의 수면병 치료약물 테스트는 열대질병에 대한 화학요법을 진전시키는 데 도움을 주었으며, 이것이 가능했던 것은 에를리히와 식민지 의사들 간의 연구자 네트워크를 통한 국제공조를 통해서였다. 수면병의 화학요법은 영국·벨기에·독일·프랑스의 아프리카 식민지 경계를 가로지른 협력 연구를 가능하게 한, 국제적 지식 네트워크의 산물이었다.

나가면서

1914년에 발발한 제1차 세계대전은 식민지 아프리카에서의 수면병 캠페인의 상황을 드라마틱하게 변화시켰다. 제1차 세계대전에서의 패배로 인해, 아프리카의 독일 식민지들은 유럽 연합국에게 분할되었다. 그러나 비록 아프리카에서 유럽 열강들의 충돌은 계속되었지만, 전후에도 계속되었던 수면병의 위협 속에서 전범국 독일에 대한 영국·프랑스 연합국의 정치적 공격 수위는 적어도 수면병 캠페인에 한해서는 누그러졌다. 수면병에 맞선 대책으로는 전쟁 이전에 전개되었던 환자의 격리 캠프제에서부터 의료통행제와 치료약물 연구 등이 계속되었다. 수면병 연구와 관련해서는 독일 의사들은 영국령 아프리카 식민지에서도 수면병 연구와 활동을 재개할 수 있었으며, 독일과 프랑스 간의 잠재적 대립 국면도 수면병 연구와 관련해서는 해소되어갔다. 프랑스 몽펠리에(Montpellier) 출신의 퇴역군인이자 의사였던 그라셋(Joseph Grasset)은 독일과 프랑스 간의 과학 협력 정신은 결코 폐기되지 않았으며, 나아가 과학에는 독일 과학이나 프랑스 과학 같은 국가별 구분이 없고 오로지 프랑스 출신의 과학자와 독일 출신의 과학자만 있을 뿐이며, 과학의 국제주의 정신은 19세기 말부터 연연히 흘러내려오고 있다고 강조했다.

본장에서 고찰한 바, 20세기 초에서 1차 세계대전에 이르기까지 아프리카 열대지역에서 수면병의 전방위적 위협에 맞서 전개된 수면병 캠페인의 전개 과정에서 과학의 국제화를 엿볼 수 있다. 국제회합이라는 장치는 본국의 열대의학자와 식민지 의료관·식민지 의사들 간에 열대질병에 대한 학술적 교류를 가능하게 해 주었으며, 전문가들 간의 지식 네트워크는 본국과 식민지, 그리고 식민지 지역들 간의 경계를 넘어 과학의 국제공조와 협력 관계가 작동할 수 있게 해주었다. 덧붙이자면, 제1차 세계대전 이후 1920년대와 1930년대 아프리카에서의 수면병과의 투쟁은 국가별로 상이한 접근법으로 나타나기도 했다. 영국은 여전히 치료약물 연구를 배제하지 않으면서도 수면병 매개충인 체체파리 방제 프로그램에 초점을 두었던 반면, 벨기에와 프랑스는 화학요법 프로그램에 전념했다. 1950년대와 1960년대에 와서 기존의 유럽 국가들의 노력에 더하여 새로운 의학강국 미국의 개입으로 수면병 퇴치는 체체파리 방제 프로그램 수립과 새로운 치료약물 개발에 있어 국제적인 협력과 공조를 한층 더 강화함으로써 새로운 전환기를 맞게 된다.

08 과학연구의 표준화에서 과학의 세계화로 : 생태학의 사례[54)]

들어가면서

본서 1장에서 고찰한 바와 같이, 독일의 과학탐험가 훔볼트(Alexander Humboldt)의 라틴아메리카 과학탐험(1799년~1804년)은 식물지리학이라는 새로운 분야를 잉태시켰다. 훔볼트가 기틀을 다진 식생 연구는 프랑스·독일·영국·스위스·러시아·스웨덴 등 유럽 각지에서 식물지리학자(plant geographer)·식물생태학자(plant ecologist)·식물사회학자(plant sociologist) 등으로 불린 과학자들에 의해 계승되었다. 오늘날에는 식생이란 특정지역을 덮고 있는 식물 군집(community)이라는 정의가 보편화되었지만, 19세기 말~20세기 초의 시기만 해도 식생에 관련된 개념과 용어 자체를 둘러싸고 다양한 견해와 주장이 난립하는 등 식생의 기술과 분류에 대한 표준적 합의는 아직 미완의 상태였다.[55)]

---

54) 본장은 학술지에 게재된 본 연구자의 관련 논문을 저본으로 한다. 정혜경, “생태학의 지적 궤적으로 본 과학의 국제화: 린네 식물학에서 국제 생물 사업 계획에 이르기까지,” 『한국과학사학회지』 37:3 (2015), 593-622.

이러한 표준화의 부재로 인해 당시 유럽과 미국의 식물학자들은 동일한 현상에 대해 상이한 개념을 사용했는가 하면, 반대로 상이한 현상에 대해 동일한 개념을 사용하는 일도 빈번했다. 분야 또는 학파별로 연구의 접근방식 및 초점 역시 다양했다. 식물사회학파의 연구는 식생을 이루는 식물군(flora, 어떤 지역에 분포, 생육하는 식물의 종류를 의미)의 구성에 초점을 두었던 반면, 식물생태학파는 식생의 역동성과 환경의 영향력을 강조했다. 지역적으로는 영미권의 학파는 식생의 역동적 측면과 식생의 분석도구로 상관(physiognomy)·우점도(dominance)·우점종(dominant species)[56] 등을 적극적으로 활용했다. 그러나 영미권 내에서도, 식생의 역동적 변화를 분석하는 데 있어 영국학파는 환경적 요소 중 토양과의 연관성에 주목하고, 미국학파는 기후와의 연관성에 초점을 두는 등의 차이가 있었다. 연구 초점과 방식의 다양성은 바람직하다 할 수 있겠지만, 그러한 다양성에 드러난 차이가 지역적 구분과 맞물려 있었다는 점은 식생 연구가 국지성을 초월한 표준화가 덜 이루어진 상태였음을 암시하는 것이기도 했다.

본장에서는 20세기 초반 생태학이라는 새로운 분야가 세계화를 통해 발전한 과정을 고찰한다. 당시에 유럽과 미국의 구미권에서 식생 연구를 둘러싼 지적 혼란이 극심했을 때, 과학자들은 국경을

---

55) 식생이란 어떤 지역에 존재하는 식물 집단을 지칭하는 것이다. 식생을 구분하는 데 있어서 지역명에 따라 한국 식생, 한라산 식생 등으로 부를 수도 있고, 지역의 물리적·지리적 환경에 분류에 따라 고산식생, 습지식생, 해안식생 등과 같은 식으로 부를 수도 있다. 또는 식생의 외형적 경관을 이루는 상관(physiognomy)에 따라 산림식생, 초원식생 등으로 나누기도 한다.

56) 상관이란 특정 지역에 서식하는 식물 군집의 외관을 의미하는데, 식물 군집의 특징을 이루는 하나의 뚜렷한 경관을 이루고 있는 장소, 예를 들어 호수 등을 선택하는 경우가 많다. 종의 우점도는 식물 군집에서 해당 종이 양적으로 어느 정도 우세 혹은 열세인지를 나타내는 척도이다. 우점종은 해당 식물 군집에서 우점도가 가장 높은 종을 지칭한다. 가령, 밀도(density)·빈도(abundance)·피도(coverage) 등이 가장 높은 종을 우점종이라고 한다.

초월한 지적·사회적 교류를 도모할 수 있는 장치로 국제 식물지리학 탐방(International Phytogeographical Excursion, 이하 IPE)을 활용하여 식생 연구의 방법론적 표준화에 도달했다. 이후 미국의 린더만(Raymond Linderman)에서부터 시작되어 오덤(Eugene Odum)에 이르러 완성된 생태계 생태학(ecosystem ecology)은 전세계 생태학 공동체가 준수하는 생태학 이론과 연구방법에 대한 글로벌 표준이 되었다. 즉, 20세기에 접어들어 과학자들의 국경을 초월한 지적 담론의 교류가 활발해졌을 때, 생태학자들은 생태계 생태학이라는 글로벌 표준 하에 생태학 연구의 지적 동질감과 신뢰성을 고양하였다. 세계화란 국제화의 심화된 개념이자, 어떤 분야의 프레임과 방법론 등이 지역적·국지적 협소성을 극복하고 보다 범세계적인 글로벌 표준으로 수렴하고 조정되는 것을 의미한다고 볼 때, 20세기 생태학은 바로 과학의 세계화 과정을 엿볼 수 있는 분야였다.

국제 식물지리학 탐방(IPE)과 탈국가적 과학으로서의 식생 연구

국제 식물지리학 탐방(IPE)의 아이디어는 1908년에 스위스의 식물학 교수 시로터(Carl Joseph Schröter)가 제안하였다. 최초의 IPE는 시로터의 아이디어에 공감한 영국 식물생태학자 탠슬리(Arthur G. Tansley)의 주도 하에 1911년에 영국에서 개최되었다. 영국 IPE에서 유럽대륙과 미국으로부터의 참가자들은 지역 식생 정보를 담은 『영국 식생형』(Types of British Vegetation)이라는 책자와 더불어, 잉글랜드·스코틀랜드·아일랜드 도처에 걸친 5주간의 필드탐방의 기회를 제공받았다. 이 때 작성된 탐방일지는 탠슬리가 1902년에 창간한 『신식물학자』(New Phytologist)지에 상세하게 소개되었다.

필드탐방은 필드의 식생 전문가들로부터 지식과 경험을 전수받는 기회를 참가자들에게 제공했다. 예를 들어 영국 IPE에 참여했던 미국 시카고 대학의 생태학자 코울스(Henry C. Cowles)는 "미국 생태학자들은 문헌만으로 히스(heath, 진달래과의 관목) 그룹, 히스로 뒤덮인 군집(community) 등 개념의 정확한 의미를 이해하기란 어려웠는데, 지난 여름 [필드탐방에서] 여러 가지 용어에 대하여 유럽의 과학자들이 보여준 실물을 통해 제대로 알게 되었다"라고 회고한 바 있다. 또한 IPE의 탐방활동을 통해 각국의 참가자들은 서로 간의 상이한 주장과 관점에 대한 물질적·이론적 증거의 교환을 통해 상호 소통과 설득에 도달할 수 있었다. 코울스는 "이번 달 탐방 참가자들은 공동생활과 탐방활동을 통해 상호 간의 견해와 필드활동의 의미를 더 잘 이해하게 되었으며, 서로의 저술에 대하여 전에 없이 보다 잘 이해할 수 있게 해주었다"라고 회상했다.[57] 이외에도, 수주에 걸친 영국 IPE에서의 공동활동은 참가 과학자들 사이에 인간적 교감 역시 고양함으로써 향후에 연구에 대한 상호 이해를 촉진하는 데도 기여하였다. 요컨대, IPE는 참가자들에게 개최 지역의 식생을 이해하는 교육적 효과를 제공함은 물론 참가자들 간의 지적 소통과 교류를 촉진하였는데, 이는 모두 지역적 협소성을 극복한 식생 연구의 표준화에 기여할 수 있는 무형의 자산들이었다.

IPE의 개최는 일회성으로 그치지 않았다. 영국에서의 IPE의 성

---

57) H.C. Cowles, "The International Phytogeographic Excursion in the British Isles. Ⅳ Impressions of the Foreign Members of the Party," *New Phytologist* 11 (1912), pp. 25—26.

공적 개최는 대서양 너머 미국 학계에도 자극을 준 결과, 영국 IPE에 참가했던 미국의 코울스는 1913년에 미네소타 대학의 클레멘츠(Frederic E. Clements)와 함께 미국에서 IPE를 개최했다. 제1차 세계대전과 그 후유증으로 인해 한동안 개최가 보류되었던 IPE는 1923년에 스위스 취리히 루벨 연구소(Rubel Institute)의 루벨(Eduard Rubel)・시로터・브록만—제로시(Heinrich Brockmann-Jerosch) 등 스위스의 저명한 식물지리학자들에 의해 재개되었다.[58)]

1923년에 스위스의 식물사회학자 루벨이 주도했던 IPE는 유럽의 너도밤나무 숲(beech forest) 식생 연구를 통해, 식생 연구 프로토콜(protocol)을 결정하는 데 중요한 역할을 했다. IPE가 추진했던 너도밤나무 숲 식생 연구는 영국・프랑스・독일・오스트리아・체코슬로바키아・스페인・포르투갈・폴란드・발칸반도 국가들・루마니아・스웨덴・덴마크 등의 식생 관련 분야 과학자들이 참가한, 국제적 연구 공조의 결정판이었다. 스위스 IPE의 기획 단계에서부터, 루벨은 지역과 학파별로 식생 연구 방법론상의 차이를 극복하고자 식생 연구 방법론에 관한 통합적 프로토콜을 제시했다. 구체적으로 (1) 루벨은 군집 구역의 설정에 구획법(quadrant method)을 이용하여 너도밤나무 숲 동질구역에 대한 관련 변수들을 고려하게 했다. (2) 아울러 루벨은 프랑스・스위스 식물사회학파의 주장을 수용하여, 신규 발견된 식물 군집을 생물형(life form)・빈도(abundance)와 종의 적합도(fidelity) 등의 변수를 고려한 표징종과 식별종

58) 이후 IPE는 스웨덴/노르웨이(1925년), 체코슬로바키아/폴란드(1928년), 루마니아(1931년), 이탈리아(1934년), 모로코(1936년), 아일랜드(1949년), 스페인(1953년), 오스트리아(1956년), 체코슬로바키아(1958년), 핀란드/노르웨이(1961년), 프랑스(1966년), 그리스(1971년), 미국(1978년), 아르헨티나(1983년), 일본(1984년), 폴란드(1989년) 등지에서 개최되었다.

(characteristics and differential species)의 기준에서 기록할 것을 제안했다.[59] (3) 다른 한편으로, 루벨은 영미권 학파의 방법론을 수용하여 식물 군집의 발달 과정을 군집의 변화(천이계열, succession)과 최종 군집(극상, climax)[60] 등의 관점에서 분석할 것을 제안했다. 이외에도, 루벨은 너도밤나무 숲 식생의 상이한 변이들의 분류에 대하여, 항존종과 표징종(constant and character species)을 활용하는 프랑스·스위스의 식물사회학파의 방법론을 수용했다. 루벨이 제안한 프로토콜에 따라, 참여연구자들은 (1) 필드단계에서 너도밤나무 숲 분포구역, 기후·토양 요소, 생물적 요소 등의 범위에 대한 정보를 기술하고, (2) 분석 단계에서 식물의 구성과 생태적 역동성에 따라 주요 식물 군집을 분류했다. 일부 참가연구자들의 미온적인 태도와 반발에도 불구하고, 루벨의 통합적 방법론은 너도밤나무 숲 식생 연구를 둘러싼 표준 프로토콜을 확립하는 데 기여했다. 1923년 스위스 IPE는 식생 연구의 개념과 방법론, 그리고 다양한 관점 및 접근에 대한 과학자 상호 간의 지적 소통을 가능케 한 국제적 차원에서의 포럼이었으며, 그 결과 1932년에 루벨이 편집총괄을 맡아 출간되었던 『유럽의 너도밤나무 숲』은 식생 연구의 국제적 표준화의 중요한 첫 테이프를 끊었다.

IPE가 주도한 식생 연구의 국제적 표준화는 식물지리학이 생태학으로 나아가는 과정에서 과학의 세계화 경향을 드러내는 일종의 이정표라고 할 수 있다. 흔히 국제화와 세계화는 비슷한 의미로 혼

59) 프랑스·스위스 학파에 의하면, 특정 구역에서 종의 적합도는 해당 종이 해당 구역에서 양적으로 우세한 정도에 의해 나타내질 수 있으며, 높은 적합도를 나타내는 식물은 표징종에 해당된다. 이에 반해, 식별종이란 군집의 하위에 있는 단위로서, 불특정 식물군집을 진단(지표)하는 종이다.

60) 이어지는 절에서 바르밍에 관련된 내용을 참조.하라.

용되기도 하는데, 본서에서는 세계화가 지닌 범세계적(global)이라는 뉘앙스에 주목하여 세계화는 국제화의 심화된 개념으로 정의한다. 즉, 본서에서는 과학의 세계화란 과학활동의 국제화가 몇몇 소수의 국가들이 아닌 다양한 여러 국가들의 연구자들 간의 상호 교류와 협력을 통해 전개되는 상황을 지칭한다. 19세기 말~20세기 초 유럽과 미국에서 가속화된 과학의 전문화·제도화 과정과 더불어, 과학의 세계화 역시 전례 없는 차원으로 추진되었다. 이를 보여주는 중요한 지표로 국제 과학협회와 국제 과학학술대회의 양적 성장이 있었는데, 측지학·지질학·기상학·식물학·원예학 등의 필드과학(field science) 역시 국경을 초월한 연구활동의 전개와 교류를 통해 국제적 차원의 과학으로 성장해 갔다.

특히 IPE는 지역적으로 산개해 있던 연구자들의 식생 연구를 둘러싼 다양한 주의주장에 대한 인식론적 동질성 확보와 연구 프로토콜의 표준화를 모색했을 뿐 아니라, 너도밤나무 숲 식생 연구의 경우에서처럼 다양한 국적의 복수 연구자들 간의 상호교류와 협력 연구를 이끎으로써, 식생 연구가 국제적 차원에서 과학으로 진화할 수 있는 여건을 마련했다. IPE의 사례는 식생 연구가 1장에서 살펴본 훔볼트의 식물지리학에 비해 세계화라는 측면에서 한층 더 진전되었음을 보여주며, 바로 이러한 세계화 과정은 식생 연구의 표준화를 촉진한 매개 또는 촉매였음을 보여준다.

생태계 생태학(ecosystem ecology)의 확립

19세기 말~20세기 초 유럽에서 식생 연구가 한창 진행되고 있을 때, 대서양 건너 미국에서는 생태학 연구가 가시화되었다. 20세기 초 미국에서는 고등교육이 확장되면서, 주립대학과 그 부설 농업실험연구소를 거점으로 하여 식물생태학 연구와 교육이 자리 잡기 시작했다. 생태학이 미국에서 번성하기 시작한 연원에는 유럽으로부터의 영향이 있었다. 생태학이라는 명칭 자체가 독일의 동물학자 헤켈(Ernest Haeckel)에 의해 1866년에 만들어졌는데, 그는 생태학을 살아있는 유기체들이 서식지·풍토·에너지·기생동물 등과 맺는 관계에 관한 학문으로 정의하였다. 식물생태학을 본격적인 학문분야로서 확립한 것은 덴마크의 바르밍(Eugenius Warming)으로, 그는 서식지의 구성요소들(예 : 빛·열·습도·토양·지형·동물)이 식물의 성장 패턴에 미치는 영향을 분석함으로써 식물 군집이 지니는 역동성에 주목했다. 바르밍에 따르면, 서식지에서 하나의 군집은 다른 군집으로 변화해가는 경향이 존재하며, 그 결과 군집은 최종단계인 극상(climax)을 향해 나아가는 생태적 천이(succession)가 일어난다는 것이다. 바르밍의 책은 수개 언어로 번역되었고, 특히 영미권에서 큰 반향을 일으켰다. 1916년 미국의 클레멘츠가 주장한 생태학 이론에도 바르밍의 이러한 영향이 드리워져 있었다. 클레멘츠는 천이에 관한 그의 연구에서, 식물의 성장을 온도·습도는 물론 빛과 수분의 증발, 그리고 곤충과 동물의 영향과도 복합적으로 연계하여 분석했다. 클레멘츠는 천이란 환경에 대한 식물의 반응으로 인해 발생하는 변화 과정이며, 그 과정의 최종단계에서 군집은 극상이라는 안정적인 상태로 종착된다고 보았다.

그러나 클레멘츠의 극상 이론은 대서양 건너 영국 생태학자 탠슬리의 비판을 받았다. 앞서 언급했듯이 탠슬리는 영국 IPE 개최를 이끌었던, 영국 최고의 생태학자였다. 탠슬리는 클레멘츠 생태학의 군집과 천이 개념에 내재된 유기체적 철학의 잔재들을 제거하고자 했다. 20세기 초 물리학에서는 에너지의 장(field)과 계(system)라는 개념이 전통적 뉴턴물리학보다도 자연현상을 더 정확하게 설명한다는 주장이 제기되었는데, 탠슬리는 이에 영향을 받아 1935년에 생태계(ecosystem)라는 새로운 개념을 고안했다. 탠슬리는 자연상태를 있는 그대로 인식하기 위해서는, 생물과 비생물이 상호관계를 맺고 있는 생태계에서 기후·토양·식물·동물 등 각 생물적·비생물적 요소들 각각에 대한 개별적인 분석이 선행되어야 함을 강조했다. 그러나 동시에 탠슬리는 생태계의 각 구성요소들은 개별적으로 동작할 뿐 아니라 평형을 향해 움직이는 자율적 기제 역시 지니고 있기 때문에 생태계는 각 구성 요소들의 단순한 총합이 아니라 그 이상의 무엇이라는 전일적 환원주의(holistic reductionism)의 관점을 취하였다. 즉, 탠슬리는 생태학이 물리학처럼 엄밀한 기계론적 학문으로 재정립되어야 한다고 주장하면서도, 동시에 식물군은 개개 유기체들의 합 이상으로 하나의 전체를 이룬다는 전일론적 관점 역시 수용한 것이다. 이러한 탠슬리의 관점에서 생태계는 그것을 이루는 구성 요소들과 차원은 다르지만, 그들과 마찬가지로 자연계 내의 하나의 기능적 단위에 해당하는 것이었다.

탠슬리의 생태계 개념을 기반으로 1940년경에는 이른바 생태계 생태학(ecosystem ecology)이 태동하기 시작했다. 그 중심에는 27세에 요절하게 되는 미국 예일 대학의 린더만이 있었다. 린더만은 식물 군집의 분류, 식물종의 분포 또는 식물종의 변화에 따른 천이를 강조하는 전통적인 생태학은 구시대 박물학의 영향으로부터 탈피하지 못했으며, 새 시대의 생태학은 생태계 수준에서의 영양물질 순환과 에너지의 흐름으로 대변되는 생태계 대사작용의 분석에 초점을 두어야 한다고 주장했다. 린더만은 생태계를 이루는 모든 유기체들을 생산자(producer)·소비자(consumer)·분해자(decomposer) 등의 영양단계로 분류하고 이 영양단계들 사이에 벌어지는 영양물질의 순환에 주목하였다. 예를 들어, 단순한 무기물질(물·질소·염분 등)은 생산자들에 의해 분해와 합성을 거쳐 복잡한 유기물질로 합성된다(예 : 녹색식물에 의한 광합성). 복잡한 유기물질은 소비자가 생산자를 포식함으로써 생산자로부터 소비자에게 전달되며, 유기물질들은 최종적으로는 분해자들인 세균에 의해 다시 단순한 무기물질로 분해된다. 이와 더불어 린더만은 영양단계들 간의 에너지 흐름과 생태적 효율성(ecological efficiency)을 정량적으로 분석함으로써 생태계 내의 복잡한 현상들을 에너지의 관점으로 환원할 수 있다고 주장했다. 소비자의 포식을 통해 화학적 에너지는 낮은 영양단계(생산자)에서 상위 영양단계(소비자)로 옮아가는데, 이 과정에서 일부 에너지는 운동에너지로 변환되거나 열의 형태로 방출되어 소실된다. 린더만은 먹이사슬 각 단계마다 소비 또는 저장된 모든 에너지와 영양물질의 총량을 생산성(productivity)이라고 지칭하고, 한 영양단계에서의 에너지 중 다음 단계로 넘어가는 에너지의 정도를 생태적 효율성의 지표로 삼았다.

린더만이 토대를 닦은 생태계 생태학은 미국의 유진 오덤(Eugene Odum)에 이르러 개화했다. 조지아 대학의 동물학 교수였던 유진 오덤은 그의 동생 하워드 오덤(Howard Odum)과 함께 에니웨톡 환초(Eniwetock Atoll)에 대한 생태학 연구에 전념했다. 이 연구를 후원한 미국 원자력위원회(Atomic Energy Committee)가 주문한 것은 방사능이 생물계에 미치는 잠재적 효과를 규명하는 것이었다. 따라서 마셜제도(Marshall Islands)에 위치한 에니웨톡 환초가 연구대상으로 선택된 것은 이곳이 바로 제2차 세계대전 직후 행해진 수소폭탄 실험의 장소였기 때문이었다.

또한 생태계 생태학의 관점에서도, 에니웨톡은 '환초'였기에 이상적인 연구대상이었다. 생태계가 유지되기 위해서는 하나의 군집 내에서 모든 유기체들과 물리적 환경이 서로 상호작용하면서 유기체들이 항상성(homeostasis)을 유지하는 것이 필요하다. 환초 생태계는 에너지·영양물질·유기체 등을 생태계 바깥과 끊임없이 교환하는 가운데서도 평형상태를 유지한다. 따라서 환초는 생태계 수준에서의 에너지의 흐름과 영양물질의 순환에 기반을 둔 생태계 대사작용의 분석에 초점을 맞추는 생태계 생태학의 연구대상으로 적격이었다.

오덤 형제의 에니웨톡 환초 연구는 당시 생태계 생태학의 발전에 작용했던 중요한 모멘텀들을 압축하여 보여주는 것이었다. 탠슬리의 생태계 개념으로부터 시작하여 린더만이 구축한 이론적 토대 위에, 생태계 생태학은 이제 유진 오덤에 이르러서는 실천적 연구로 진화할 수 있는 위력을 갖추게 되었다. 여기에 추진력을 더해준 것은 당시의 시대적 정치적·사회적 배경이었다. 제2차 세계대전의 종전으로부터 얼마 지나지 않은 당시는 전쟁 중의 맨해튼 프로젝트(원자탄 개발 계획)가 촉발한 거대과학의 성장기였다. 아울러 원자력 에너지 시대의 도래로 인해 방사능의 영향과 방사성 핵폐기물(radioactive waste)의 처리 문제가 대두되면서, 생태계 생태학은 미국 연방정부의 대규모 연구 지원의 수혜를 누렸던 것이다.

종전 이후 통신·교통·수송 수단이 한층 더 비약적으로 발달함에 따라 국가 간 지식의 교류가 보다 용이해졌으며, 이에 힘입어 유진 오덤이 미국에서 확립한 생태계 생태학 역시 국경을 넘어 전파되었다. 우선 유진 오덤의 교과서 저술들은 전후 새로운 세대의 학생들에게 생태계 생태학의 개념과 이론을 전파하는 주요한 장치가 되었다. 예를 들어, 1953년에 출간된 유진 오덤의 『생태학 개론』(Fundamentals of Ecology)은 생태학의 대표 교과서로 1971년 3쇄에 이르기까지 세계적 명성을 얻었으며, 1963년작 『생태학』(Ecology)은 대학 학부용 교과서로서 스웨덴어를 포함하여 여러 언어로 번역되는 등 유진 오덤은 당대 최고의 생태학자의 반열에 올랐다. 그의 적극적인 국제적 행보 또한 생태계 생태학의 지식의 이전을 수월하게 해주었다. 1962년 유진 오덤은 일본 생태학회(Ecological Society of Japan)의 요청으로, 제2차 세계대전 중에 히로시마와 나가사키에 투하된 원자탄의 피해로부터 생태계를 복원하기 위한 프로젝트에 자신의 생태계 생태학을 도입시킨 바 있었다.

이렇듯 국경을 초월한 지식 이전이나 교류는 비단 이 시기의 생태계 생태학의 전유물은 아님은 이미 앞서 살펴본 IPE의 사례로부터 살펴본 바 있다. 그러나 아래에서 살펴볼 스웨덴의 사례는 생태계 생태학을 둘러싼 그러한 탈국가적 이전이나 교류가 비단 연구자들의 진리탐구 욕구나 전문가들의 기술적 필요뿐 아니라 국가적 당면과제에 대한 국민적 요구가 동력으로 작용한 경우에 해당하기에 주목을 끈다. 제2차 세계대전 이후 스웨덴에서는 산업화가 낳은 자연파괴에 대한 반작용으로 자연예찬과 자연보호의 기류가 사회 전반에서 일었는데, 예를 들어 스웨덴의 일반시민들은 사냥·낚시·조류 관찰을 즐기거나, 산림보호와 야생화 수집을 통해 자연과의 교감을 추구하는 등의 자연친화적인 경향이 강해졌다. 이러한 사회적 분위기는 생태계 생태학의 수용에 용이하게 작용했다. 뿐만 아니라 과학자와 자연보호주의자들의 경고에 대중들이 호응하면서 1960년대 스웨덴에서 환경주의는 중요한 정책 기조의 하나로까지 부상했다. 세계 최초의 환경 보호청이 1967년에 스웨덴에서 설립되고, 광범위한 환경 보호법이 통과되었으며, 환경과학 및 공학 연구프로그램들이 전개되었다. 예를 들어 당시 스웨덴에서 생태학 연구의 정착을 주도한, 스웨덴 외곽 소재의 아스코 연구소(Askö Laboratory)는 발트해 생태계에 관한 대규모 연구 프로젝트를 수행하였다.

이렇듯 전후 스웨덴에서 환경연구 정책과 환경 관리의 필요성이 대두되었을 때, 그러한 필요성을 충족시켜줄 지식의 공급처 역할을 한 것은 바로 미국으로부터의 생태계 생태학의 적극적인 도입이었다. 스웨덴의 생태학자와 환경관료들은 직접 미국으로 건너가 오덤 형제 밑에서 수학했으며, 스웨덴으로 되돌아온 이후에는 오덤의 생태계 생태학을 스웨덴의 현실에 구체적으로 응용했다. 1970년에 유진 오덤의 동생 하워드 오덤의 아스코 연구소의 방문과 양국의 지적 교류에서 보듯 아스코 연구소는 미국 생태계 생태학의 스웨덴 도입을 위한 창구 역할 또한 수행하였다. 미국에서 생태계 생태학이 정부의 정책적 후원에 힘입어 번성한 것에 착안하여, 아스코 연구소의 과학자들은 생태학의 과학적 어젠다를 당시 스웨덴의 정치적·사회적 관심사와 결합시켜 대중적 지지를 획득하고 스웨덴 정부를 향한 로비체계를 구축하는 등 생태학 연구에 대한 국가적 지원을 확보하기 위해 다방면의 노력을 기울였다. 그 결과, 미국에서 생태학이 방사선 생태학(radiation ecology)을 중심으로 환경문제에 대한 실효성 있는 해법을 제공하면서 대중적·학술적 지지를 얻었던 것처럼, 스웨덴에서도 생태계 생태학은 자연과 사회의 상호연계성을 이해하는 이론적 근거로서뿐 아니라 전후 생태위기의 해결을 위한 관리과학에 실용적 비전을 제시하는 일종의 공인된 과학 이데올로기로 정착하였다. 스웨덴에서 생태계 생태학의 성공적인 안착은 앞서 본 것과 같은 환경문제에 대한 당시 스웨덴의 정치적·사회적 필요는 물론, 본장에서 미처 다루지 못한 다른 문화적 요인들도 작용했을 것이다. 그러나 적어도, 그러한 정착 과정에서 촉매제 역할을 한 것은 미국과 스웨덴이라는 국가 간의 지식 이전과 인적 교류였으며, 그러한 이전과 교류는 생태위기라는 스웨덴 사회의 당면과제를 해결하기 위한 국가적 차원의 노력의 일환으로 전개되었다는 점, 그리고 생태계 생태학의 이론적 체계뿐 아니라 그 안착을 위한 대(對)공공 전략까지도 국경을 넘어 전파되었다는 점은 주목할 필요가 있다. 이제 생태학의 국제적 전파는 생태학자 개인이나 생태학계의 관심사를 넘어, 사회와 국가 차원의 요구와도 부합하는 어젠다가 된 것이다.

생태학의 세계화를 향하여

1960년대 유진 오덤으로부터 시작된 생태계 생태학의 국제화는 다분히 국가 간 지식과 인력의 교류에 의한 것이었지만, 그러한 교류는 사실 상호 쌍방향이라기보다는 일방적인 이전에 가까운 측면이 있었다. 물론 장기간으로 보면 생태학의 개념적 아이디어 자체는 독일의 헤켈과 영국의 탠슬리에게까지 거슬러 올라가는 등 생태학 발전사에서 국제교류는 상호적이었다. 그러나 적어도 근대적 생태계 생태학의 발흥에는 오덤 형제를 위시한 미국학계의 주도적인 역량이 크게 작용하였고, 앞서 스웨덴의 사례에서 보듯 생태계 생태학의 국제화 과정에서는 미국이라는 선진국으로부터 후발주자에의 과학지식과 연구 지원체제의 이식이라는 측면이 두드러졌다.

반면, 생태학이 특정한 국가에 의해 주도되는 형태가 아니라 여러 국가들 간의 협력체제를 통해 발전할 수 있다는 가능성을 보여준 것은 1960년에 출범한 국제 생물사업계획(International Biological Program, 이하 IBP)이었다. 이러한 다국적 협력체제의 배경에는 제2차 세계대전 이후 전세계적 현상이 되었던, 과학 및 기술 연구를 위한 국가적 총력 체제가 있었다. 전시 상황에서 과학기술 연구개발이 전쟁의 승패에 미친 영향(예 : 맨해튼 프로젝트를 통한 핵폭탄 개발)은 깊은 인상을 남겼으며, 많은 국가들이 이에 자극 받아 제반 과학분야의 전반적 발전을 정책적으로 보장하고 독려하는 국가적 체제를 확립하기 시작했다. 이러한 체제의 확립에서 선두에 선 것은 제2차 세계대전 직후 미국 국립과학재단(National Science Foundation)을 발족시켜 산업계·학계·정부 및 군부 간의 연구개발 협력을 독려한 미국이었지만, 유럽 각국은 물론 다른 지역의 개발도상국 역시 이러한 행렬에 각자의 방식으로 동참했다. 즉, 기존의 열강들 이외에도 지구상의 많은 나라들이 기초과학 연구지원 체제를 통해 나름의 과학기술 인력과 인프라를 갖추어나가기 시작한 것이다. 그 결과 과학의 국제화는 보다 범세계적으로, 보다 다양한 국가들의 연구자들에 의해 수행되는 세계화의 특성을 보여주었으며, 이러한 세계화 역시 어느 한 국가로부터 다른 국가로의 일방적인 전수나 이식보다는 상호 간의 국제적 공조를 통해 이루어지는 경향을 보이게 되었다. 예를 들어, 1957년~1958년의 국제 지구물리관측년(International Geophysical Year, IGY) 프로젝트는 무려 70여 개국의 학계가 참여한, 명실상부하게 범세계적인 공조에 기반한 프로젝트였다.

IGY의 성공에 고무되어 추진된 IBP는 생태계에 대한 거대연구에서의 과학의 세계화 경향을 드러냈다. IBP는 1960년 영국의 생물학자 웨딩턴(C.H. Waddington)의 주도 아래 공식적으로 출범하였다. 초기에는 유럽과 캐나다 생태학자들의 참여가 주류를 이루었지만, 1960년대 후반에 이르러서는 미국 생태학자들도 비중 있는 역할을 수행하게 되었다. IBP에는 전세계 곳곳의 다양한 국적의 연구팀들이 참여하였는데, 아일랜드・노르웨이・스웨덴・덴마크・네덜란드・프랑스・폴란드・체코슬로바키아・벨기에・이탈리아・러시아 등 유럽 각국은 물론 호주・일본 등 비유럽권의 국가들까지 망라할 정도였다. 캐나다 IBP는 북아메리카 대륙의 대초원과 북극권 지역의 생태계에서 유효 개체수(population number)와 현존량(standing crop)뿐 아니라, 생태계 내의 각 영양단계별 에너지 총생산량과 이들 단계들 간의 에너지 효율을 분석하였다.[61] 미국 IBP는 초원・사막・툰드라・침엽수림・낙엽수림 등의 대규모 생태계 연구를 중심으로 이루어졌다. 특히 미국 IBP는 산성비 등 환경이슈

61) 유효 개체수란 유전자 풀의 다양성을 나타내는 지표임이며, 서로 겹치지 않은 유전군의 숫자로 나타낸다. 현존량이란 해당 시점에서 단위면적 안에 생존하고 있는 생물의 총량이다.

에 대한 관리도구로서의 생태계 생태학의 유용성을 입증하는 연구 성과를 내놓아, 생태계 생태학의 입지와 위상을 고양시키고 안정적인 장기적 연구기금 조성을 가능케 함으로써 해당 분야의 비약적 발전을 가능하게 했다. 영국 IBP는 영국 생태학협회(The British Society of Ecology)와의 공조 하에 <생산성과 인간복지에 대한 생물학적 근거>(biological basis of productivity and human welfare)라는 주제로 육상과 수중에서 유기물의 생산과정, 기존 자원의 활용 및 새로운 자원의 발굴, 그리고 변화하는 환경에 대한 인간의 다양한 적응기제 등에 관해 연구했다. 유럽 IBP 중 독일 생태학자 엘렌버그(Heinz Ellenberg)팀이 독일 북부 니더작센주(Lower Saxony)에서 수행한 졸링(Solling) 프로젝트는 1980년대 독일의 산림감소의 원인이 산성비에 있음을 보여주었다. 아프리카 열대지역 생태계에 대해서는, 서아프리카의 코트디부아르(Cote d'Ivoire)에서 프랑스의 라모트(Maxime Lamotte) 연구팀이 이끈 람토(LAMTO) 프로젝트는 사바나(savanna) 대초원 생태계의 에너지 수지(energy budget), 즉 외부로부터 유입되는 에너지와 내부에서 유출되는 에너지의 균형에 대한 분석을 통해, 대초원에 존재하는 생명다양성에 대한 심도 있는 지식을 내놓았다.

IBP의 성공은 과학의 세계화에 있어 연구프로그램 등의 물질적·제도적 기반이 지니는 중요성을 보여주는 사례이다. 앞서 언급한 것과 같은, 제2차 세계대전 이후 각국에서 정착된 과학기술 연구 진흥체제를 통해 생태학 분야 역시 연구자 인적자원의 육성(예 : 교수급 연구자는 물론 대학원생과 박사후과정생의 수적 증가)은 물론 물질적·제도적 인프라의 확보가 각국에서 괄목할 만한 수준으로 진행되었다는 점은 생태학 분야에서의 국제적 교류를 위한 기본 토대의 하나로 작용했다. 그 결과 미국과 유럽은 물론 비서구권의 일부 국가들 역시 생태학 연구에서의 국제공조를 위한 역량을 확보함으로써, 생태계 생태학이 특정한 국가에 의해 주도되는 형태가 아니라 여러 국가들 간의 협력체제를 통해 발전할 수 있는 기틀이 마련되었다. 이러한 토양 위에 IBP는 참여국의 효율적 공조를 위한 표준 프로토콜의 수립을 통해 각 국가의 학계가 지닌 역량을 협력 네트워크를 통해 끌어낼 수 있었다. 나아가 이러한 표준화는 공통의 연구대상에 대한 다양한 견해의 교환과 수렴뿐 아니라, 국지적으로 서로 다른 특색을 보여주는 대상들을 보다 범용적인 틀을 통해 비교하는 시도, 예를 들어 비교 생태학 연구의 발달을 촉진하기도 했다.

나가면서

IBP는 생태학 분야에서의 국제화가 범세계적인 차원에서 여러 국가들 간의 탈국가적 교류라는 수준, 즉 세계화의 수준에까지 도달했음을 보여주는 사례이다. IBP의 사례는 본장에서 다룬 이전의 다른 사례들의 경우에 비해 물질적·제도적 인프라의 기여가 표면적으로 돋보이는 것은 사실이다. 하지만 생태학 관련 담론과 연구 활동의 탈국가적 확산에 관한 본장의 역사적 사례들은, 제2차 세계대전 이후 확립된 물질적·제도적 인프라가 생태학 분야에서의 국제적 교류를 비약적으로 가속화시킨 것은 사실이지만 그러한 교류의 기조 자체는 그보다 훨씬 이전부터 지속되어 왔음을 보여주고 있다. IBP를 통한 세계화된 공조는 유진 오덤으로 대표되는 생태계 생태학의 국제적인 전파를 전제로 하지 않고서는 실현되기 어려웠을 것이며, 유진 오덤이 개화시킨 생태계 생태학은 이전에 생태계 개념을 둘러싸고 미국과 유럽을 넘나들면서 벌어졌던 치열한 논쟁을 자양분으로 하여 성장했던 것이다.

이러한 국제적인 논쟁을 가능케 했던 미국과 유럽 생태학자들 간의 교류의 시초는 IPE로부터 찾을 수 있었다. IPE의 주요 화두였던 식생 연구는, 앞서 1장에서 상술했던 훔볼트가 식물학의 연구대상을 세계의 자연 그 자체로 확장함으로써, 즉 연구 대상물을 국제적인 범위로 확장함으로써 확립한 식물지리학에 뿌리를 두고 있었다. 훔볼트의 식물지리학에 실증적인 토대를 제공했던 식물학 분야에서의 과학탐험의 전통은 역시 1장에서 상술했던 린네의 사도들이 전개했던 전세계적 과학탐험으로까지 거슬러 올라간다. 즉, 오늘날에 이르러 IBP의 성공으로 개화한 생태학의 세계화는, 생태학 분야가 린네 식물학으로 지적 바탕을 다지던 시기 이래로 꼬리에 꼬리를 물고 계속되어 온 탈국가적 활동이 누적되어 온 결과였다. 이러한 누적의 결과, 20세기 생태학의 등장과 발달 과정은, 과학활동이 다양한 국가들에 의해 공유되는 글로벌 표준과 세계화를 향해 이행해 온 과정을 압축하여 보여주고 있다.

09 탈식민주의 과학을 향한 인도의 여정

들어가면서

1945년 제2차 세계대전의 종식 이후 1950~1960년대에 아프리카와 아시아에 잔존하던 유럽 열강의 식민지들은 대부분 독립을 맞이했으며, 이와 함께 유럽 제국주의는 종말을 맞았다. 이들 아프리카와 아시아의 신생 독립국가들, 그리고 그보다 앞서 독립을 달성했던 남아메리카의 국가들에서는 식민주의와 제국주의를 비롯한 서구 중심의 구도에서 벗어나려는 탈식민주의(postcolonialism) 운동이 다양한 분야에서 일었다. 탈식민주의에 대한 정의는 다양하지만, 탈식민주의가 과거 식민주의 유산의 청산과 서구 중심주의의 탈피를 지향한다는 점에는 대체로 공감대가 형성되어 있다. 따라서 탈식민주의 과학이란 과학의 후발주자인 개발도상국이 서구에의 의존성에서 탈피하여 국제과학계에서 나름의 성취를 거두기 위한 움직임을 지칭한다. 탈식민주의 과학활동은 경쟁력 있는 과학연구의 실행이 기존의 특정 과학선진국들뿐만이 아니라 보다 다양한 국가들에 의해 이루어지게 되는 한 가지 경로가 될 수 있다. 따라서 탈식민주의 과학활동은 과학자들 간의 탈국경적 교류와 협력 역시 활성화될 수 있는 기반을 제공할 수 있기에, 과학지식의 탈국가화와 과학의 국제화를 향한 경로의 하나라고 할 수 있을 것이다. 이에 본장은 서구 주도적인 현대과학의 구도에 균열을 가하고자 한 탈식민주의 과학의 사례로서, 인도의 자기공명영상(Magnetic Resonance Imaging, MRI) 연구개발 도전과 거대미터파 전파망원경(Giant Meterwave Radio Telescope) 건설 과정을 살펴본다.

탈식민주의 과학(post-colonial science)으로의 인도의 여정

제2차 세계대전 이후, 과학 및 기술 연구를 위한 국가적 총력 체제는 전세계적으로 전개되었다. 이러한 추세의 선두에는 제2차 세계대전 중 맨해튼 프로젝트(핵폭탄 개발 프로젝트)를 통해 국가적 연구개발 활동의 위력을 톡톡히 맛본 미국이 있었으니, 미국은 제2차 세계대전 직후 미국국립과학재단(National Science Foundation)을 발족시켜 산업계 · 학계 · 정부 및 군부 간의 연구개발 협력을 독려하였다. 미국 이외에도 많은 국가들이 국가적인 차원에서의 과학기술 연구체제의 정비와 거국적인 과학 프로젝트의 수행이 사회적 난제 해결은 물론 국가경쟁력의 증진에도 기여할 것임을 절감하였다. 특히 제2차 세계대전 전후로 독립한 많은 신생국가들의 경우 과학기술 연구와 관련하여 추가적인 과제를 안고 있었는데, 그것은 과학분야에서 과거 식민주의 시대로부터 지속되어 온 구미중심적 의존성에서 탈피하여 국제과학계에서 나름의 경쟁력과 성취를 달성하는 것, 즉 탈식민주의적 과학의 추구였다.

제2차 세계대전 이후 1947년에 영국으로부터 독립한 인도는 이러한 탈식민주의적 과학을 추구한 국가들 중 하나였다. 독립 이후 인도의 탈식민주의 과학으로의 추이 이전에는, 인도에서의 과학은 식민지라는 키워드와 불가분의 관계였다. 본서 5장에서 고찰한 바와 같이, 18세기 영국 동인도 회사(BEIC)의 대(對)인도 활동에서부터 1857년 세포이 항쟁의 무력 진압에 이은 인도의 영국 식민지로의 편입에 이르기까지, 과학과 기술은 영국의 인도 지배를 용이하게 하는 데 활용되었다. 인도 사회의 식민지화/근대화 과정에서 과학담론은 인도 사회 전반에서 영향력을 끼치게 되었으며, 영국 제국이 식민지 인도에서 과학을 다양한 방식으로 전개하고 활용했다.

첫째, 영국 제국은 식민지 인도를 통제하고 착취하는 데 필요한 지적도(地籍圖) 제작·삼각측량·지형 조사·동식물 분포 조사 등에 자국으로부터 도입한 과학기술들을 널리 활용하였다. 둘째, 영국 제국은 인도의 토착 과학기술이나 식민지 체제 하의 인도 현지에서 전개된 과학활동의 산물들을 현지에서 활용했을 뿐 아니라 영국으로 역수입하기도 했다. 영국 제국은 조선·관개 설계·경작법·포병술·소규모 제강과 같은 분야에서는 인도 토착의 과학기술을 연구하기도 했으며, 몇몇 기술들은 영국 본국으로 가져가기도 했다. 공중보건 이슈가 한층 중요해짐에 따라 과학자들은 인도 열대지역에서 필요한 근대 의학기술을 연구하기 시작했으며, 여기서 축적된 관련 지식은 역으로 영국 열대의학 분야에 크게 공헌하기도 했다. 식민지 시절 인도에서 전개된 과학적 농업은 농업 생산성을 향상시키고 경제적 이익 추구에 적합한 작물을 재배하는 데 도움을 주었는데, 예를 들어 차와 같은 영국 등을 겨냥한 상업용 작물의 질병 저항성을 개선하는 데 응용되기도 했다 요컨대, 영국 제국은 식민지 지배와 관리에 과학지식을 십분 활용하였으며, 식민지 인도의 토착 과학지식을 탐색하는 데도 노력을 기울였다. 셋째, 그러나 동시에, 인도의 토착 과학지식 또는 그러한 지식의 주체들이 제국의 식민지배 활동에 저해되는 경우, 이를 의도적으로 제거하기도 했다. 얘를 들어 인도 조산원(dais)이나 탁발승(hakims) 등은 식민주의자들의 감시의 표적이 되기도 했는데, 이는 그들이 토착지식의 저장고인 동시에 식민지 체제에 대한 저항의 근거지 역할을 수행했기 때문이었다.

과학과 관련하여 영국 제국이 인도에서 보여준 이러한 다양한 모습에 대한 반응으로, 식민지 인도 사회에서 과학을 바라보는 관점은 크게 두 가지로 수렴되었다. 첫째, 인도의 독립운동가이자 사상가·정치인 간디(Mahatma Gandhi)의 사상을 토대로 한 입장은 서구과학과 문명에 적대적이었다. 반(反)서구과학의 입장에서 간디주의자들은 인도 전통사회에 대한 자조적·부정적 표상을 긍정적인 이미지로 전도시켰으며, 인도의 전통과 관습은 서구사회의 합리성과 이데올로기의 한계를 초월하여 세상을 이해하게 해주는 문화사회적 동력이라는 자기긍정적 해석을 내놓았다. 이들은 식민지 인도의 경제적 후진성의 원인을 서구 자본주의의 본질(예 : 착취경제)에서 찾았다. 이러한 연장선상에서, 간디주의자들은 인도에의 근대 서구과학의 도입은 영국 제국의 식민지 지배와 약탈을 수반하는 것이기에 서구과학은 전적으로 거부되어야 한다고 주장했다.

둘째, 인도의 또 다른 대표적인 독립운동가·정치인인 네루(Jawaharlal

Nehru)의 사상을 토대로 한 입장은, 근대과학과 기술이야말로 저개발된 인도의 열악한 조건과 환경을 변형시킬 수 있는 수단이라고 보는 것이었다. 근대과학은 개인의 삶과 환경을 변형시키고, 케케묵은 습성과 관습을 끊어버리며, 산업화를 통해 인도를 경제적으로 부강한 사회로 나아갈 가능성을 열어준다는 것이었다. 네루식 접근에 의하면, 만약 영국 제국의 강성이 강력한 근대기술 덕분이라면, 마찬가지로 인도의 미래 역시 과학과 기술을 도구삼아 개척될 수 있다는 것이었다. 이는 네루주의자들은 과학과 기술은 어느 개인이나 국가에 독점적으로 속한 것이 아니라 전 인류가 공유할 수 있다고 보았기 때문이었다. 과학은 국가를 위해 봉사하는 것이며, 국가개발을 위해 과학을 활용할 뿐이라는 점이 네루식 과학담론의 요지였다.

요컨대, 간디식 접근에 의하면 근대과학은 인도의 토착지식을 말살하는 제국의 약탈적 외부 침략자의 도구였던 셈인 반면, 네루주의자들은 근대과학이 식민주의자들의 도구이기도 했으나 한편으로는 인도의 근대화에도 필요한 것이라고 보았다. 이러한 양 접근은 비록 그 결론은 달랐으나 모두 식민지 사회에서 과학이 지니는 도구적 역할의 중요성을 기본 바탕에 깔고 있었으며, 따라서 이 두 접근은 모두 독립국 인도에서의 과학의 중요성에 대한 인도 식자층의 인식을 형성하는 데 기여하는 것이기도 했다.

제2차 세계대전의 종전 이후 과학과 기술의 진보가 전세계적으로 급속하게 전개되는 가운데 인도 과학계가 처했던 재정적 부족, 기술적 경험과 실험과학 전통의 부재와 같은 수많은 난관에도 불구하고, 인도의 과학자들은 과학에의 열정과 헌신, 창의력과 치열함으로 무장하여 일류급의 과학적 성과를 향해 매진했다. 인도의 신진 물리학자·수학자들은 국제적으로 인정받는 독자적 과학연구를 선도할 것을 열망했으며, 이를 통해 세계 속에서 인도과학의 지위를 격상시키기를 강력히 희망했다. 이러한 인도과학의 위상 격상은 기존의 제국주의 열강들이 주도하던 현대과학계에서 인도라는 과학 후발주자이자 신생독립국이 서구에의 의존도를 극복하는 것을 전제로 하는 것이었으며, 바로 과학기술 분야에서의 종속적인 식민지 상태의 청산, 즉 탈식민주의 과학을 의미하는 것이었다. 탈식민주의 과학의 여정에 오른 인도는 경우에 따라 실패와 성공을 모두 경험하였다. 예를 들어, 인도의 자기공명영상(Magnetic Resonance Imaging, MRI) 연구개발은 실패로 귀결되었으나, 거대미터파 전파망원경(Giant Meterwave Radio Telescope) 건설 과정은 고무적인 성공을 거두었다. 이러한 사례들에서 인도과학이 마주했던 난관과 그 극복 노력을 살펴보는 것은, 탈식민주의 과학의 도상에서 많은 개발도상국들이 처하게 될 수 있는 장애물들의 한 단면을 보여준다는 점에서 의의가 있다.

과학 중심부에서의 MRI 개발에 관한 약사

본절은 인도의 1990년대 MRI 연구개발 과정을 고찰하기에 앞서, 과학 중심부인 유럽과 미국에서의 MRI 개발 역사를 간략히 살펴본다. 현대의학에서 인체 내부를 검사하기 위한 필수도구 중 하나인 자기공명영상(Magnetic Resonance Imaging), 즉 MRI 기기의 이론적 기반은 의학이 아니라 물리학에서 시작되었다. 1924년에 오스트리아의 물리학자 파울리(Wolfgang Pauli)는 원자핵이 회전(spin)할 때 자기장이 만들어진다고 주장했는데, 이 이론은 미국 물리학자 라비(Isidor Rabi)의 실험을 통해 검증되었다. 또한 원자핵에서 나오는 자기장이 무선 주파수(radio frequency)에 반응한다는 사실이 알려지게 되었다. 원자핵이 강한 자기장 내에 있을 때 특정한 주파수의 전자기파를 공급하면, 자기장 속에 놓인 원자핵이 그것에 공급된 전자기파와 공명하는 현상, 즉 핵자기 공명(Nuclear Magnetic Resonance. 이하 NMR) 현상 역시 발견되었다. 1950년대 미국 메사추세츠 공대(MIT)의 퍼셀(Edward Purcell)과 스탠포드 대학의 블로흐(Felix Bloch)는 각각 독자적으로, 핵자기 공명에서 원자핵이 전자기파 에너지를 흡수했다가 다시 방출하는 원리를 발견한 공로로 1952년 노벨물리학상을 공동수상했다.

1960년대에 들어서 과학자들은 NMR 현상을 이용한 인체 검사기의 개발에 참여했다. 미국의 의사이자 엔지니어인 다마디안(Raymond Damadian)은 외과수술 없이 암을 진단할 수 있는 방법을 찾는 과정에서 정상세포와 암세포의 수분 함량에 차이가 있다는 사실에 착안하여, NMR 장비를 이용하여 쥐의 암세포와 정상세포를 관찰했다. 다마디언은 NMR을 이용하여 물 분자에 붙어 있는 수소 원자핵이 에너지를 흡수하고 방출하는 시간을 확인하면서 두 세포의 차이를 확인하고 차이에 대한 데이터를 시각화했다. 1971년 다마디언은 『사이언스』(Science)지에 <핵자기 공명에 의한 종양 탐지>라는 논문을 발표했다. 다마디언의 결과에 영감을 받은 미국 일리노이 대학 화학교수 로터버(Paul Lauterbur)는 정상세포 조직과 비정상세포 악성 조직 간의 일관된 차이에 주목했다. 로터버는 NMR

장비로부터 정상세포와 암세포 간의 차이에 대한 더 정교한 측정 수치를 얻고 이를 차트화해서 신체 내부의 생리학적 특성을 시각화하는 방법을 제안했다. 그러나 로터버가 이 제안을 담은 논문을 『네이처』(Nature)지에 투고 했을 때 게재 거부(reject) 판정을 받았던 데서도 드러나듯, 당시는 아직 누구도 NMR을 통한 암 진단의 가능성을 확신하지는 못한 때였다. 로터버의 명성이 좀 더 커진 1973년에 가서야 그의 논문은 통과되었으며, 이듬해인 1974년에 로터버는 NMR 장비를 이용한 암세포 구별 방법에 대하여 특허를 얻고자 했지만 실패했다. 이유인즉 로터버의 NMR 장비는 이미 사용 중인 CT 검사기와 비교하여 더 뛰어날 게 없다는 것이었다. 특허 획득에는 실패했지만, 그 후 로터버는 데이터 시각화를 이용해 NMR 장비의 인터페이스를 개선했다.

다른 한편으로, 영국의 맨스필드(Peter Mansfield)는 NMR 장비를 이용해 고체 원자핵 회절 현상을 연구함으로써 측정결과를 시각화하는 방법을 개발했다. 영국 노팅엄(Nottingham) 대학 물리학 교수였던 맨스필드가 1973년 이 결과를 물리학회지에 발표했을 때, 그는 로터버가 자신과 비슷한 연구결과에 도달한 동시발견자임을 알았다. 이어서 두 사람은 액체를 영상화하는 작업으로 관심을 돌렸는데, 왜냐하면 살아있는 세포조직은 일정량의 액체를 포함하고 있으므로 체내의 액체를 영상화할 수 있다면 살아있는 조직을 영상화하는 길이 열리기 때문이었다. 이러한 NMR 기기, 즉 현대의 용어로는 MRI 기기의 기본 원리를 정립한 것은 다마디언, 로터버와 맨스필드 세 사람의 각기 다른 연구였지만, 후자의 두 사람은 노벨 생리의학상을 수상한 반면 정작 최초로 NMR 기기의 아이디어를 내놓은 다마디안은 수상에서 제외되었다. 1970년대 말 반핵운동이 전개되면서 NMR는 부정적인 어감의 단어인 핵(nuclear)을 뺀 채로 MR이라는 호칭으로 불리게 되었다. 이 호칭은 다시 의사 마굴리스(Alexander Margulis)의 제안으로 오늘날과 같이 MRI(자기공명영상)라는 이름으로 바뀌게 되었다.[62)]

이처럼, 1970년대 영국에서 MRI[63)]를 활용한 의학 영상기술의 가능성이 제기되자 때를 맞추어 MRI 기기 개발에 대한 산업적 관심이 커졌으며, 기업과 대학의 산학 복합체(industry-university complex)의 적극적인 대응이 나왔다. 1970년대 후반에서 1980년대 초에 영국의 과학자 그룹들은 임상적으로 유용한 영상법을 개발하기 위하여 기업과의 협력관계를 맺고 다양한 종류의 자석・영상기술・코일[64)] 등의 연구에 전념했다. 이러한 기술들을 활용한 MRI 개발 노력은 노팅엄 대학의 맨스필드와 애버딘(Aberdeen) 대학의 말라드(John Mallard) 그룹을 중심으로 이루어졌으며, 옥스퍼드 대학, 런던 소재 병원, 그리고 영국 음반사(EMI)도 이러한 개발을 시도했다. 특히 영국 EMI 음반사의 한 분과는 MRI 연구개발에 뛰어든 첫 기업체였다. MRI 관련 기술들 중 가장 핵심적인 요소는 영상화에 필요한 강력한 균질적 자석의 개발이었는데, 이에 실마리를 제공한 것이 영국의 회사 옥스퍼드 인스트루먼트(Oxford Instruments)[65)]였다.

---

62) MRI의 기본 원리는 다음과 같다. 자기장을 발생시키는 커다란 자석통에 검사 대상의 신체를 위치시키고, 그 자기장으로 검사 신체 내부의 수분에 존재하는 수소 원자핵을 공명시켜, 이 공명으로부터 나오는 신호를 측정하여 영상화하는 기술이다.

63) 이하 서술에서는 NMR 대신 MRI로 용어를 통일하여 사용한다.

64) MRI를 작동하기 위해서는 강력한 자기장이 필요하다. 이 자기장을 발생시키기 위해 거대한 코일(gradient coil)에 전기를 흘려 전자기를 유도한다. 코일에 자기장이 걸리는 과정에서 높은 음역의 불쾌한 소음이 발생하기도 한다.

65) 옥스퍼드 인스트루먼트는 연구와 산업을 위한 도구와 시스템을 설계하고 제조하는 산업체이다. 본사는 영국에 있지만 미국・유럽・아시아에도 지사가 있다.

옥스퍼드 인스트루먼트는 1970년대와 1980년대 초 당시 MRI 영상화에 사용될 만한 수준의 자석을 만들 수 있던 몇 안되는 기업들 중 하나였는데, 바로 옥스퍼드 대학과 연계 중이었던 터라 옥스퍼드 인스트루먼트는 MRI 기기 개발에 뛰어든 과학자 그룹들에게 자석을 제공하기로 결정한 것이다. 당시 자석 개발에 연관되었던 과학자들은 함께 모여서 자석의 요건, 전기 저항성, 초전도체, 0.1T/0.5T 자장 강도[66)][67)], 4-코일(6-코일) 등에 대한 아이디어를 교환하였다. 예를 들어 1970년대 후반에 미국 제약회사 화이자(Pfizer)와 협력관계에 있었던 캘리포니아 대학(샌프란시스코)의 과학자들은 옥스퍼드 인스트루먼트의 지속적인 조언을 받았다.

영국에서 말라드 그룹에 의해 개발된 MRI 기기는 자기장 내 환자의 물리적 이동은 물론 자기장의 이질성으로 인한 기기의 효과를 최소화시켰으며, 이 기기로 1981년 900여 명의 영상을 촬영하기도 했다. 그러나 말라드 그룹은 차세대 MRI 개발에 충분한 기금을 확보하는 데 상당한 어려움에 직면하여, 기금 확보를 위해 저 멀리 일본의 기업과도 접촉했을 정도였다. 말라드 그룹은 일본 기업 아사히(Asahi)로부터 일부 기금을 확보함은 물론 여러 해외 기업으로부터 기금을 조성하여 1982년에 MRI 기기 개발을 위한 기업(M&D Technology, Ltd)을 세웠다. 그러나 이러한 노력에도 불구하고 말라드 그룹은 서서히 와해되어 갔다. 코너에 몰린 말라드 그룹은 MRI 최신 기술 경쟁에서 뒤쳐져 버렸는데, 말라드 그룹이 발

66) MRI 기기의 성능에 영향을 미치는 요인의 하나는 그것이 발생시킬 수 있는 자장의 세기이며, 테슬라(T)는 자장의 세기에 관한 단위이다. 일반적으로 1.5 테슬라 또는 그 이상의 자기장으로 검사를 받아야 선명한 영상을 얻을 수 있다.

67) MRI 기기의 자기장의 세기가 강하면 강할수록 선명한 영상을 얻을 수 있다. 자기장의 세기를 강하게 하려면 그에 비례하여 고주파의 전자기파도 필요하다.

표했던 임상연구 논문들은 더 이상 최신 경향을 반영하지 못했으며 심지어 주요 학술지에서 게재를 거부당하기도 했다. 말라드 그룹의 영국 MRI 개발 연구자들 상당수가 미국의 대학과 기업으로 건너가 버리는가 하면, 영국은 MRI 개발 기술을 미국의 제너럴 일렉트릭(General Electric, 이하 GE)의 메디칼 시스템(Medical System)에 넘겨버리기도 했다.

영국에서 좌초된 MRI 기기 개발 및 상용화는 미국에서 꽃을 피우게 되었다. 미국 역시 1970년대부터 MRI 관련 이론 및 제품 개발에 착수한 상태였다. 미국에서는 로터버와 다마디언이 MRI 기기 개발에 필요한 이론적 연구를 내놓았으며, 캘리포니아 대학(샌프란시스코) 역시 기업과의 연계 하에 MRI 기기 개발에 뛰어들기도 했다. 그러던 와중에 영국에서의 MRI 연구개발이 난관에 처하자, GE는 영국 EMI 음반사의 MRI 연구개발 분과를 인수함으로써 MRI 연구개발 주도권은 미국으로 쏠리게 되었다. GE가 MRI 기기의 연구개발에 본격적으로 뛰어든 것은 MRI 연구개발의 연대기에서 중요한 순간이었다.

GE는 이미 영국 음반사(EMI)의 CT 연구개발 분과를 합병한 후 CT 검사기 세계 시장의 주요 공급자로 등극한 바 있었지만,[68] 거기에서 그치지 않고 MRI 기기라는 새로운 시장이 지닌 가능성을 보았던 것이다. MRI 기기 개발로 뛰어든 GE의 결정은 1981년 북미 영상의학협회의 연례회합에서 독일의 지멘스(Siemens), 네덜란

68) 영국의 음반사로 유명한 EMI는 사업 다각화 시도의 일환으로 의료 영상기기 분야에도 뛰어들었지만, CT 검사기 이외의 분야에서는 관련 기술과 노하우가 부족한 상태였다. 반면, GE는 이전부터 X선 관련 기기에서 선봉에 섰던 경험에 더하여 판매망과 자금력 역시 강력했기에, 이후에 EMI 합병을 통해 CT 분야 기술도 강화하여 CT 검사기 시장 1위에 등극하게 되었다.

드의 필립스(Phillips), 미국의 테크니케어(Tehchnicare)와 피커 인터내셔널(Picker International) 등의 기업들의 공격적 MRI 기기 개발에 자극을 크게 받은 데 따른 것이었다. GE의 입장에서 볼 때, 진단용 MRI 기기야말로 GE의 기존 CT 검사기 시장을 계승할 잠재력을 지닌 것이라고 보았던 것이다.

영국 노팅엄 대학과 미국 존스 홉킨스 대학 각각에서 MRI 기기 개발에 종사한 경험이 있었고 1980년에 미국 GE로 합류했던 노팅엄 대학의 보텀리(Paul A. Bottomley)는 <무선 주파수의 투과에 대한 자기장 세기의 제한적 효과에 대한 조명>이라는 논문을 발표하여 상당한 반향을 불러 일으켰다. 또한, GE는 영국 애버딘 대학에서 NMR 개발에 참여했던 에델스타인(Bill Edelstein)을 초빙하여 1982년부터는 본격적으로 MRI 개발에 전념하게 했다.

GE가 겨냥한 것은 MRI 기기의 기술적 성취에 국한되지 않았다. GE의 전략은 MRI 기기 시장에서 세계 패권을 장악하는 것에 있었다. 가령, 고자기장 또는 저자기장을 사용하느냐의 문제는 영상의 질을 결정하는 중요한 이슈이지만, GE는 MRI 기기 비용을 절반으로 절감시키는 데 적합한 수준의 자기장을 선택하는 데 우선적인 초점을 맞추었다. 1982년 보텀리는 GE의 동료들과 함께 1.5T 자석을 개발했다. 테슬라(T)는 MRI 영상화에 쓰는 자석 자장 세기로, 일반적으로 MRI 기기의 테슬라 수치가 높을수록 선명한 영상을 얻을 수 있다. 1.5T라는 강력한 자기장이 인체에 유해할 수 있다는 우려가 나오자, GE의 스넥(John Schneck)은 이에 대한 반론으로 최초로 1.5T MRI 기기로 자신의 뇌를 검사한 뇌영상 사진을 내놓기도 했다. 만약에 GE가 구현 비용이 비싼 고자기장을 고집했더라면, 비용과 경제성의 관점에서 MRI 보급은 용이하지 못했을 것이었다. 즉, GE가 1.5T의 고자기장의 MRI 기기를 개발한 것은 MRI의 대중화에 필요한 핵심요소들을 우선적으로 고려했던 것이었다. GE의 MRI 기기는 1983년에 미국 식품의약국(Food and Drug Administration, FDA)의 승인을 얻어 MRI 시장을 선도해나갔다.

이처럼 MRI 기기를 실제로 상용화한 주역은 GE라는 한 거대기업이었지만, GE의 그러한 기여에 매몰되지 않고 주목해야 할 사항들이 있다. 첫째, MRI 상용화의 씨앗을 뿌린 것은 특정 개별 과학자의 아이디어와 활동의 결과물이라기보다는 여러 시기에 걸쳐 여러 장소에서 수행되었던 과학자와 관련기업 등 다양한 행위자들의 네트워크의 산물이었다는 점이다. 특히 영국에서부터 미국에 이르기까지 과학자와 기업 간의 네트워크가 MRI 개발에 작동했음을 다음과 같이 알 수 있다. MRI의 요지는 자기력에 의하여 발생하는 자기장을 이용하여 인체 영상을 얻는 것으로, 미국의 로터버가 MRI 영상화의 기본원리를 확립하고, 영국의 맨스필드는 고속 영상화 방법을 개발함으로써 1980년대에 임상용 MRI 기기의 뼈대는 완성되었다. 또한 영국에서부터 미국에 이르기까지 MRI 연구개발을 둘러싼 탈국가적 지식 이전이 MRI 상용화의 전환점이 되었음도 알 수 있다. 만약 영국의 MRI 기기 개발을 단순히 당시 영국 사회의 특정한 기술적·사회적 요소들만의 상호작용의 관점에서 이해하고자 한다면, 영국의 MRI 관련 이론과 기술들이 상용화의 꽃을 피울 수 있었던 것은 정작 바다 건너 미국에서였던 현상을 이해하는 데는 한계가 있을 것이다.

둘째, MRI 기기의 최초 상용화에 초점을 두고 말하자면 영국은 실패했다고 할 수 있는데, 이러한 실패가 반드시 MRI 관련 과학기술의 이론적 역량에서의 부족을 의미하는 것은 아니라는 점이다. 위에서 보듯 영국은 MRI 관련 이론과 기술들의 상당 부분을 고안한 나라였으나, 영국의 실패는 MRI 기기의 제품화 과정에서 두드러졌다. 다음 절에서는 1990년대에는 인도의 MRI 기기 연구개발 과정에 대해 살펴보는데, 인도 역시 MRI에 관한 어느 정도의 이론적 역량은 보유했음에도 불구하고 제품화·상용화 역량의 부족에 발목을 잡혔다.

서구과학의 주변부 인도에서의 MRI 연구개발 시도 및 좌절

MRI 기기가 보급·확산된 과정을 보면 국가별로 특이성이 엿보인다. 미국의 경우 핵자기공명(NMR)이라는 명칭이 MRI로 바뀐 것은 핵(nuclear)이라는 부정적인 뉘앙스를 지닌 단어 때문이었다. 핵에 대한 이러한 터부는 영국에서는 상대적으로 덜했으며, 인도에서는 거의 없었다고 할 수 있었다. 심지어 인도의 경우, 의학연구소의 과학자들은 MRI보다도 NMR 용어를 선호하기도 했는데 이유인즉 그들은 NMR이 범용의 영상의학 기기라기보다는 핵의학의 도구라고 받아들였기 때문이다. 예를 들어 인도에 최초로 도입된 MRI 기기는 1987년 뉴델리 핵의학연합과학연구소(Institute of Nuclear Medicine and Allied Sciences, 이하 INMAS)에 설치된 기기였다. INMAS 소장 락시미파티(N. Lakshmipathy)가 영국 과학자가 MRI 기기로 촬영한 인체 내부 영상을 접한 것이 인도 최초의 MRI 기기 구동이었다. 이후 인도에서 MRI 기기는 핵의학뿐 아니라 의학 전반으로 사용 범위를 점점 확대해갔다. INMAS의 과학자들은 인도에서 흔한 갑상선 질환을 위해 MRI 기기를 활용했으며, 럭크나우(Lucknow)에 있는 산제이 간디 대학원 연구소(Sanjay Ghandi Post Graduate Institute, SGPGI)는 인도 환자들에게 흔하게 발생하는 바이러스성 질병에 대한 연구에 MRI를 활용했다. 심지어는 인도 의 과학자들은 리그베다(Rigveda) 찬가[69]가 뇌에 미치는 영향을 검증하는 데 MRI 기기를 사용하기도 했다.

이러한 질적인 측면뿐 아니라 수량 측면에서도 인도에서 MRI의 활용도는 커져갔다. 1987년 인도 최초의 MRI 기기가 INMAS에 도입되었을 무렵, 미국은 이미 거의 900여대에 달하는 의료용 MRI 기기를 운용하고 있었다. 이후에 인도에서 MRI 보급은 가파르게 확대되어, 예를 들어 2001년에서 2002년의 사이에 인도에서 신규로 설치된 MRI 기기 수는 200여대에 달했을 정도였다. 이보다도 앞서 이미 MRI의 활용도가 커져감에 따라, 인도과학자들은 1990년대에는 인도 자체적으로 MRI를 개발하기 위한 시도를 시작하였다. 1987년 INMAS에 설치되었던 MRI 기기는 독일 기반의 다국적 회사인 지멘스가 제작한 것이었다. MRI 공급처가 서구권 및 선진국들에 편중된 현상은 이후로도 이어져, 한참 뒤인 2000년 전후의 경우를 예로 들면, 인도에서 사용되던 MRI의 제조업체는 GE · 지멘스 · 필립스 · 도시바(Toshiba) 등과 같은 미국 · 유럽 · 일본 기반의 다국적 기업들이었다.

이러한 편중은 MRI 기기 개발의 난이도를 대변해 주는 듯하지만,

---

69) 고대 인도의 브라만교 성전 『베다』(Veda)의 하나로서, 신을 찬미하는 찬가이며 인도 사상의 원천으로 꼽힌다.

MRI 기기개발을 위한 이론적 역량은 서구권 및 선진국들만의 전유물은 아니었다. 미국의 로터버가 1974년경 처음으로 미국 밖 인도에서 NMR 영상에 대한 아이디어를 소개했을 무렵, 인도에서도 NMR 연구를 수행할 만한 잠재력은 있었다. 즉, 1950년대 유럽·미국의 MRI 연구에 선행하여, 인도 MRI 과학의 선구자였던 수리안(G. Suryan)의 연구논문들은 1950년대 MIT의 퍼셀과 스탠포드 대학의 블로호의 극찬을 받을 정도로, 미국을 비롯한 유럽에서도 널리 인용되어 영향을 미쳤다. 요컨대, 인도 과학계는 MRI 과학에 상당히 일찍 뛰어들었고, 그 이론적 기반 역시 만만치 않았던 것이다.

그럼에도 불구하고 1990년대 착수되었던 인도 MRI 기기 개발은 여러 복합적인 이유로 좌초되었다. 예를 들어 SGPGI의 굽타(Rakesh Gupta) 교수 연구팀은 실험연구실에서 사용할 수 있는 MRI 기기를 개발했지만, 이를 상용화하는 데는 실패했다. 인도과학에도 MRI 과학의 이론적 기반이 존재했다는 사실과 인도의 연구팀이 MRI의 시험 제작에는 성공했다는 사실은, 인도가 MRI 기기의 상용화에 실패한 데는 이론적 기반 이외에 다른 원인이 더욱 크게 작용했을 가능성을 강하게 시사한다. 구체적으로, 개발도상국 인도가 직면했던 다음과 같은 총체적 자원(resources) 부족의 문제들이 있었다. 첫째, 인도 과학계는 MRI 기기에 필요한 강력한 균질적 자석을 자체적으로 생산할 수 있을지에 대한 확신이 없었다. MRI 기기는 자석에 의해 발생한 자기장과 고주파를 이용해 영상을 얻는 기기이기 때문에, 자석 개발이 그 핵심이었던 것이었다. 자석 개발이 어렵다고 판단했던 인도과학자들은 선진국으로부터 자석 수입을 고려했지만, 정작 자석 수입에 필요한 재원을 마련하는 데 실패했다.

둘째, 인도는 MRI 기기에 대한 국제특허를 획득하는 데서도 난관을 겪었다. 인도의 MRI 연구팀에게는 국제특허를 취득하는 데 필요한 관련 노하우와 재정적 지원이 부족했다. 국제특허의 취득은 고유의 발명을 국제적으로 보호하기 위해 필수적인 과정이지만, 기존의 특허가 가로막고 있는 장벽을 우회하여 특허를 취득하기 위해서는 고도의 기술이 필요하다. 즉, 특허 취득은 새로운 기기의 개발만으로 충분한 작업이 아니라, 기존의 특허 기술들에 대한 심도 깊은 이해와 그러한 기술들에 대한 회피 능력과 전략까지 요구되는 작업이다. 이러한 어려움으로 인해 인도에서 자체 개발한 MRI 기기는 인도 국내의 환경에서는 특허의 요건을 갖출 수 있었을지언정, 국제적인 특허 취득의 문턱을 넘기에는 부족했던 것이다.

이 두 가지 실패 요인에 공통적으로 작용하고 있었던 것은 과학 연구 수행을 위한 재정적 재원의 부족이었다. 흔히 많은 선진국들은 과거 제국이었던 역사를 지니고 있으며, 이러한 선진국들은 제국 시절 식민지 착취를 통해 구축한 유산에 근거하여 강력한 경제를 자랑하는 경우가 많다. 반면 식민지로부터 독립한 인도와 같은 국가들의 경우 경제 역시 대체로 선진국에 비해 강력하지 못하거나 심지어 종속되는 경향이 드러난다. 즉, 인도에서의 MRI 기기 상용화 실패의 이면에는 식민지 독립 후 인도 경제와 과학계가 직면했던 총체적 자원 부족의 한계가(비록 그것만이 유일한 실패요인은 아니었다 하더라도) 심각하게 부정적으로 작용했던 것이다

결국 1990년대 인도에서의 MRI 기기 개발은 실패로 막을 내렸다. 그러나 이러한 실패에도 불구하고 인도에서의 MRI 연구개발

도전 사례는 식민지 경험을 가진 인도가 서구 유럽의 선진과학의 일방적 영향력으로부터 탈피하고자 했던 시도라는 맥락에서 이해할 필요가 있다. 아울러 이러한 실패에 영향을 끼친 요인으로서 식민지 독립 후 인도 과학계가 직면했던 총체적 자원 부족의 문제 이외에도, 이러한 부족이 야기할 가능성이 큰 다른 부정적인 요인들, 예를 들어 과학 인프라와 제도적 지원의 부족 등의 문제에 관해서도 추가적인 고찰이 필요할 것이다. 탈식민주의 과학을 향한 인도의 여정은 다음 절에서 또 다른 사례를 통해 살펴본다.

탈식민주의 과학을 향한 인도의 거대미터파 전파망원경 건설

1940년대 초 인도 물리학은 지역적으로 두 거점으로 나눠져 있었다. 하나는 물리학 거두 라만(C.V. Raman)을 중심으로 타타 과학연구소(Tata Institute of Science, 현재의 인도과학연구소(Indian Institute of Science))에 거점을 둔 그룹이었다. 타타 과학연구소는 20세기 초 인도 최고의 자본가인 잠세지 타타(Jamsetji Tata)의 후원에 힘입어 1909년에 남인도 병영 소도시인 방갈로르(Bangalore)에 설립되었으며, 인도의 발전에 필요한 과학지식 생산의 전초기지이자 응용과학의 중심지가 될 것으로 기대 받았다. 라만은 바로 타타 과학연구소의 초대 소장으로 그는 훗날 1933년에 라만 효과(Raman effect)로 알려진 빛의 산란에 대한 업적으로 노벨상을 수상하게 된다. 다른 하나의 그룹은 인도 천체물리학자 사하(Meghnand Saha)와 보스(Satyen Bose, 보스-아인슈타인 통계로 유명한 물리학자)를 중심으로 한 그룹으로, 캘커타와 알라하바드(Allahabad) 대학에 거점을 두었다.

인도 물리학계의 이러한 양강 구도에 도전한 인물로, 캠브리지 대학에서 활동했던 바바(Homi Jehangir Bhabha)가 있었다. 우주선 소나기(cosmic ray showers)[70]에 대한 이론적 모델링에 전념했던 이론물리학자였던 바바는 1942년에 타타 과학연구소에 합류했다. 그가 타타 과학연구소에 합류한 것은 새로운 입자 관찰을 위한 우주선 소나기 측정 실험을 위해서였다. 이 실험을 위해 제2차 세계대전 당시 바바는 연구에 필요한 측정 장비들(진동자 oscillator, 보조전동기 servomotor, 진공관 triodes, 증폭관 amplifier 등)을 확보하기 위해 당시 방갈로르에 주둔하고 있었던 미공군기를 이용하여 해외로부터 공수해야 했을 정도로, 연구여건은 녹녹치 않았다. 뿐만 아니라 라만은 바바가 가진 명성 때문에 그가 자신의 연구소로 합류하는 것을 환영하기는 했지만, 두 사람 모두 야심가적 성향을 가지고 있었기에 바바가 타타 과학연구소에 정착하기란 쉽지 않았다. 이에 바바는 재원을 끌어모아 1945년에 인도 제1의 도시인 봄베이(오늘날의 뭄바이)에 물리학·수학 연구를 위한 타타 기초과학연구소(Tata Institute of Fundamental Research, 이하 TIFR)를 설립하였다. 이제 인도 물리학계는 캘커타와 방갈로르에 이어 봄베이에도 커다란 거점을 가지게 되었다.

제2차 세계대전의 종전(1945년) 이후 얼마 되지 않은 1947년 인

---

70) 우주선(cosmic rays)은 저 먼 우주로부터 지구를 향하여 방사하는 입자의 흐름이다. 1차 우주선(대체로 양성자와 알파 입자)은 대기 상층에서 여타 물질의 원자핵과 충돌하여 양성자·중성자·중간자·전자와 고에너지 감마선으로 구성된 2차 우주선을 내놓는다. 이러한 입자들은 차례로 대기 하층부의 물질 핵과 반응하는데, 이러한 반응은 1차 우주선의 초기 에너지가 계속 사라질 때까지의 일어난다. 이러한 우주선의 연속적 소나기에는 특정 패턴의 산란이 수반되는데, 바바는 이러한 산란 형태에 대한 모델을 내놓았으며, 그 산란 과정을 통해 뮤온과 같은 새로운 소립자가 방출된다고 예측했다. 이 연구로 바바는 1942년 영국 왕립학회 회원이 되었다.

도는 영국으로부터 독립하였다. 제2차 세계대전 중에 시행된 미국의 맨해튼 프로젝트(원자폭탄 개발 계획)을 시작점으로, 전후에는 세계적으로 거대과학이 과학기술 연구의 하나의 추세로 자리 잡아갔다. 예를 들어, 소립자 연구(고에너지 물리학), 거대한 우주의 세계에 대한 연구(천문학과 우주론) 또는 방대한 유전 관련 데이터가 필요한 분야(계통 유전학) 등은 정보・데이타 수집을 위해 첨단 과학도구를 매개로 한 거대과학이었다. 과학기술의 진보를 향한 국가적인 행보가 전개되는 전후의 이러한 시류 속에서, 독립국 인도의 신진과학자들은 국제적으로 인정받는 독자적 과학연구를 수행하여 세계 속에서 인도과학의 지위를 격상시키는 것을 목표로 삼았다. 인도 과학자들의 이러한 목표는 신생독립국이자 개발도상국인 인도가 과학 후발주자로서의 불리함을 극복하고 서구과학에의 의존성에서 탈피하는 것을 의미하는 것으로, 탈식민주의 과학을 위한 열망의 발로였었다. 앞서 언급한, 방갈로르에서의 우주선 관찰 실험 역시 이러한 목표의식 아래 인도 과학계가 야심차게 추진한 여러 연구의 하나였다.[71] 그러나 동시에 인도 과학자들은 그들의 현실 역시 잘 인지하고 있었다. 인도 과학계가 마주했던 재정적 부족, 기술적 경험과 실험과학 전통의 부재와 같은 수많은 난관은, 인도가 서구사회와 비슷한 자원의 기반 위에서 경쟁할 수는 없음을 의미하는 것이었다.

이에 인도 과학계로서는 인도 특유의 환경적 요소를 최대한 유리

71) 예를 들어, 인도 남동부의 폐광 콜라르 골드 필즈(Kolar Gold Fields, KGF)에서 1950년대부터 입자 실험이 계속되었다. 우주에서 대기로 유입된 우주선에서 물질을 이루는 더 작은 입자들이 발견되었는데, 1960년대 초 KGF가 발견한 것은 우주선과 대기의 상호작용을 통해 생성된 뮤온이었다. 1964년에는 인도 TIFR, 영국 더럼 대학(Druham University), 그리고 일본 오사카 대학(Osaka University)과의 국제 공동연구가 지구 대기에서 뮤온입자가 붕괴되면서 나오는 중성미자를 발견하기도 했다.

하게 활용하여 개척할 수 있는 과학분야가 필요했는데, 모색 끝에 내린 결론은 전파천문학 연구에 착수하는 것이었다. 전파천문학(radio astronomy)은 천문학의 한 하위분야로, 시력과 광학망원경으로 천체와 우주를 관측하는 기존의 천문학과는 달리 우주로부터의 전파를 통해 천체를 연구하는 분야이다. 천체에서 방출되는 전파를 처음으로 탐지한 1930년대 이후, 우리은하(the milky way)[72]를 비롯하여 다양한 방출원으로부터의 전파를 분석하여 일반은하는 물론, 전파은하・퀘이사(quasar)・펄서(pulsar) 등 새로운 부류의 천체들이 발견되기도 하였다. 전파천문학에서는 전파망원경이라고 하는 거대한 안테나를 사용하여 수행된다. 전파망원경은 인간은 감지할 수 없는 전파를 수신하여 컴퓨터 영상으로 재구성하여 보는 장치로서, 단일한 전파망원경이 사용되기도 하고, 다수의 전파망원경을 연결하여 전파 간섭계를 만들어 사용되기도 한다. 전파 간섭계를 사용하면, 설정에 따라 개개 망원경을 사용하는 것보다 좋은 분해능(해상도)을 얻는 것이 가능해 진다.

1960년대 초 미국에서 최신 과학교육과 훈련을 받은 인도 출신의 젊은 전파천문학자들은 연구직에 지원하기 위해 인도의 연구소 여러 곳과 접촉하였다. 이러한 접촉에 유일하게 반응한 것은 TIFR이었으며, TIFR은 이들 전파천문학자들에게 전파천문학 연구에의 기회를 제안했다. 지원자들 중 TIFR의 제안에 응하여 실제로 귀국한 것은 스와루프(Govind Swarup)뿐이었는데, 그는 1950년 인도 알라하바드 대학 물리학과를 졸업하고 미국 스탠포드 대학에서 박

72) 우리은하는 태양계가 속해 있는 은하를 의미하며, 수천 억 개의 별・성운・성단・성간물질 등이 나선 모양을 이루고 있다.

사학위를 받았다. 스와루프는 인도에서 첨단 전파천문학 연구를 착수하고자 했다. 스와르푸가 인도에서 이끈 그룹은 봄베이 인근 칼리안(Kalyan)에 상대적으로 소규모의 전파망원경을 건설하였으며, 이후 야심차게 우티 전파망원경(Ooty Radio Telescope, ORT)을 건설하였다. 스와르푸의 그룹이 1965년에서 1970년에 걸쳐 인도 남부 우티(Ooty) 인근에 건설한 ORT는 스와르푸 그룹의 독자적인 설계를 통해 최소의 비용으로 세워진 산물이었다. 스와르푸의 그룹은 천문대가 위치한 지역의 위도와 동일한 각도의 지표면 경사를 가진 언덕 사면에 ORT를 설치할 계획을 세웠다.

이러한 배치의 장점은 전파 안테나[73]의 회전축이 지구의 자전축과 평행하게 되어, 전파 안테나를 회전시킬 경우 전파원(우주 전파 발생원)이 동쪽의 지표면으로부터 떠오르는 시점부터 서쪽의 지표면 아래로 떨어지는 시점까지 계속해서 해당 전파원을 관측할 수 있다는 것이었다. 이러한 아이디어는 위도가 높은 지역에 위치한 과학선진국들로서는 구현하기 어려운 것이었다. ORT에서 구현된 위와 같은 장점을 누리려면 전파 안테나는 설치 지점의 위도와 같은 경사도를 지닌 사면에 설치되어야 하는데, 경사도가 높을수록 전파 안테나의 설치는 어려워진다. 적어도 본토의 위치를 기준으로 하면, 오늘날 인도처럼 위도가 낮은 국가들 중 과학선진국은 아직 없다고 할 수 있다.[74] 이외에도 적도에 가깝다는 사실은 천문관측에 상당한 이점을 안겨다 준다. 적도에 가까운 지역에서는 태양과

73) 송수신을 위해 전자기파를 공간으로 보내거나 받기 위한 장치를 의미한다.

74) ORT는 11.5도의 위도를 지닌 지역에 있는, 역시 11.5의 경사를 지닌 언덕에 설치되었다. 만약 한국에 이러한 방식으로 전파망원경을 건설한다면, 그 건설 위치의 경사로는 33~39도에 달할 것이다.

달, 태양계 행성들이 머리 위 근처를 지나가며, 관측 가능한 태양계 행성들의 숫자도 늘어난다. 또한 이들 태양계 천체들이 머리 위 근처를 지나간다는 것은, 이들 천체로부터 나와 지표면에 전달되는 전파의 지표면적당 밀도가 높다는 것을 의미한다.[75)]

이처럼 ORT의 설계는 지리적 적도에 가까운 인도의 환경을 최대한으로 고려하여 활용한 것이었다. 이를 위해 가장 중요한 관건은 전파망원경의 건설 위치의 위도와 거의 동일한 경사각을 가진 언덕을 찾는 것이었다. 스와르푸 그룹의 과학자들은 남인도 닐기리(Nilgiri) 지역을 뒤져 이런 조건을 만족시키는 언덕을 마침내 찾아내었다. ORT는 적도에 가까운 인도의 지리적 환경을 적극적으로·창의적으로 활용하여 통상적인 설계대로라면 발휘하기 힘든 성능을 지닐 수 있었다. 그 결과, ORT는 500피트(150m) 지름의 접시형 안테나에 준하는 전파 수집 능력을 가지게 되어, 1970년 당시로는 세계적으로도 관측능력이 뛰어난 전파망원경 중의 하나가 되었으며,[76)] 십수년 후 인도가 착수한 거대미터파 전파망원경(Great Metre Radio Telescope, GMTR) 건설의 밑그림을 제공한 셈이었다.

ORT를 통한 성공 경험은 인도 천문학자들로 하여금 보다 강력한 전파망원경 건설에 대한 자신감과, 이러한 건설을 통해 전파천문학의 세계적 중심지로서 인도의 지적 권위를 고양할 수 있을 것으로 기대를 심어주었다. 이에 인도 과학계는 ORT에 이어 거대미터파 전파망원경(Giant Metrewave Radio Telescope, GMRT) 건설

75) 비슷한 원리로, 적도에서 멀어질수록 추운 것은 태양으로부터 나오는 복사광선이 지표면의 단위면적당 도달하는 밀도가 적도에서 멀어질수록(위도가 높아질수록) 낮아지기 때문이다.

76) ORT는 오늘날에도 전파천문학 분야에서 태양풍·펄서·외부은하 전파원(우주 전파 발생원)과 우주론에 관련된 다양한 연구에서 중요한 관측결과를 제공하고 있다.

에 착수했다. ORT 설계를 맡았던 스와르푸 그룹은 1984년부터 1996년에 걸쳐 인도 서부 푸네(Pune)에서 GMRT 전파망원경 건설을 총괄했다.

GMRT가 초점을 두고 활용한 인도의 지리적·환경적 요인들은 ORT의 경우와는 다소 달랐지만, ORT처럼 인도의 그러한 이점들을 최대한 고려하고 활용했다는 점은 유사했다. GMRT 설계 단계에서부터 과학자들은 전파망원경에 유리하게 작용할 수 있는 인도 고유의 지리적 특성을 찾기 위해 광범위한 과학적 조사를 수행했다. 가령, GMRT 건설이 이루어지는 장소는 인공잡음(man made noise)이 거의 없어야 했으며, 안정된 대기층(전리층, ionosphere)이 있고 남반구의 상당 부분을 관찰하는 데 적합한 지자기 적도의 북쪽에 위치하고 있어야 했다. GMRT는 45m의 회전 가능한 접시형 안테나 30개가 최대 25km 직경의 지역에 걸쳐 분산 설치된 전파망원경이었다. 예컨대, 몇 시간에 걸쳐 435쌍의 안테나 또는 간섭계로부터 들어오는 전파신호를 합성하면 마치 직경 25km의 단일 접시형 안테나로 얻을 수 있는 분해능으로 천체들의 전파영상을 얻을 수 있는 것과 맞먹는 것이었다.[77] 단적으로, GMRT는 당대 세계 어느 전파망원경과도 견줄 수 없는 강력한 효과를 자랑하는 최고의 대형 망원경이었다.

77) 망원경의 성능을 나타내는 중요한 요소는 분해능이다. 분해능은 멀리 떨어져 있는 천체나 빛을 내는 영역을 구분할 수 있는 능력을 의미한다. 망원경의 구경(직경)이 크면 클수록 큰 구경에 비례하여 분해능도 향상되지만, 구경을 마냥 확대할 수는 없기에 전파망원경 여러 대를 떨어진 곳에 두고 전파신호를 받아 실질적으로 한 대의 구경이 큰 망원경과 같은 효과를 내기도 한다. 전파망원경 분해능의 한계를 극복하고자 나온 기술이 전파간섭계(Radio Interferometer)이다. 서로 멀리 떨어진 전파망원경들을 이용하여 같은 천체를 동시에 관측하고, 이렇게 관측된 데이터를 합성하게 되면 마치 망원경들이 서로 떨어진 거리에 비례하는 구경을 가진 망원경과 유사한 성능을 구현할 수 있게 해준다.

1987년에 GMRT 프로젝트를 총괄책을 맡은 스와루프는 1993년에는 TIFR의 국립전파천체물리학연구소(National Centre for Radio Astrophysics)의 소장으로 취임하면서 1996년에는 GMRT 건설 프로젝트를 완결했다. GMRT는 다음과 같은 인도 특유의 요소들이 복합적으로 활용되어 완성된 거대과학 프로젝트였다. 먼저, GMRT 프로젝트는 전파망원경 건설에 적합한 인도 특유의 환경적 이점을 십분 활용했다. GMRT와 같은 거대미터파 주파수 대역(50~1500 MHz)을 사용하는 경우 인공전파 잡음은 관측의 질을 떨어뜨릴 수밖에 없는데, 선진국들과는 달리 인공전파 사용량이 적은 인도 사회의 특성은 GMRT 건설에 있어 전화위복이 되었다. 둘째, GMRT를 구성한 30여 개의 대구경 접시형 안테나는 무게가 가벼운 경량·저비용으로 제작되었는데, 이는 인도 과학자·공학자들의 창의적 혁신에 기인한 것이었다.

GMRT의 성공은 인도가 전파천문학 분야에서 국제적 선두그룹에 합류할 수 있게 해주었다. 뿐만 아니라, GMRT는 인도와 같은 개발도상국은 거대과학의 필수조건인 첨단 과학시설과 역량의 부족 탓에 국제적 수준의 거대과학을 이끌 수 없는 것이라는 편견을 불식시킬 수 있었다. 즉, GMRT는 식민지 독립 이후 인도 과학자들이 서구과학에 의존하지 않고 독창적으로 이루어낸 탈식민주의 과학의 모범적·선도적 사례이기도 했다.

나가면서

과학지식의 탈국가화 및 국제화와 관련하여 탈식민주의적 과학의 성장이 중요한 것은, 그러한 성장은 과학연구의 축이 지역과 국가 측면에서 보다 다원화될 가능성을 보여주기 때문이다. 즉, 이전에는 과학분야 연구가 제국주의 열강으로 대변되는 특정 과학선진국들로 대변되는 몇 개의 축을 중심으로 한정적으로 이루어지고 있었다면, 식민지로부터의 독립국에서의 과학의 성장은 그러한 축의 다원화를 의미하는 것이다. 즉, 탈식민주의적 과학의 추구는, 그것이 성공적으로 이루어질 경우, 과학연구의 실행이 보다 다양한 국가들에 의해 이루어짐을 의미하는 것이다. 자체적인 과학연구의 역량을 지닌 국가들의 숫자가 늘어날수록 이들 국가들의 과학자들 간의 탈국경적 교류와 협력의 가능성과 빈도 역시 증대될 것이기에, 탈식민주의적 과학의 추구는, 과학지식의 탈국가화와 과학의 국제화를 향한 경로의 하나라고 할 수 있을 것이다.

독립 이후 인도에서 전개되었던 자기공명영상(MRI) 연구개발과 GMRT 전파망원경 건설에는 바로 탈식민주의 과학을 향한 인도 과학계의 노력이 드러난다. 1990년대 인도에서의 MRI 기기 개발 도전은 비록 실패로 막을 내렸지만, 이 도전은 식민지 경험을 가진 인도가 서구의 선진과학의 일방적 영향력으로부터 탈피하고자 했던 시도라는 점에서 의의가 있다. 그러나 동시에, 이러한 실패 사실, 그리고 그러한 실패에 영향을 끼쳤을 것으로 판단되는 요인들, 예를 들어 인도 과학계가 직면했던 총체적 자원 부족의 문제, 기술적 경험과 실험과학 전통의 부재와 같은 문제들은 탈식민주의 과학을 향한 여정의 어려움을 보여준다. 반면, 1990년대의 인도 GMRT 프로젝트는, 서구 과학계와 비슷한 자원의 기반 위에서 경쟁할 수 없었던 불리한 환경 속에서도 인도 과학자들이 인도 특유의 지리적·

환경적 요인들과 창의력을 결합하여 국제적으로도 우수한 수준의 전파망원경을 건설한 사례로, 탈식민주의 과학의 선도적 선례를 남기게 되었다. 물론 천문학 분야는 지리적 입지가 특별히 중요하다는 점에서, 인도의 GMRT 프로젝트의 성공 공식이 다른 개발도상국이나 신생 독립국에서의 탈식민지적 과학활동에도 응용될 수 있다고 주장할 수는 없을 것이다. 그러나 인도 과학자들이 인도가 처한 재정적 부족, 기술적 경험과 실험과학 전통의 부재와 같은 수많은 난관에도 불구하고, 인도의 과학자들은 과학에의 열정과 헌신, 창의력과 치열함으로 무장하여 일류급의 과학적 성과를 향해 매진했다는 점만큼은 잘 드러난다. 이러한 과학자들의 강렬한 동기 자체는 탈식민지적 과학을 위한 충분조건이나 성공을 보장하는 요인이 될 수는 없을지라도, 탈식민지적 과학을 위한 하나의 필요조건으로는 고려될 수 있을 것이다.

10 분자생물학을 통해 본 과학의 탈국가적 협력 (transnational cooperation) 연구의 발달

들어가면서

19세기 중후반부터 20세기 초까지의 제2차 산업혁명 이후, 통신·교통·수송 수단의 비약적 발달은 국가 간 재화·인력·지식의 교류를 가속화시켰다. 이러한 가속화는 과학자들의 국경을 넘는 협력활동 역시 촉진하였다. 그 결과 과학에서 탈국가적 협력(transnational cooperation)을 통한 연구가 대거 등장하게 되었다. 과학의 탈국가적 협력 연구란 어느 한 국가의 과학자 집단에 의해서가 아니라 다국적의 복수 저자들(multiple authorship) 간의 협력을 통해 펼쳐지는 과학연구를 의미한다.

과학에서의 탈국가적 협력 연구의 전형적인 사례들은 분자생물학(molecular biology)의 태동과 발전과정에서 엿볼 수 있다. 분자생물학의 이론적 토대는 DNA 이중나선 구조에 있는데, 이는 유전자에 대한 복수 국가들로부터의 다양한 접근법들이 어우러진, 일종의 지식의 교배를 통해 이루어졌다. 예를 들어, 영국인 크릭(Francis

Crcik)의 X선 결정학(물리학)과 미국인 왓슨(James Watson)의 유전학 양 분야 간의 시너지는 DNA 이중나선 구조의 발견을 가능하게 했다. 더 나아가, 단백질 합성과 유전자 암호 작동의 이해에 필요한 핵심개념인 전령 RNA(messanger RNA, mRNA)의 발견 역시 영국의 브레너(Sidney Brenner), 프랑스 파리 파스퇴르 연구소의 자코브(Francois Jacob), 그리고 미국 캘리포니아 공과대학의 메셀슨(Mathew Meselson) 등이 관여한, 일종의 탈국가적 협력 연구의 산물이었다. 본장에서는 분자생물학을 사례로 삼아, 과학의 탈국가적 협력 연구가 현대사회에서의 과학기술 연구의 중요한 형태로 자리 잡은 과정의 단면을 보여주고자 한다.

1930년대 학제 간 지식의 교배, 그리고 분자생물학을 향하여

1931년 영국 과학진흥협회(British Association for the Advancement of Science)의 100주년 기념 회합과 제2차 국제 과학사 학술대회 심포지엄(Symposium at the Second International Congress for the History of Science)이 런던에서 개최되었다. 이 심포지엄에서 소련의 헤센(Boris Hessen)은 근대과학의 탄생에 대한 지적·내재적 논리의 접근이 아니라 외재적·사회경제적·통속적 마르크스주의적 분석을 내놓았다. 이와 더불어 레닌주의자 부하린(Nikolai Bukharin)이 이끈 소련 대표단이 내놓은 과학의 역사·철학에 관한 발표 시리즈 역시 눈길을 끌었는데, 이 발표들은 자본주의의 쇠퇴에 대한 비판적 성찰과 유물론적 대안의 가능성을 조명했다. 자바도프스키(Boris Zavadovsky)는 <생물학과 물리학의 역사적·현재적 관계>라는 제하의 논문을 통해 국제 자본주의의 모순에 대한 환원론적 성찰을 소개했으며, 나아가 생물학과 물리학의 상호보완적 관계를 통해 소위 미래지향적 해방과학을 강조했다. 국제회합에서 소개된 생물학과 물리학 간의 새로운 접목, 그리고 과학에 대한 마르크스주의적 해석 등은 신진 과학자들에게 특히 강한 영향을 주었다. 또한 이 심포지엄에서는 생물학 분야의 발표 한 편이 눈길을 끌었는데, 이 발표 역시 학제 간 연구의 가능성을 보여준 것이었다. 이 발표는 생식(reproduction)을 포함한 생물학적 과정을 1930년대 당시 유전물질이라고 추정되었던 단백질[78] 분자의 구조와 그 복제 메커니즘을 중심으로 하여 생체 거대분자 구조의 관점에서 분석한 것으로, 생물학·물리학·화학의 학제 간 연구의 가능성을 보여주었다.

상기 심포지엄에서 드러난 학제 간 연구라는 새로운 조류는 바로 분자생물학의 탄생과 떼어내어 생각하기 어렵다. 즉, 1938년에 아직 뚜렷한 실체는 없으나 용어상으로나마 분자생물학이라는 신생 분야의 컨셉이 세상에 나오게 된 것은 바로 생물학과 물리학·화학 간의 접목을 시도한 당시의 과학계의 흐름에서 비롯된 것이었다. 생화학자인 니덤(Joseph Needham), 물리학자에서 X선 결정학자로 전향한 버날(J.D. Bernal), 발생학자·유전학자인 워딩턴(Conrad Hal Waddington), 동물학자에서 생물철학자로 전향한 우드거(Joseph Henry Woodger)와 수학자 겸 과학철학자인 린치(Dorothy Wrinch) 등은 과학자들 간의 지적 접촉과 상호교감을 통해 과학의 새로운 철학적 전망을 추구하는 진보 포럼인 생물이론 모임(Biotheoretical Gathering)을 만들었다. 이 생물이론 모임의 태동에 지적·사상적

78) 유전물질의 정체가 DNA라는 사실이 규명된 것은 1952년이었다.

영향을 끼친 인물로 영국의 홉킨스 경(Sir Frederick Gowland Hopkins)을 들 수 있는데, 비타민의 발견으로 노벨상을 수상했던 홉킨스는 생물학은 과학적·사회적 진보를 성취할 수 있는 수단이 될 수 있음을 설파했다. 홉킨스의 레토릭은 때마침 미국 록펠러 재단(Rockefeller Foundation)의 생물학 후원 정책에도 영향을 미쳤다. 록펠러 재단은 새로운 생물학 프로그램으로서 생물학과 물리학의 혼합 학문인 분자생물학에 주목했다. 분자생물학이라는 새로운 컨셉 자체가, 록펠러 재단의 위버(Warren Weaver)가 생물이론 모임과의 잦은 교류를 통해서 구상한 것이었다. 1934년 버날이 단백질 분자를 해독한 X선 사진을 내놓았을 때, 생물이론 모임은 생물학에 대한 분자적 담론에 관심을 기울였다. 버날의 발견은 당시 세계적으로 큰 주목을 받지는 못했지만, 다양한 생물학적 기능을 수행하는 단백질을 물리학·화학적 언어를 통해 설명할 수 있다는 강력한 신호였다. 신진 과학자들은 생명의 신비를 이해할 수 있는 단백질 등 생체물질의 구조를 규명하는 X선 결정학을 통해 당시 생체 거대분자에 대한 새로운 이론적·기술적 관심을 기울이게 되었다. 생물학에 대한 분자적 접근, 즉 분자생물학은 후술하듯 그 발전 과정은 물론 태동 자체가 영국·미국·프랑스 등 다양한 국적의 연구자들 간의 탈국가적 협력 연구를 통해 이루어졌다.

DNA 이중나선 구조 규명을 둘러싼 탈국가적 과학 교류

제2차 세계대전으로 패전국과 연합국 간의 적대감으로 과학의 국제화 활동은 다소 소강상태로 빠지게 되었지만, 전후 과학연구에 활력을 불어넣기 위한 일환으로 국제회합들은 빈번하게 개최되었다. 국제회합은 국경을 넘은 교류를 가능하게 함으로써 분야・제도・지식 간의 장벽을 무너뜨릴 수 있었으며, 이러한 새로운 상황은 학제 간 학문으로서 분자생물학 형성에 중요한 역할을 했다. 특히, 록펠러 재단의 국내외 과학 연구 후원은 과학자들의 국경을 넘는 지리적 이동과 교류를 용이하게 해주었고 과학의 국제화가 실현되는 데 도움을 주었다. 국제회합을 도구로 삼아 국제 과학자 서클이 용이하게 작동되고 탈국가적 차원에서의 과학활동이 촉진되는 등, 국제회합은 분자생물학의 발전에 중요한 인프라이자 자극제의 역할을 했다.

분자생물학이라는 단어 자체는 위에서 언급한 대로 위버가 1938년에 고안했지만, 분자생물학이 단지 추상적인 컨셉으로서가 아니라 연구주제와 연구자들을 보유한 실체가 있는 분야로서 모습을 갖추기 시작한 것은 아무리 빨라야 제2차 세계대전 이후로 잡을 수 있을 것이다. 바로 종전 직후의 일련의 국제회합들이 분자생물학의 저변이 조성되는 계기를 만들어주었던 것이다. 1946년 미국 뉴욕 콜드 스프링 하버 연구소(Cold Spring Harbor Laboratory)가 개최한 미생물 심포지엄(Cold Spring Harbor Symposium on Microorganism)의 참가자 118명 가운데 13명이 유럽에서 건너온 해외 과학자들이었다. 이 회합을 계기로 프랑스의 미생물학자 르보프(Andre Lwoff), 생화학자 모노(Jacques Monod)와 미국의 생화학 미생물학자(biochemical microbiologist)들 사이에 중요한 접촉・교류가 이루어졌으며, 이들 중 상당수는 분자생물학 연구에 뛰어 들었다. 그러나 1940년대 말에도 여전히 분자생물학은 낯선 분야였다. 예를 들어, 1949년에 영국 캠브리지에서 개최되었던 제1차 국제 생화학 학술대회(International Congress of Biochemistry)에서, 미국 생화학자 샤가프(Erwin Chargaff)는 과학분야에서 국제 심포지엄·워크숍·컨퍼런스 등의 형태로 국제회합이 증가하고 있지만 그 중 분자생물학 분야에 관한 회합은 거의 전무에 가까우며 소위 분자생물학자로 불리는 과학자들 역시 마치 외딴 그리스의 섬이나 이탈리아의 산 정상에 서 있는 것처럼 서로 단절되어 상호 교류는 미미한 처지라고 토로하기도 했다.[79)]

이러한 열악한 상황에도 불구하고, 생화학·미생물학·유전학 분야의 국제회합에서 과학자들의 상호접촉과 교류는 신생 분자생물학 분야의 정체성을 만들어나갔다. 예를 들어 1948년 프랑스 파리 회합에서 <유전적 계속성을 발현하는 생물학적 입자 고찰>, 1952년 <박테리오 파지와 용원성(lysogeny)[80)] 조명> 그리고 1951년 미국 콜드 스프링 하버 연구소 회합에서 <미생물 유전의 조명>, 1953년에 <바이러스 조명> 등 유전학 국제회합들이 대서양 양편에서 개최되었다. 파리 회합에서는 20~30여 명 정도의 과학자들이 해외로부터 건너와 참여했으며, 1951년 미국 콜드 스프링 하버에서 열린 심포지엄에서는 참가자 수가 305명에 달했으며 그 중 26명은 미국

---

79) 바로 이 학술대회에서 샤가프는 저 유명한 DNA 염기비율에 대한 샤가프 원리를 발표했다. 샤가프는 생명체의 서로 다른 형질을 설명하기 위해, 생명체마다 DNA 조성에 차이가 있는지를 확인하고자 DNA의 염기를 정량적으로 분석했다. 즉, 종에 따라 DNA 내 염기의 비율이 다르다는 것이다. 더욱 중요한 것은 같은 종끼리는 염기 아데닌(A)의 수와 염기 티민(T)의 수가, 그리고 염기 구아닌(G)의 수와 염기 시토신(C)의 수가 항상 같은 양으로 존재한다는 사실을 알아낸 것이다. 1949년 샤가프의 비율로 발표된 이 결과는 A와 T, 그리고 G와 C의 함량이 각각 같다는 규칙성을 의미하는 것이었지만, 정작 샤가프는 그러한 규칙성이 무엇을 의미하는지에 대한 연구는 더 진행하지 못했다. 샤가프 법칙이 구현하는 염기의 상보적인 비율이 훗날 DNA 복제 메커니즘의 실마리를 찾는 데 왓슨과 크릭에게 결정적인 영감으로 다가왔다.

80) 용원성(lysogeny)이란 박테리오 파지 숙주인 세균 세포의 파괴가 일어나지 않은 채, 유전적으로 박테리오파지를 증식시키는 한 가지 형태를 의미한다. 박테리오파지란 세균에 기생하는 바이러스를 의미한다.

밖의 13개국에서 건너왔다. 2년 후 1953년 심포지엄에는 234명이 참가했으며 여기에는 유럽 7개국으로부터의 17명의 과학자들이 있었다. 이러한 국제회합들은 미생물 생리학·생화학·유전학 문제에 대한 다양한 접근을 접하고 새로운 아이디어에 대한 견해를 교환할 수 있게 해 주었다. 국제회합의 참가자들은 경쟁적 관계보다도 상호보완적 친밀한 관계를 유지했으며, 이러한 관계는 회합 이후에 상호방문으로 이어지기도 했다.

분자생물학의 주요 발견들을 보면 그 이면에는 위와 같은 과학자 간의 탈국가적 교류의 기류가 자리하고 있었음을 알 수 있다. 먼저, 이중나선으로 유명한 DNA의 구조 규명이 이루어진 것은 영국 캠브리지 대학 캐빈디시 연구소(Cavindish Laboratory)에서 미국의 유전학자 왓슨(James Watson)과 영국의 물리학자 크릭(Francis Crick) 간의 협력을 통해서였다. 뿐만 아니라, 이러한 세기적인 협력 연구에 이르기까지 두 사람의 경력 자체에 탈국가적 특성이 잘 드러내고 있다. 인디애나 대학에서 파지유전학을 제창한 루리아(Salvador Luria)의 지도 하에 박사학위를 받았던 왓슨은 처음부터 유전물질의 정체가 단백질이 아니라 DNA일 것이라는 가설을 확신한 바 있었다. 당시 미국 유전학계에서는 박테리오파지의 증식에서 가장 중요한 역할을 하는 것이 DNA임을 증명하는 실험들이 있었다. 왓슨은 박테리오 파지 증식에 관한 자신의 박사후 과정 연구를 파지학자 말뢰(Ole Maaloe)의 지도 하에 수행하기 위해 코펜하겐의 칼카르 연구소(Kalckar's laboratory)로 건너갔다. 그러나 유전물질의 정체가 DNA라고 굳게 믿었던 왓슨은 DNA의 물리적 구조 연구로 방향을 전향했으며, 캐빈디시 연구소로 건너가 생물리학(biophysics) 연구 프로그램에 참여하였다. 왓슨은 1951년 이탈리아 나폴리에서 개최되었던 <원형질의 현미경적 구조 조명>이라는 주제로 개최된 국제회합에서 DNA X선 결정 사진을 접했는데, 이에 그는 캐빈디시에서 X선 결정학 연구를 통해 DNA 구조를 규명하고자 했던 것이다. 실제로 왓슨은 캐빈디시에서 물리학에서 생물학으로 전향한 크릭과 함께 단백질·DNA와 같은 생체물질의 X선 결정학 연구에 직간접적으로 관여하였다. 크릭은 말(horse)의 단백질 결정구조 연구로 박사학위 논문을 준비하고 있었다. 캐빈디시에서 왓슨은 DNA 연구의 전령사 역할을 톡톡히 했으며 특히 크릭에게 DNA의 중요성을 알게 해주었다면, 크릭은 DNA 구조를 이해하는 데 필요한 X선 결정학·생물리학(biophysics)에서 왓슨의 스승 역할을 해주었다.[81] 미국의 유전학자 왓슨이 덴마크와 영국을 무대로 펼친 탈국가적 행보는 DNA 이중나선 구조 규명으로 나아가는 데 중요한 협력 관계들을 만들어주었던 것이다.

이와는 대조적으로, DNA 구조 규명을 둘러싼 연구 실패 사례들을 보면, 탈국가적 접촉의 혜택을 누리지 못한 과학자들의 한계가 여실히 드러난다. 화학결합의 본질과 물질의 구조 연구로 노벨상을 수상했던 미국 물리화학자인 폴링(Linus Pauling)은 이미 단백질 알파 나선구조를 규명했던 여세를 몰아 DNA 구조 연구에 도전했지만, 얼마 지나지 않아 실패를 맛보았다. 아내의 사회주의 운동을 지지했던 급진적 성향의 과학자였던 폴링이 유럽에서의 국제회합에

81) 다른 한편으로, 영국 캠브리지 인근 킹스 칼리지(King's College) 대학에서 여성 X선 결정학자 프랭클린(Rosalind Franklin)은 생물리학자 윌킨스(Maurice Wilkins)와 공동으로 DNA 연구를 진행하고 있었으나, 긴밀한 협력 연구는 사실상 불발된 채 이 둘은 각자 독자적으로 연구를 진행하고 있었다.

참가할 경우 그가 유럽의 급진사상을 미국으로 전파할 가교 역할을 할 것을 우려한 미국 정부는 폴링을 비자 발급 거부 대상자로 분류했다. 이로 인해 폴링이 놓친 것은 DNA 이중나선 구조 발견의 여정에서 중요했던 바로 그 국제회합, 즉 1952년 런던에서 왕립학회가 주최한 <단백질 구조 조명>이라는 주제의 회합이었다. 만약 폴링이 이 회합에 참가했더라면 당시 화제가 되었던 프랭클린(Rosalind Franklin)의 최신 DNA 연구[82) 등에 대한 정보를 접했을 것이다. 프랭클린의 DNA X선 사진에 대한 정보는 이중나선 구조에 대한 결정적 증거가 될 수 있는 것이었다. 왓슨과 크릭 역시, 프랭클린의 DNA X선 사진들을 프랭클린의 공동연구자였던 윌킨스를 통해 비공식적으로 접한 후에야(이 때문에 왓슨 및 크릭에 대한 논란과 비판이 아직까지도 많다) DNA 구조 모델을 완성할 수 있었다. 즉, 프랭클린의 DNA X선 사진들은 그 전의 교과서에 수록된 빛바랜 DNA X선 사진을 대체시킬 수 있는 업데이트된 정보였으며, 이 새로운 데이터에 대한 접근이 없다면 DNA 모델의 규명은 거의 불가능했을 정도로 중요성을 띤 정보였다. 바로 그 런던에서의 회합에 참가할 기회를 잃어버린 폴링은 프랭클린과의 개인적 접촉의 기회까지 잃어버렸던 것이다. 1950년대 냉전 시절 국가 안보에 대한 과장된 선동을 통해 미국 정부가 과학자의 활동에 개입한 결과는 폴링으로 하여금 국제회합의 중요한 혜택을 누릴 수 없게 만들어 버렸다. 이것이 바로 폴링의 DNA 구조 연구가 실패로 귀결된 결정적인 갈림길이었다 해도 과언은 아닐 것이다. 폴링의 사례와 비슷한 또 다른 에피소드도 있다. 왓슨의 박사학위 지도교수인 미국 인디애나 대학

82) 프랭클린의 DNA 연구에 대해서는 각주 81번 참조.

유전학 교수 루리아 역시 미국 정부에 의해 비자 발급이 거부되었다. 좌파 성향의 과학자 루리아도 1952년 영국 미생물학협회 주최로 열린 국제회합 참여가 막히면서 탈국가적 교류의 혜택으로부터 소외되었다. 루리아는 자신의 파지 유전학 연구를 통해 유전물질이 DNA일 가능성을 유럽에 소개할 기회도 잃어버렸으며, 반대로 유럽의 중요 연구성과를 접할 수도 없었던 것이다.

종합하면, DNA 이중나선 구조 규명의 성공과 실패 사례들을 보면 과학자들의 탈국가적 협력 연구는 물론 국제회합을 통한 상호교류와 소통의 중요성을 확인할 수 있다. 냉전에 집착했던 미국에서 좌경사상의 의혹을 받았던 과학자들(특히 폴링의 경우)이 출국금지 조치를 당하면서 유럽 연구소 방문과 동료 과학자와의 국제적 접촉의 기회를 얻지 못했고, 과학정보의 교류는 막혀버렸으며 연구의 자극을 얻지 못했다고 볼 수 있다. 대조적으로, 왓슨의 행보에는 탈국가적 활동으로부터의 수혜가 가득 차 있었다. 왓슨은 박사후 과정생으로 덴마크를 거쳐 영국 캐빈디시 연구소에 머물면서, 유럽에서 개최된 여러 국제회합에서 관련 정보를 찾고자 꾸준한 인적 접촉을 만들어갔다. 왓슨은 당시 영국 캠브리지에 머무르고 있었지만 루리아의 제자였던 덕에 루리아와 미국 유전학계의 박테리오 파지 증식 연구 결과를 전해 받을 수 있었으며, 유전물질로서의 DNA의 가능성을 확신하게 되었다. 또한 왓슨이 연계되었던 캐빈디시 연구소는 해외 연구자들의 끊임없는 방문이 이루어진 곳이며, X선 결정학·생물리학의 영역에서 과학정보를 찾고자 했던 연구자들에게는 오아시스 같은 곳이었다.[83] 즉, 국제적으로 학제적으로 곳곳에서

83) 각주 79번에서 상술한 샤가프가 미국 록펠러 재단의 수혜를 받아 영국을 방문했을 때 그와 왓

흩어져 있었던 DNA 구조에 대하여 추론하고 확증하는 데 연관된 정보를 수집할 능력을 발휘할 수 위치에 있었던 인물은 다름 아닌 23세의 왓슨이었다. 왓슨은 전후 평화의 시대가 도래하고 유럽 사회의 자유로운 안정된 분위기가 정착되었을 때 영국으로 건너가 지식의 교류를 십분 활용할 수 있었던 유리한 고지에 서 있었던 것이었다. 그 결과 왓슨은 탈국가적 교류의 사각지대에 있었던 루리아나 경쟁자들과는 달리 더욱 더 DNA 구조 연구에 열을 올릴 수 있었다.

mRNA 발견을 둘러싼 탈국가적 협력 연구

1953년 DNA 이중나선 구조의 발견 이외에도, 1959년의 전령 RNA(messenger RNA, mRNA)의 발견 역시 탈국가적 연구팀의 협력 연구에 의해 이루어졌다. 한 팀은 영국의 브레너, 프랑스의 자코브와 미국의 메셀슨으로 구성되었으며, 반면 다른 팀은 프랑스의 그로스(Francois Gros), 미국의 왓슨과 길버트(Walter Gilbert)로 구성되었다. RNA란 DNA가 전사되어 생성되는 물질로, 단백질의 합성에 관여하는 역할을 한다. DNA라는 유전물질에 담겨있는 유전정보는 우리 몸에 필요한 단백질을 생성하기 위한 설계도인 셈이며, DNA의 정보를 직접적으로 단백질의 합성이 일어나는 기관인 리보솜에 전달하는 역할을 하는 것은 전령(messenger) RNA, 즉 mRNA라는 물질이다. 요컨대, 세포의 핵에서 DNA가 mRNA로 전사된 후 RNA가 세포핵을 빠져나와 세포질에서 리보솜과 결합해 단백질을 만드는 것이다.

슨, 크릭 간의 중요한 만남이 성사되었던 곳도 캐빈디시 연구소였다.

DNA로부터의 유전정보의 전령 역할을 하는 분자가 존재한다는 아이디어는 1957년 파리 파스퇴르 연구소에서 연구년 방문 중이었던 미국의 생화학자 파디(Arthur Pardee)에 의해 처음으로 제기되었다. 파디는 파스퇴르 연구소의 모노와 함께 효소 합성의 유도 발현(induction)[84]의 유전적 근거에 대한 협력 연구를 진행했으며, 말뢰(Ole Maaloe)가 조직한 코펜하겐에서의 회합, 그리고 벨기에 브리쉘에서 열린 세포유전학(cytogenetics)에 대한 회합에서 수차례 발표를 거듭했다. 파디와 모노에 의하면, 젖당(lactose)이 포함된 배지에서 대장균은 젖당분해효소(β -갈락토시디아제)를 합성하기 시작했으며[85](즉, 젖당분해효소 합성 유전자 lacZ의 작동을 의미), 돌연변이 유전자(mutant lacZ)를 가진 대장균은 젖당분해효소를 지정하게 했던 lacZ 유전자가 없을 경우 젖당을 에너지원으로 섭취할 수 없어 증식하지 못했다. 이어서, 파디는 lacZ 유전자가 대장균 개체로 주입되자마자 젖당분해효소(β -갈락토시디아제) 합성이 이내 시작됨을 알게 되었다. 이는 주입된 lacZ 유전자가 대장균 세포의 단백질 합성이 이루어지는 곳으로 이동하는 데 분명한 화학적 신호가 있다는 것을 암시한다는 것이었다. 파디・모노를 비롯한 파리 그룹은 바로 이 화학적 신호에 해당되는 설명하기 어려운 전령의 분자의 속성에 초점을 맞추었으며, 이를 X분자라고 불렀다.

그러나 1958년경에 파리 그룹은 효소 합성의 유도 발현은 뚜렷이 드러나지 않는다고 보았으며, 차라리 효소 합성의 '억제 해제'(de-repression)

---

84) 효소 합성의 유도 발현(induction)이란 세포에 특정한 물질(유도물질)을 주면, 그 물질을 세포 내에서 처리하기 위해 필요한 효소가 만들어지는 것을 의미한다.

85) 대장균은 젖당을 에너지원으로 사용할 수 있다. 그러나 대장균이 젖당을 에너지원으로 이용하기 위해서는 먼저 젖당을 분해해야 한다. 젖당분해효소(β-갈락토시디아제)를 합성하는 유전자를 lacZ라고 부른다.

라고 칭했던 현상에 주목했다. 즉, 보통은 젖당분해효소 합성이 억제되지만 젖당이 있을 경우에는 효소 합성이 순조롭게 발현된다는 것이었다. 이 연구결과는 파자모(PaJaMo) 실험으로 널리 알려지게 되었는데, 이는 연구자들이었던 파디(Pardee)·자코브(Jacob)·모노(Monod)의 이름 각각의 첫 두 글자씩을 따서 붙인 것이다.

모노의 번뜩이는 아이디어가 나온 것도 이 때였다. 요컨대, 효소 합성의 유도 발현에 억제(repressor) 메커니즘이 관여할 가능성이었다. 파리 연구팀은 효소 합성의 유도 발현은 억제 유전자(repressor gene)의 직접적인 작용 유무에 따라 단백질 합성을 억제하거나 억제를 해제하기도 한다고 추론하기 시작했다. 가령, 억제 유전자에 특정 물질(예 : 젖당)이 결합하면 효소 합성의 유도발현이 일어난다는 것이다.[86] 파리 연구팀이 1959년 코펜하겐의 파지 유전학자 말뢰가 조직했던 미생물 유전학(microbial genetics) 회합과 벨기에 브뤼셀에서 개최된 세포유전학(cytogenetics) 회합 각각에서 파자모 결과의 전문을 출간하려고 했을 때, 연구팀은 억제 유전자에 작용하는 물질을 세포질로 이동하는 전령의 분자, 즉 '세포질 전령자'(cytoplasmic messenger)라고 불렀지만, 전령의 분자가 만들어져 작동하는 정확한 방식에 대해서는 아직 설명할 길이 없었다.

이 세포질 전령자의 실체 규명에 뛰어든 것은 파리 연구팀과 영국 캠브리지 그룹이었다. 이 두 연구팀은 본디 각각 서로 다른 문제에 관심을 기울이고 있었다. 1960년대 파리 그룹이 유전자 발현

86) 억제 유전자는 젖당 오페론/원핵생물 유전자 발현 조절에서의 조절 유전자(regulatory gene)에 해당된다. 젖당 오페론이란 대장균과 같은 세균이 젖당을 영양소로 이용할 때 젖당을 흡수·분해하는 데 관여하는 유전자들과 이 유전자의 작동을 조절하는 유전자들을 통틀어 지칭하는 용어이다. 젖당 오페론은 조절 유전자·작동 유전자·구조 유전자로 구성되어 있다.

조절 문제에 집중했던 반면, 영국 캠브리지의 브레너와 크릭은 유전자 암호 문제에 집중하고 있었다. 그러다가 1960년 4월 영국 미생물학협회(British Society of Microbiology)의 회합 직후 브레너의 교수실에서 이루어진 비공식 모임에서 세포질 전령자 역할을 하는 분자의 정체를 둘러싸고 이 두 그룹은 토론과 논쟁을 벌였다.

한편, 캠브리지 그룹의 브레너와 크릭은 전령 역할을 하는 미지의 분자의 특성은 미국의 오크리지 국립연구소(Oak Ridge National Laboratory)의 볼킨(Elliot Volkin)과 아스트라찬(Lazarus Astrachan)의 파지 감염[87]의 실험결과와 맞아 떨어져야 한다고 추론했다. 볼킨의 실험에 의하면, 파지에 감염된 대장균은 파지 DNA와 똑같은 염기 조성을 가진 일시적 형태의 RNA를 만들었는데, 이는 숙주 대장균의 RNA 염기조성과는 달랐던 것이었다. 두 사람의 실험은 놀랄만한 내용이었으나, 실험결과에 대한 해석은 오리무중이었다. 이를 두고 캠브리지 그룹의 브레너와 크릭은 바로 파지 DNA와 똑같은 염기 조성을 가진 이 일시적 RNA야말로 파리 그룹이 제안한 불가사이한 전령의 분자 'X'일 가능성에 집착했다. 또한 파리 그룹의 자코브와 모노는 바로 이 분자 X에 mRNA라는 이름을 붙였는데, 그들은 이 mRNA는 DNA의 유전정보를 전사하는 테이프와도 같은 것이며, DNA로부터의 유전정보를 mRNA가 리보솜으로 전달한 결과 최종적으로 리보솜이 DNA로부터의 유전 정보에 따라 단백질을 만든다고 결론 내렸다.

이제 mRNA의 개념이 구체화되자 그 다음으로 필요한 것은 실

87) 파지 감염이란 세균보다 작은 크기의 바이러스인 박테리오 파지, 즉 파지가 세균 숙주에 부착하여 그 숙주에 자신의 DNA를 주입한 다음, 이 DNA로부터 파지를 세균 내에서 증식시키는 과정이다.

험을 통해 mRNA의 실체를 증명하는 것이었다. mRNA의 분리를 통한 실체 규명 실험에서는 그 이전 단계인 mRNA에 대한 개념 정립 단계에서와는 다른 연구팀 구성이 이루어졌다. 이전에 각각 파리 그룹과 캠브리지 그룹에 속했던 브레너와 자코브가 연구팀을 이루었다. 브레너와 자코브가 제안한 mRNA 분리 실험에는 미국 패서디나(Pasadena) 칼텍(Caltech)의 메셀슨과 그의 초원심 분리기(ultracentrifuge)의 도움이 절실했다. 칼텍의 초청장을 받은 자코브・브레너는 메셀슨과 함께 칼텍에서 10여 개월 동안 다양한 조건 하에서 실험을 시도했다. 파지 감염 실험을 통해, 이 셋은 파지가 대장균 속으로 침투해 들어가서 증식할 때 새로운 리보솜이 등장하지 않았으며, 대신 파지 DNA를 전사했던 일시적 형태의 RNA가 대장균 숙주에 있었던 리보솜과 동일하다는 것을 확인했다. 따라서, 그들은 이 일시적 형태의 RNA가 바로 mRNA였다고 결론 내렸다.

칼텍의 다국적 연구팀(브레너・자코브・메셀슨) 이외에도 미국 동부 하버드 대학을 거점으로 한 연구팀이 있었는데, 여기에는 왓슨이 있었다. 하버드 대학의 리세브로우(Robert Risebrough)는 왓슨에게 단백질 합성은 리보솜과 결합하는 일시적 주형의 RNA 분자의 행동에 따라 이뤄진다는 점을 확신시켰다. 의견을 같이 한 왓슨과 리세브로우는 프랑스의 그로스(François Gros)와 파스퇴르 연구소의 히아트(Howard Hiatt), 그리고 하버드 대학의 길버트(Wally Gilbert)와 함께 일련의 실험을 시작했다. 이는 방사성 동위원소 물질로 표지 분자를 이용한 실험연구였는데, 이는 방사성 동위원소가 내는 방사선을 표식으로 물질의 이동을 쉽게 추적할 수 있기 때문이었다. 이를 통해 하버드 대학 연구팀의 실험연구는 파지 숙주인 대장균 내 파지 DNA를 전사한 일시적 RNA 분자(mRNA로 추정)가 RNA 전구체(precursor, 일련의 반응에서 어떤 물질의 전단계 물질)에 일시적으로 노출되었음을 조명했다.

방사성 동위원소 물질을 이용한 실험에는 상당한 시간이 소요될 수밖에 없었기에, 왓슨의 하버드 대학팀은 자신들이 mRNA 분리라는 대업적을 선점할 기회를 놓칠 것을 우려했다. 브레너 · 자코브 · 메셀슨의 칼텍 연구팀의 mRNA 분리 실험 논문이 『네이처』(Nature)에 투고되자, 왓슨은 이 논문 출간을 유보해 줄 것을 브레너에게 요청했다. 칼텍 연구팀은 왓슨의 요청을 수락했으며, 얼마 되지 않아 두 연구 그룹의 논문은 『네이처』에 연이어 발표되면서 칼텍 연구팀과 하버드 대학팀은 mRNA를 분리한 공동 발견자가 되었다.

mRNA 발견 업적 자체는 노벨상 수상으로 이어지지는 않았다.[88] 여기에는 여러 가지 원인이 작용했을 수 있지만, 적어도 mRNA 발견과 관련된 연구자들의 수가 다수여서, 노벨상 공동 수상 규정에 따라 이 중 3명을 추려내는 것이 쉽지 않은 작업이라는 점만큼은 확실하다. mRNA 개념의 정립은 파리 그룹(파디 · 자코브 · 모노)과 캠브리지 그룹(브레너 · 크릭)이 주도하였으며, mRNA 분리 연구는 칼텍 연구팀(브레너 · 자코브 · 메셀슨)과 하버드 대학팀(왓슨 · 길버트 · 그로스 등)의 공동 발견으로 이어졌다. 이외에도, mRNA의 기능을 증명한 첫 인물들은 미국 국립보건연구소(National Institute of Health)의 니런버그(Marshall W. Nirenberg)와 독일에서 건너온 박사후과정생 마테이(Heinrich Matthaei)였다. 니런버그는 유전

88) 이후에 자코브와 모노는 mRNA 분자의 본질에 계속 초점을 맞추면서도, 아울러 조절 유전자(regulator gene, 억제 유전자에 해당)/구조 유전자(structural gene)의 존재를 규명함으로써 원핵생물(예 : 세균 등)에서의 유전자 발현조절 모델인 오페론설을 제시하여 노벨상을 수상하였다.

자의 염기서열 분석을 통해 유전암호를 처음으로 해독했으며, 생화학자 마테이는 단백질의 합성을 위해 RNA의 염기서열을 아미노산 서열로 바꿔주는 유전암호를 발견했다.

앞서 보았듯 mRNA의 개념화는 파리에서 처음으로 시작되었고, 코펜하겐・브뤼셀・영국 캠브리지에 이르는 국제회합을 통한 탈국가적 모임을 거치면서 아이디어가 가다듬어 졌다. mRNA의 분리 연구는 특히 다국적 연구팀들에 의해 주도되었다. 즉, mRNA의 발견에 이르기까지의 과정에는 국제적 역량을 갖춘 과학자들의 상호 이동과 교류뿐 아니라 다국적 연구팀들의 경쟁과 협력이 작용하고 있었다. 말하자면, mRNA의 발견은 다국적의 복수 연구자들 간의 협력에서 펼쳐진 탈국가적 협력 연구의 산물이었다.

나가면서

분자생물학 핵심 개념인 DNA 이중나선 구조와 mRNA의 발견이 이루어진 과정에는 탈국가적 교류를 통한 협력 연구가 있었다. 예컨대, 과학자들이 탈국가적 공간에서 본국에서 접근하기 어려운 과학적 자원에 접근할 수 있었고 본국의 지적 전통으로부터 자유로운 사고의 자유를 누림으로써 과학자 상호 간의 아이디어・개념과 이론의 객관성을 확보할 수 있었다.

DNA 이중나선 구조의 경우, 영국의 캐빈디시 연구소는 과학의 국제협력이 이루어질 수 있는 공간이었다. 캐빈디시에서는 X선 결정학을 도구삼은 영국 생물리학의 전통과 영국으로 건너온 미국 유전학의 전통의 융합이 이루어졌다. 양 연구학파의 젊은 전문가로 대변되었던 크릭과 왓슨은 공동 연구를 수행했다. 이를테면, 크릭의 생물리학 전통은 DNA 유전에 대한 이해가 없이 생체물질 구조의 실험에만, 그리고 왓슨의 유전학 전통은 DNA 생체물질의 분자구조에 대한 이해도 없이 오로지 유전현상에만 각각 편향될 수 있는 함정에 빠질 수도 있었는데, 두 사람 간의 지적 교감과 협력은 이를 극복하고 유전물질 DNA 구조의 발견으로 이어졌다. 분자생물학의 획기적인 진전을 가져온 이 발견이 가능했던 것은 영국 캐빈디시 연구소에서 이루어졌던 학제간적·탈국가적 교류를 통해서였다.

또한, mRNA의 발견 역시 여러 지적 전통들이 융합되면서 작용한 결과였다. 영국 캠브리지 대학의 분자생물학 연구소의 브레너는 유전정보의 해독을 위한 돌연변이 파지 조작에 대한 전문지식을 갖추고 있었다. 또한, 파리 파스퇴르 연구소의 미생물 생리학 분과의 자코브는 유전자 발현의 세포 조절에 대한 프랑스 분자생물학 학파의 최신 이론 동향에 정통한 인물이었다. 또한, 칼텍의 메셀슨은 복잡한 기술적 도구(예를 들어 방사성 동위원소의 궤적이 그려내는 파동을 모니터링하는 기술과 초원심분리기 기술)를 통해 거대분자의 분리에 대한 미국 분자생물학파의 전문성을 발휘할 수 있었다. 이들은 칼텍에서 한 팀을 이루어 mRNA를 분리해 내는 데 성공했다. 또한 이들 칼텍 팀과 함께 mRNA 분리의 동시 발견자에 해당하는 하버드 대학팀 역시 왓슨을 비롯한 미국의 연구자들과 프랑스 연구자들의 다국적 연구팀이었다. 즉, mRNA의 발견은 영국·프랑스·미국의 서로 다른 연구 전통이 융합되었을 뿐 아니라 다국적의 복수 연구자들 간의 협력을 통해 펼쳐진 탈국가적 협력 연구의 산물이었다.

분자생물학의 잉태에서부터 발전에 이르는 전 과정에서 드러난 탈국가적 협력 연구의 경향은 이후에도 계속되었다. 1964년 유럽 분자생물학 기구(European Molecular Biology Organization, 이하 EMBO)가 설립되고, 전 세계 분자생물학자들이 대거 동참했다. 이 중에는 파리 주재 전(前) 미국과학 담당관을 지내고 로마 대학과 연계되어 있었던 와이만(Jeffrey Wyman)이 있었다. '제2의 생명의 비밀'이라는 단백질 구조와 기능의 알로스테릭 효과(allostery)[89]를 규명한 모노와 샹쥬(Jean-Pierre Changeux)와의 공동연구 경험이 있었던 와이만은 엠보 총재로서 엠보 설립을 위한 외교적인 노력과 중재에 중요한 역할을 담당했다. 또한, 전자현미경으로 파지 구조 연구의 선각자였던 스위스의 켈렌버거(Edward Kellenberger)와 mRNA 국제 연구팀의 일원이었던 스위스의 티시에르(Alfred Tissières) 등 분자생물학자들은 엠보 수립 과정에서 탈국가적 협력과 조정을 꾀하는 과학 외교관으로서의 역할을 구사했다. 이외에도, 고분자 생물리학자로서 이스라엘 국립연구개발협의회 회장인 카치르(Aaron Katzir), 그리고 덴마크의 말뢰가 엠보 수립에 깊게 관여했다. 덴마크의 말뢰는 바로 왓슨이 박사후 과정생으로 일하기 위해 접촉했던 파지 생물학자였다.

1970년대에 들어서 엠보는 다양한 활동들을 전개해 나갔다. 유럽 각국(스위스・프랑스・서독・네덜란드・노르웨이・스웨덴・오스트리아・영국・덴마크・그리스・이탈리아・스페인・아일랜드・핀란드・

89) 알로스테릭 효과란 효소의 비활성 부위에 타물질이 결합함으로써 효소의 활성이 변하는 효과를 의미한다.

아이슬랜드 등)들이 대거 참여한 엠보는 독일 하이델베르그에 본부를 두고 바로 그 본부에 유럽 분자생물학 연구소(European Molecular Biology Laboratory, EMBL)를 운영했으며 유럽 각지에도 지부 연구소를 두었다. 이외에도 엠보는 도서관・학술지(EMBO-EMBL) 인프라를 구축하고 장단기 교환 펠로십 프로그램, 워크숍과 교육과정, 연구장학 프로그램 등을 운영하여 각국으로부터 신진 과학자들을 양성하고 이들의 교류와 연대를 고양하는 활동들을 수행하고 있으며, 아울러 유럽 각국의 분자생물학계에 새로운 아이디어・기술・실험체계를 전파하고 이들 국가 간의 국제협력 프로젝트를 운영하고 있다. 즉, 엠보는 유럽 전역의 탈국가적 협력을 촉진함으로써 분자생물학을 진흥하기 위한 국제기구로서의 역할을 충실히 하고 있다.

11 과학의 초국적 협업(denational collaboration)의 발달 : 고에너지 입자물리학과 세른(CERN)

전후 유럽의 재건과 유럽핵물리학연구소 세른(CERN)의 설립

입자물리학 분야는 다른 많은 과학분야들처럼 유럽을 요람으로 하여 태동·발전하였다. 입자물리학은 자연을 기본 입자들의 존재·특성과 이들 입자들 간의 상호작용을 통해 이해하고자 하는 물리학의 분야로, 그 기원은 기원전 4세기경 그리스의 엠페도클레스(Empedocles)의 4원소설에까지 소급될 수 있을 것이다. 4원소설의 요지는 우주는 물·공기·불·흙의 4가지 원소로 이루어져 있다는 것이며, 이후 아리스토텔레스가 이 4원소에 더하여 다섯 번째 원소로 에테르(ether)를 추가하기도 했다. 또한, 당대의 데모크리토스(Democritos)는 모든 물질은 쪼갤 수 없는 작은 입자인 원자로 이뤄져 있다고 주장했는데, 이 원자는 과학적 실험의 소산은 아니었으며 관념적 상상의 추론에 지나지 않았다. 이러한 이론은 19세기에 이르러서야 영국 돌턴(John Dalton)의 원자론에 의해 비판적으로 계승되었다. 돌턴의 원자론 역시 더 이상 분해할 수 없는 입자, 즉 원자가 모든 물질을 이루고 있다고 주장했는데, 그의 원자론이 고대 그리스의 원소설 부류와 달랐던 점은 실험적 근거에 바탕을 두고 있었다는 점이었다. 원자 개념의 정립과 보완은 현대 입자물리학의 기초를 다졌다. 1898년 톰슨(J.J. Thomson)의 전자 발견을 시작으로 원자는 그보다 더 작은 입자로 구성되어 있음이 밝혀졌다. 1911년에는 영국 러더퍼드(Ernst Rutherford)가 원자의 중심에는 원자핵이 존재하며, 이 주변을 전자가 운동하고 있다고 주장하였다. 전자의 운동을 가능하게 했던 전자기력에 대하여, 1927년 영국 디랙(Paul Dirac)은 전자기장을 광자(photon, 빛입자)의 구름으로 기술하고 원자 내 전자의 활동을 설명함으로써, 양자장론(quantum field theory), 즉 원자를 구성하는 입자인 소립자의 성질이나 그들 간의 현상을 장(field)의 개념을 통해 기술하는 이론의 기반을 닦았다. 이외에도, 영국 채드윅(James Chadwick)은 1932년에 원자핵 속의 중성자(neutron)의 존재를 발견했는데, 이는 원자보다 작은 입자인 소립자(또는 미립자, 아원자)의 존재를 다루는 입자물리학의 기반을 공고히 다진 사건이라고 볼 수 있다.

그러나 제2차 세계대전(1939년~1945년) 종전 무렵의 유럽 물리학계는 이미 이러한 영광과는 멀어진 상태였다. 제2차 세계대전을 종식시킨 미국의 원자폭탄 역시 입자물리학과 그 유관분야인 핵물리학의 산물로, 당시 미국이 원자폭탄 개발을 목적으로 주도했던 맨해튼 프로젝트(Manhattan Project)에 합류하고자 유럽의 물리학자들이 미국으로 대거 건너갔다. 그러나 아이러니하게도 이때는 유럽에서 한창인 전쟁으로 인해 유럽 과학계의 기초 하부구조는 거의 붕괴에 이른 상태였다. 이러한 위기를 겪은 이후, 전후 유럽의 물리학계는 더 이상의 두뇌 유출을 막고 상호협력을 통해 입자물리학 및 핵물리학 연구에서의 경쟁력을 강화하고자 했다. 아울러, 미소 냉전이라는 새로운 전후질서의 구축 역시 유럽(정확히는 동유럽을 제외한 유럽의 자유 진영)의 위기감을 불러일으켰다. 종전 후 소련이 동유럽에 위성국가들을 건설하고 1949년에는 자체적으로 원자폭탄을 개발하는 등 영향력을 확장하자, 세계질서는 미소 양국의 냉전 체제로 재구축되었다. 이에 유럽은 유럽 통합이라는 정치적 아젠다를 꿈꾸게 되었으며, 이러한 통합을 촉진할 수 있는 범유럽 차원의 상징적인 과학 프로젝트를 갈망하게 되었다.

이러한 다양한 배경들이 어우러져, 전후 유럽 국가들은 입자물리학 및 핵물리학 분야에서 다국적 협업의 가능성을 모색하기 시작했다. 첫 시도는 프랑스 원자력위원회의 도트리(Raoul Dautry)에 의해서였다. 1949년 스위스 로잔느(Lausanne)에서 열린 국제회합에서 도트리는 일상에 응용될 수 있는 핵물리학의 가능성을 제기했다면, 프랑스 물리학자 브로이(Louis de Broglie)는 물리학의 진보를 목표로 유럽의 개별 국가 수준에서 감당 가능한 규모 이상의 거대 프로젝트를 구상했다. 1950년 이후 개최된 국제회합들 역시 국제 입자물리학연구소 설립을 위한 초석이 되었다. 미국의 물리학자 라비(Isidor Rabi)는 제5차 유네스코 총회에서 과학의 국제기구가 과학자들의 국제적 협업을 보다 효과적으로 만들어 줄 것이라고 주장했다. 라비는 국제 입자물리학연구소 설립 계획의 근거를 마셜 플랜(Marshall Plan)과 슈만 플랜(Schuman Plan)의 시행취지에서 찾았다. 1947년 미국의 국무장관 마셜(George Marshall)이 입안한 마셜 플랜은 전후 유럽에서 자유 민주국가의 정치적·사회적 안정을 구축하여 유럽 경제의 부활을 도모하는 것이었다면, 프랑스의 슈만(Robert Schuman)이 제안한 슈만 플랜은 독일·프랑스 등을 주축으로 조성된 유럽 석탄·철강공동체를 통해 유럽 통합을 꾀하는 것이었다. 즉, 각각 유럽의 부흥과 통합을 목적으로 한 마셜·슈만 플랜의 정신을 과학분야에 확장 적용한 것이 유럽의 국제 입자물리학 연구소 설립이라고 할 수 있으며, 라비는 이를 통해 전쟁으로 피폐화된 유럽과학의 재건을 달성할 수 있다고 보았다.

1952년 말 스위스 제네바에서 유럽 11개국이 유럽 입자물리학연구소, 즉 세른(Conseil Européenne pour la Recherche Nucléaire, CERN, 이하 세른)의 설립 협정에 서명했으며, 얼마 후 제네바가 세른 부지로 선정되었다. 세른은 1954년에 발족되어 원자보다 미세한 수준에서의 물리학, 즉 입자물리학의 기초 및 응용 연구에서의 초국적 협업을 통한 거대과학 프로젝트를 추진했다. 전장에서 등장한 탈국가적 협력(transnational cooperation) 연구가 다국적의 복수 연구자들 간의 협력을 통한 연구를 지칭하는 데 반해, 과학의 초국적 협업(denational collaboration)은 그러한 협력에 비해 조직성과 지속성이 보다 강조된 개념이다. 과학의 초국적 협업이란 다양한 국가로부터의 과학자들이 조직적으로 기구를 구성하여 지속적인 협업을 통해 과학연구를 수행하는 경우를 지칭한다. 따라서 초국적 협업에서는 탈국가적 협력에 비해 체계적인 분업과 협업 등 조직 관련 이슈가 더욱 두드러진다.

세른이 특히 주안점을 둔 분야는 가속기[90]를 도구로 한 고에너

90) 가속기란 전하를 띠고 있는 입자를 강력한 전기장이나 자기장을 통해서 가속시켜 입자에 높은

지 입자물리학 연구였다. 범유럽적 과학연구 기관으로 출범하게 된 세른은 전전(戰前)의 찬란했던 유럽 물리학의 부활을 도모하는 동시에, 전후(戰後) 유럽 경제의 재건은 물론 유럽 국가들 간의 긴장 완화와 통합에 기여하고자 했다.

세른의 연대기

1953년 기준으로 세른 창립에 비준한 회원국은 영국·독일(당시 기준으로 서독. 이후에도 특별한 일 없으면 '독일'로 기술)·프랑스·이탈리아·스위스·벨기에·덴마크·그리스·네덜란드·노르웨이·스웨덴·유고슬라비아의 12개국이었으며 이후 오스트리아·폴란드·터키 등이 합류했다. 세른의 목적은 입자 충돌 실험, 그리고 충돌 후 새로운 입자 검출에 대한 분석을 통해 빅뱅(우주 대폭발) 이후 우주 창조의 비밀을 풀어내는 데 있었으며, 따라서 처음부터 세른은 가속기 건설에 박차를 가했다. 1959년에는 양성자 싱크로토론(Proton Synchrotron, PS)이 가동을 시작했으며, 같은 해에 24GeV(기가 전자 볼트) 에너지를 구동하는 데 성공했다. 싱크로트론이란 원형의 커다란 튜브 모양을 한 입자 가속기이다. 전하를 가진 대전입자가 원형 튜브로 투입되어 그 튜브를 따라 커다란 원을 그리면서 운동하는데, 입자의 운동 속도를 높여 입자에 높은 에너지를 부여하기 위해서는 입자에 강력한 전기장을 걸어주어야 한다. 그러나 입자의 속도가 증가하면서 입자가 튜브 내의 궤도를 이탈하는 것을 방지하기 위해 싱크로트론은 자기장을 통해 입자의 방향과 궤도를 통제한

운동 에너지를 부여하는 장치이다.

다. PS는 대전입자로 양성자(proton)를 사용하며, 양성자를 튜브를 따라 일정 반경의 궤도를 반복하여 회전하게 만들어 가속시켜 양성자로 하여금 매우 높은 에너지를 지니게 해 줌으로써 양성자를 이루는 더 작은 입자의 상호작용(interaction, 입자 상호 간에 작용하는 힘)을 관측할 수 있게 해준다. PS는 강집속 원리(strong focusing principle)를 이용하여 입자의 집속(focusing, 빛이 한 군데로 모이는 현상 또는 그러한 빛의 다발을 의미)을 촉진하여 입자의 밀도를 높여줌으로써 가속기의 효율을 크게 개선시킨, 당대의 최첨단 가속기였다. PS의 파급력은 미국으로 건너갔던 유럽 출신의 원자물리학자들의 유럽 복귀를 유도할 만큼 강력했다. 세른은 PS라는 강력한 가속기 장치와 연구기금을 앞세워 아원자 세계의 탐구에서 새로운 지평을 열었으며, 세계적 위상을 지닌 연구소로 부상했다.[91]

1961년부터 세른은 중성미자 빔(neutrino beam)[92]을 이용한 실험에 최초로 착수하였으며, 중성미자 빔을 이용한 가속기 연구는 세른의 특화 분야가 되었다. 세른은 속도가 빨라 포착하기 어려운 중성미자 입자들의 상호작용을 추적 관찰하기 위해서는 특별한 검출기를 필요로 했다. 이에 세른은 가속기 물리학 연구에서 입자들의 행동을 파악하는 데 필요한 검출기 장치와 검출 데이터 · 정보 분석에 필요한 컴퓨터의 성능 향상에도 상당한 노력을 쏟았다. 예를 들어 세른은 하전입자의 자취를 측정하는 검출기로 방전상자(spark chambers) · 거품상자(bubble chamber) 등을 개발했다.[93] 거

91) 양성자 싱크로트론은 1959년 11월에 처음 양성자 가속을 시작했다. PS는 세른의 입자 물리학 연구의 주 가속기로 오랫동안 활약했으며, 새 가속기가 설치된 이후 현재는 주로 새 가속기에 양성자 빔을 공급하는 역할을 하고 있다.

92) 중성미자란 전하가 없으며 질량이 거의 없는, 입자의 한 종류이다.

93) 방전상자란 기체 방전 현상을 이용하여 하전입자(荷電粒子)의 궤도를 관측하는 장치이다. 즉, 기

품상자의 사진 필름에 나타난 입자들의 궤적을 컴퓨터로 분석함으로써 분석시간은 획기적으로 단축되었다. 또한, 방전상자는 원하는 물리적 사건(event)만 선택적으로 검출하여 분석하는 것을 가능하게 해주었다. 가속기가 고에너지, 즉, MeV(메가 전자 볼트) 단위의 에너지를 입자에 공급하게 되면 그 입자는 고정표적 또는 다른 입자빔과 충돌하는데, 이 충돌 각각을 사건이라고 부른다. 사건이 일어나면, 가속기 곳곳에 배치된 검출기는 사건으로부터 새로이 생성된 입자를 감지하게 된다.

여러 거품상자들이 PS에 배치되어 사용되었으며 검출 데이터의 컴퓨터 분석을 위해 세계 최대의 컴퓨터 센터가 세워지기도 했다. 실제로, 거품상자 검출기의 기술은 상당한 진전을 보여주었다. 세른에서는 1963년 거품상자 검출기로 중성미자의 상호작용(neutrino interaction)의 사진을 촬영해내는 쾌거를 거두었다. 중성미자는 자연계에 존재하는 약력(약한 상호작용 weak interaction)의 영향을 받는 것으로 밝혀졌다. 물질을 이루는 입자들은 서로를 매개하는 상호작용을 하며 자연에는 4가지의 기본적인 '힘'이 존재하는데, 중력·전자기력·약력·강력이 있다. 이중에서 약력은 입자 간의 붕괴 현상과 연관된 힘으로서, 예를 들어 원자핵의 중성자에서 일어나는 자연붕괴에 관여하는 힘이다. 자연붕괴란 외부작용 없이 원자핵의 중성자가 중성미지를 방출하면서 전자와 양성자로 붕괴되는 베타붕괴 과정을 의미한다. 중성미자의 상호작용에 대한 연구는 양

체를 봉입한 용기를 두 전극 사이에 삽입한 후, 하전입자가 용기를 통과한 직후 고전압 펄스를 두 전극 간에 주면 입자진로에 따른 방전의 열이 형성되어 입자의 궤도가 관측된다. 반면, 거품상자란 과열상태의 액체에 하전입자가 뛰어들면 이 하전입자에 의해 액체가 끓기 시작하여 거품이 생기는 성질을 이용하는 것으로, 이렇게 생긴 거품을 사진으로 촬영하여 하전입자의 궤도를 검출하는 것을 거품상자라고 한다.

성자의 공급과 직결되었는데, 세른에서의 중성미자 물리학은 PS(양성자 싱크로트론) 덕에 양성자의 급속 방출이 용이해진 것에 힘입은 바가 컸다. 왜냐하면 양성자가 중성자로 변하면서 중성미자를 포획하는 역(逆)베타붕괴 과정을 분석하는 것은 자연붕괴, 즉 베타붕괴 과정을 분석하는 데도 도움이 되는데, 이러한 역(逆)베타붕괴 과정의 관찰 및 분석을 위해서는 고속의 양성자가 필요했기 때문이었다.

1965년 세른은 프랑스 원자력에너지 공사(French Atomic Energy Authority)와의 합작으로 중액 거품상자(heavy liquid bubble chamber)를 건설했다. 이 검출기는 16세기 소설 『가르강튀아와 팡타그뤼엘』(La vie de Gargantua et de Pantagruel)에 나오는 거인족의 이름인 가가멜(Gargamel)을 본떠 가가멜 거품상자로 불렸으며 프랑스 사클레(Saclay) 연구소에서 제작되었다. 세른의 남동쪽 지역에 설치된 가가멜 거품상자는 원통 속에 18톤의 액체 프레온(freon)을 채워 넣은, 무게 1,000톤이 넘는 검출기로서 1970년 PS에 배치되어 중성미자 빔을 볼 수 있게 해주었다. 또한, 1967년에는 세른이 프랑스・독일과 협정을 맺어 수소 거품상자(hydrogen bubble chamber)의 건설이 이루어졌으며 이는 BEBC(Big European Bubble Chamber)로 불리게 되었다. 가가멜 거품상자와 BEBC 이 두 검출기들은 PS에 배치되어 작동되었으며, 이후에도 세른이 선보인 검출기들은 가속기 물리학의 새로운 발견을 촉진하였다.[94]

한편, 세른의 초기 연구의 근간을 이루었던 양성자 싱크로트론

---

94) 예를 들어 전자 에너지 검출기(electronic detectors)와 다선비례 상자(multi proportional wire chamber) 등 새로운 검출기들이 개발되었다. 세른에서 선보인 유형의 검출기들은 오늘날 전세계적으로 고에너지 물리학 연구소에서 사용되고 있으며, 의학・생물학・고체물리학 등에서 광범위하게 응용된다.

(PS)에는 계속해서 보조 설비들이 추가되었다. 1972년에는 PS에의 에너지 추가 주입을 목적으로 4개 저장 링을 가진 800MeV 원형의 증폭기(booster)가 건설되었으며, 1978년에는 50MeV 선형가속기[95]가 운행을 시작했다. 선형가속기의 경우 설계 강도를 1,000배 이상으로 강화하기도 했으며, 가속기 운행의 신뢰성 역시 대거 개선되었다. 선형가속기는 그 자체의 에너지 범주에서 수백 건의 실험을 수행할 수 있는 분량의 입자(particles)를 제공할 수 있었다.[96]

세른은 가속기 건설을 계속하였다. 1971년에는 ISR(Intersecting Storage Rings)이 가동을 시작했는데, 양성자와 양성자를 충돌시키는 ISR 장치는 가장 완벽한 가속기 장치로 널리 알려지게 되었다. 즉, 양성자 싱크로트론(PS)에서 나온 양성자 빔을 2개의 연결된 링에 보내어 반대 방향으로 회전하게 하여서 충돌시킨다는 양성자 충돌 가속기 ISR의 아이디어는 거의 혁신에 가까웠다. ISR 충돌기의 입자 연구는 양성자들 사이에 작용하는 상호작용(강력, 즉 강한 상호작용 strong interaction)을 이해할 수 있게 해주었으며, ISR의 입자 충돌 에너지는 2,000GeV 용량의 가속기에 준하는 성능을 지녔다. 게다가 ISR 충돌기는 수일 동안 양성자 빔의 충전 없이 구동 가능한 가속기이기도 했다.

다른 한편, 1971년부터 양성자 싱크로트론(PS) 가속기의 증축 건설도 이어졌다. 점점 더 높은 에너지의 가속기가 요구되자 세른은 1970년에 양성자의 에너지를 450GeV까지 끌어올릴 수 있는 수퍼

95) 선형가속기(linear accelerator)는 입자가속기의 일종으로, 전하를 가진 입자를 직선으로 가속하는 장치이다.

96) 예를 들어, 세른의 선형가속기는 고에너지 기계 시설로서, 추후 양성자 충돌 가속기(Intersecting Storage Rings, ISR)과 수퍼 양성자 싱크로트론(Super Proton Synchrotron, SPS)에서 사용되는 모든 양성자의 공급원이기도 했다.

양성자 싱크로트론(Super Proton Synchrotron, SPS)의 제작에 착수하여 1976년에 완공하였다. SPS는 완공 이후에도 성능이 향상되어 1978년 말쯤에는 양성자를 500GeV의 에너지에 도달하도록 가속하는 데 이르렀다. 세른의 SPS는 뮤온(muon), 중성미자 등의 이차 우주선(secondary beams)[97]을 이용한 약력(약한 상호작용)의 연구에 주로 응용되었다.

그러나 1950년대와 1960년대에 세른의 입자물리학 연구에 사용되었던 PS/SPS들은 1970년대에 접어들면서 서서히 에너지 효율면에서 월등히 앞서는 충돌 가속기에 주도적 위치를 넘겨주고 뮤온·중성미자 등을 생성하는 공장의 역할만을 담당하게 되었다. 세른의 PS/SPS와 같은 고정표적 가속기[98]에서는 정지해 있는(고정된) 양성자에 가속된 다른 양성자를 충돌시키기 때문에 새로운 입자를 생성시키는 에너지 전환효과가 상대적으로 떨어지는 데 반해, ISR 장치에서는 양성자 둘을 가속시켜 서로 충돌시킴으로써 더 높은 에너지 효과를 얻을 수 있는 장점이 있다. 따라서 1971년 ISR 충돌기가 사용되면서 세른에서는 충돌형 가속기 연구에 더욱 깊은 관심을 가지기 시작했다.

1977년 세른은 입자 빔(입자 다발)[99]을 집중시켜 만드는 데 확률적 냉각(stochastic cooling) 이론을 응용하였다. 네덜란드의 가속기 전문가인 판 데르 메이르(Simon van der Meer)가 고안한 이 이론에서, 확률적(stochastic)이란 빔의 입자가 무작위 운동을 하여 그

---

97) 뮤온은 우주에서 지구로 쏟아지는 무수한 우주선(cosmic ray) 중의 하나인데, 우주선의 종류로는 우주에서 직접 오는 1차 우주선, 그리고 1차 우주선이 대기권에서 대기 분자와 충돌하며 생성되는 2차 우주선이 있다.

98) 고정표적가속기란 고정된 표적에 가속된 입자를 충돌시키는 장치이다.

99) 입자 빔이란 입자 흐름이 매우 좁은 간격으로 뭉쳐서 다발을 이루어 한 방향으로 나아가는 것을 의미한다.

에너지 수준이 넓은 범위에 퍼져 있는 것을 의미하고, 냉각이란 입자 빔의 온도를 낮춘다는 뜻이 아니라 입자의 그러한 무작위 에너지 상태를 특정한 에너지 상태로 서서히 수렴시킨다는 뜻이다. 즉, 확률적 냉각 과정을 수백만 번 반복하면 원하는 수준의 에너지 상태에 집중된 입자 빔을 얻는 것이 용이해진다. 판 데르 메이르의 확률적 냉각 이론은 1974년 이전에 세른의 ISR 충돌기에서 실험적으로 증명되기도 했다. 세른에서 확률적 냉각 이론의 응용이 성공적으로 이루어지자 새로운 종류의 입자 빔 생성이 가능해졌으며, 특히 반양성자를 저장하는 것이 가능해졌다. 1978년에는 세른은 반양성자 빔을 성공적으로 저장할 수 있게 되었으며, 양성자-반양성자 충돌 가속기(SppS) 연구의 가능성을 열었다. 이러한 업적으로 확률적 냉각 이론은 1984년 반 데르 메이르에게 노벨 물리학상을 안겨주었다.

특히 세른이 가능성을 연 SppS는 약력·전자기력에 관한 통일이론의 증명에 획기적인 전환을 가져다 줄 수 있는 것이었다. 이미 세른은 양성자 가속기를 이용한 고에너지 실험에서 높은 효율성을 보여주었으며, 1971년부터는 양성자-양성자 충돌기(ISR) 실험을 통해 보다 효율적인 입자 충돌기를 설계하고 제작하는 기술적 노하우를 습득한 상태였다. 여기에 양성자와 반양성자를 충돌시킬 수 있는 SppS를 제작한다는 것은 다음과 같은 측면에서 약력·전자기력에 관한 통일이론을 실험적으로 검증할 수 있는 징검다리를 확보함을 의미했다. 1970년대 유럽 입자물리학계의 화두 중 하나는 글래쇼(Sheldon Glashow), 와인버그(Steven Weinberg)와 살람(Abdus Salam)이 주장한, 방사붕괴[100]의 원인이 되는 약력과 전자기력(electromagnetic

100) 어떤 핵분열성 물질의 원자핵을 이루는 양성자와 중성자의 구성이 불안정하여 입자를 방출

force)이 높은 에너지 상태에서는 하나의 힘으로 통합하여 설명이 가능하다는 이론이었다.[101] 바로 이 약력·전자기력에 관한 통일이론은 약력의 매개체인 W 보손(boson)과 Z 보손 입자의 존재를 예측했다. 즉, 중성미자 입자 사이의 약력은 W와 Z 보손 입자의 매개로 인해 일어난다는 것이다. 이러한 예측을 증명하는 것은 물리학계의 화두가 되었는데, 문제는 당대에 가동 중이던 기존의 어느 가속기로도 W와 Z 보손 입자를 생성할 정도의 에너지 수준을 조성할 수 없었다는 점이었다. 따라서 세른은 이러한 에너지 수준을 달성하기 위해, SPS를 개량하여 양성자와 반양성자를 충돌시킬 수 있는 SppS 가속기를 개발함으로써 이 문제를 해결하려고 했다. 기존에 세른이 사용 중이던 ISR의 요체는 두 개의 원형 튜브에서 각각 양성자를 가속시켜 이들 양성자를 서로 충돌시키는 방식이었다. 여기에 더하여 세른은 고에너지로 가속된 양성자를 충돌시키면 반양성자(antiproton)가 만들어진다는 사실에 착안하여, 양성자와 반양성자를 충돌시킬 수 있는 SppS를 건설할 야심찬 계획을 수립했다.

이러한 SppS의 건설을 주도한 것은 세른 소속의 이탈리아의 입자물리학자인 루비아(Carlo Rubbia)였다. 양성자와 반양성자를 충돌시킨다는 SppS의 아이디어에 대하여 세른 내부적으로도 부정적인 시각이 있었지만, 루비아는 반 데르 메이르의 확률적 냉각 이론을 응용하면 이러한 충돌은 충분히 구현 가능하다고 확신하였다. SppS의 요체는 두 개의 원형 링이 필요했던 ISR과는 달리 둘레가

하면서 안정한 원소로 변화하는 현상을 방사붕괴라 한다. 앞서 언급한 베타붕괴는 방사붕괴의 한 종류이다.

101) 바로 이 약력·전자기력 통일이론으로 글래쇼·와인버그·살람 3인은 1979년 노벨 물리학상을 수상하였다.

7km인 하나의 원형 링에서 양성자와 반양성자를 낮은 밀도의 상태로 각기 반대방향으로 가속시킨 다음, 이들의 밀도를 높여준 상태에서 서로 충돌하도록 만들어 양성자와 반양성자의 상호 충돌 확률을 용이하게 해주는 것이었다.

이렇게 입자 간의 충돌을 효율적으로 일으키는 것과 더불어 SppS의 개발 및 건설에서 중요했던 또 하나의 과제는 입자들의 충돌로 인해 발생하는 새로운 입자를 보다 효율적으로 검출하는 문제였다. 이와 관련하여 루비아는 SppS는 휘도(밝기, luminosity)[102]의 목표치를 획기적으로 개선시킬 수 있을 것으로 보았는데, 휘도가 향상되면 충돌 가속기가 검출할 수 있는 데이터가 늘어나는 효과가 있다는 것이었다.

또한 보다 효과적인 검출을 위해 SppS에서는 UA1과 UA2 검출기가 중요한 요소가 되었다. UA1 검출기는 SppS 내에서 충돌하는 입자를 검출할 수 있는 지점인 상호작용점(interaction point)에 설치된 검출기, 또는 그 검출기를 통해 이루어진 실험연구를 의미했다. UA1의 중앙 검출기(central detector)는 양성자-반양성자 충돌의 복잡한 위상배치를 이해하는 데 매우 중요한 장치였으며 W와 Z 보손 입자를 규명하는 데 가장 중요한 역할을 했다. UA2는 SppS 충돌기에서 UA1의 예비 검출기 역할을 담당하기도 했으나, UA1과는 다른 나름의 용도도 지니고 있었다. UA1과 UA2 검출기 모두 W와 Z 보손 입자 발견이라는 동일한 목적을 가지고 있었지만 차이점은 검출기의 설계였다. UA1은 다목적 검출기라면 UA2는 보다 제한적인 범

102) 가속기의 휘도란 단위 시간당 두 빔의 충돌 횟수를 두 입자 상호작용 단면적으로 나눈 값으로서, 단위 시간당 휘도가 특정 목표치에 도달하면 입자 검출 데이터를 취득하는 데 필요한 시간을 상당히 줄일 수가 있게 된다.

위에서 작동하고 있었다. UA2 검출기의 핵심은 열량계(calorimeter)인데, 열량계란 입자의 에너지를 수집하고 측정하는 실험 장치로서 열량계에 들어간 입자로부터 입자에 대한 정보를 얻게 된다. 따라서, 충돌기에서 나온 새로운 입자는 UA1의 중앙 검출기에서 검출되었으며, 입자 에너지 측정은 UA2의 열량계에서 이루어졌다.

SppS를 통한 첫 양성자-반양성자 충돌(p-pbar)은 1981년에 이루어졌다. 이후 SppS는 1985년부터 1987년에 걸쳐 업그레이드되었으며, 1991년까지 운용되었다. 1983년 1월에 UA2 협업(collaboration) 연구는 UA2 검출기가 W 보손 후보 입자가 될 만한 4건의 충돌 사건(이벤트)을 기록했으며, 이어서 UA1과 UA2에 의해 W 보손 후보 입자에 대한 총 10여 번의 충돌 사건의 분석을 거쳐 1983년에 세른은 W 보손 입자의 발견을 공식적으로 선언했다. 그 다음 단계는 Z 보손 입자의 추적이었다. 그러나, 이론으로 예측해 보건대 Z 보손 입자는 W 보손 입자보다도 에너지 준위는 높은 반면 질량은 가볍다는 것이었다. 따라서 W 보손 입자의 존재를 파악하기 위해서는 양성자-반양성자 충돌 후 검출기에서 나온 충돌 입자 데이터의 수집 효율을 크게 개선시켜야 했는데, 이것은 SppS 충돌기의 휘도를 개선함으로써 가능해졌다.[103] SppS의 향상된 효율에 힘입어 1983년 6월에 세른은 Z 보손 입자 발견을 공식적으로 발표할 수 있었다.

초국적 협업을 키워드로 본 세른

본장 서두에서 보았듯이, 국경을 뛰어넘는 과학의 초국적 협업은

103) SppS 충돌기의 충돌 입자의 수를 늘리는 방법과 기술의 향상에 힘입어 SppS의 휘도는 엄청나게 향상되었다. 휘도가 향상되면 입수 가능한 데이터가 늘어나는 효과가 있던 것이었다.

세른 정신의 기반이었다. 이러한 초국적 협업은 세른이 고에너지 물리학 연구 중심지로 우뚝 서는 데 중요한 제도적 장치가 될 수 있었다. 특히 가속기를 사용한 연구는 물질적·재정적 측면에서 고가의 첨단장치와 자본 투자를 필요로 할 뿐 아니라, 기술적 측면에서 연구자들 간 지속적인 아이디어 교류가 필수적이었다. 1950년대부터 1980년대에 걸쳐 세른에서 수행된 가속기 연구들에는 100여 개 이상의 유럽의 연구기관들과 세른 소속 물리학자들이 참여한 1,500여 건 이상의 협업이 포함되어 있었다. 1981년에 세른에서 시작되었던 SppS 충돌형 가속기를 사용한 양성자-반양성자 충돌(p-pbar) 연구의 핵심 단계로는 UA1/UA2 검출기의 설계와 설치, 그리고 가속기 충돌 입자물리학 연구 등이 있는데, 이 모든 과정은 처음부터 초국적 협업에 근거하여 이루어졌다. 애초에 세른에서 루비아가 SppS 충돌기 설립을 추진하면서 양성자-반양성자 충돌(p-pbar) 연구를 위해 1977년에 연 양성자-반양성자 연구주간(study week)의 회합에는 세른과 유럽의 다른 연구기관들, 미국으로부터의 자문가 등 총 35여 명의 입자물리학자들이 참여하였다. 이들은 양성자-반양성자 충돌(p-pbar)을 연구하는 데 필요한 검출기의 특성에 관해 기술적 사항들을 정리하고 관련자들과 공유하였다. SppS 건설과 p-pbar 연구 단계에서 참여한 연구기관들의 면면으로는 세른 이외에도 독일 아헨(Aachen) 연구소, 안시(Annecy) 프랑스 실험 물리학 연구소(LAPP), 로마 대학, 프랑스 연구소(College de France), 프랑스 사클레 연구소(Saclay) 등이 있었다. 특히, 가속기 연구에 필요한 인적·물적 자원이 충분했던 메이저 연구기관들은 검출기(UA1/UA2)의 건설 또는 그것을 사용한 p-pbar 연구 단계에 적극적으로 관여했다. 이러한 참여에서는 해당 참여 과학자의 전문성을 토대로 한 책무의 협업이 이루어졌다. 예를 들어 검출기 건설에 영국 측의 노하우가 필요하자, 세른의 요청에 따라 러더퍼드 연구소(Rutherford Laboratory)와 버밍엄 대학(Birmingham Univ.) 그리고 퀸즈 메리 칼리지(Queen Mary College) 소속의 영국 과학자들이 대거 합류했다. 또한 다양한 유럽 연구기관들로부터의 참여 과학자들은 다양한 p-pbar 연구주제를 제안・실행하기도 했다. 세른의 프랑스 연구자 사둘렛(Bernard Sadoulet)은 검출기의 특성을 제안했으며, 충돌빔 물리학 연구는 영국 버밍엄 대학의 두웰(John Dowell), 프랑스 안시 연구소의 링글린(Denis Linglin)과 프랑스의 실험 입자물리학자 델라 네그라(Michel Della Negra) 그리고 세른의 이탈리아 연구자 루비아 등을 중심으로 진행되었다.

특히 p-pbar 연구는 UA1 협업 책임자인 루비아, 확률적 냉각 이론의 발명자인 판 데르 메이르, 세른 총괄자인 독일 실험물리학자 쇼퍼(Herwig Schopper), 세른 연구부장인 북아일랜드의 입자물리학자 가바출러(Erwin Gabathuler), 그리고 UA2 협업 책임자인 프랑스의 다리울라(Pierre Darriulat) 등을 포함한 대규모 국제적 협업 연구에 힘입은 바가 컸다. UA1/UA2 협업에서 약 25% 정도는 세른의 스태프 과학자거나 세른 연계 과학자였지만, 상당수의 참여 과학자들은 프랑스・독일・이탈리아・영국 등 세른의 '빅포'(big four) 주회원국은 물론 오스트리아・스웨덴・덴마크・벨기에 출신이었다. 총 3년에 걸친 SppS의 UA1/UA2 협업의 결과, 무게 2천톤에 고도로 복잡한 최첨단 기술로 무장한 거대한 검출기가 설치되고, 충돌 후의 새로운 입자에 대한 데이터를 취합하여 분석할 수 있게 되었다. UA1과 UA2로부터 충돌 입자 데이터의 수집과 분석에 이르는 협업에 각각 100여 명과 50여 명의 과학자들이 참여했으며, 이들 과학자들은 W 보손과 Z 보손 입자 발견이라는 입자물리학의 쾌거를 달성했다.

SppS의 건설과 운용에는 과학기술 외적인 요소들, 특히 루비아를 비롯한 과학자들의 리더십도 중요하게 작용했다. 예를 들어, SppS 충돌기를 둘러싼 세른 내 논의의 초기단계에서 양성자-반양성자 충돌(p-pbar) 연구 실행의 가능성에 대해 반대 여론이 우세했다. 세른의 수퍼 양성자 싱크로트론(SPS) 건설을 주도했고 세른의 사무총장(Directors General)들 중 하나였던 영국 출신의 입자물리학자 아담스(John Adams)는 세른이 SPS를 양성자-반양성자 충돌 가속기(SppS)로 개조하는 것에 대해 회의적이었다. 세른의 물리학자와 공학자들 사이에서도 이러한 개조가 기술적으로 쉽지 않을 것으로 보는 것이 중론이었다. 특히, SppS로는 고정표적 입자물리학(fixed target physics)[104] 연구 수행이 어려워진다는 우려도 있었다.

그러나 루비아를 필두로 p-pbar 연구를 추진했던 핵심 리더들은 이들 세른 내의 반대 의견보다는 세른 주회원국의 지지를 얻는 정치적 전술을 발휘했다. 가령, 유럽 연구기관들의 물리학자들을 대상으로 SppS의 p-pbar 연구는 1980년대의 최첨단 물리학 연구에 동참할 수 있는 기회를 제공해 줄 것이라고 강조했다. 또한, p-pbar 연구를 지휘했던 루비아, 그리고 UA1 중앙 검출기 설계에 깊게 관여를 했던 입자물리학자 사둘렛은 가속기 물리학계의 전문적 · 기술

104) 가속기는 크게는 입자들을 충돌시키는 방법에 따라, 표적입자를 고정시킨 상태에서 가속입자를 표적입자에 충돌시키는 고정표적 가속기(fixed target accelerator)와 입자들을 서로 반대방향으로 입사시켜 충돌시키는 충돌 가속기(collider)로 나뉜다.

적 지원이 절실했을 때, p-pbar 연구에 대한 영국 측의 무관심을 타개하고 UA1의 계획을 적극적으로 어필하여 영국의 합류를 유도하였다. UA1/UA2 총괄 책임자인 루비아는 세른은 유럽 핵물리학의 공동연구소이며 회원국은 유럽 물리학 공동체를 지원해야 한다는 당위성을 강조하면서, 과학적 역량을 갖춘 유럽의 다양한 연구기관의 초빙에 적극적으로 나서기도 했다. 덕분에 영국 이외에도 오스트리아 비엔나 고에너지 연구소 그룹이 UA1 협업에 합류하는 등 국제적 참여는 두드러졌다. 다국적 연구자들 간의 협업 시간이 누적되어가면서 상호 간의 협동작업 역시 원활해졌다. 여기에는 이미 이전에 성공적인 협업 경험을 가진 과학자들이 세른에서의 협업에 참여한 것도 작용했다. 예를 들어, 로마 대학 그룹이 세른 협업에 용이하게 합류할 수 있었던 것은 로마 그룹의 대변자인 물리학자 살비니(Giorgio Salvini)와 세른과의 인연이 한몫 했었다. 살비니는 1977년 이래 세른에서 방문연구원으로 근무했던 경력이 있었으며 나아가 UA1 검출기 설계의 원안(original proposal)에 중요한 역할을 했던 과학자이기도 했다.

그러나 다국적 과학자들의 참여는 한편으로는 참여국가들 간의 경쟁과 알력을 심화시키고 세른의 동력을 약화시킬 우려 역시 있었다. 예를 들어 영국과 프랑스와 같은 세른의 주요 회원국들은 검출기 건설에 필요한 재원과 더불어 검출기 실험 데이터를 분석하는데 필요한 시설과 관련 자원을 겸비하고 있었기 때문에 협업의 핵심주체가 될 수 있었다. 반면 자체적인 시설과 자원 부족이 뚜렷했던 군소 회원국들은 UA1/UA2 협업에서 소외되는 경우에 노출되기도 했다. 예를 들어 1978년 오스트리아 이론물리학자로서 양자장론(quantum field theory)의 티링 모델로 유명한 티링(Walter Thirring)은 세른 사무총장인 반 호비(Leon Van Hove, 벨기에 물리학자)에게, 군소 회원국의 연구기관들 역시 소외되지 않고 연구 참여의 기회를 보장받아야 함을 강하게 어필했다. 이에 반 호비와 루비아는 어느 회원국이라도 가속기 연구에서 전문지식과 전문성을 발휘할 수 있는 환경을 조성해야 한다는 기조를 강조하였다. 티링과 세른과의 접촉 직후에 세른 최고의 결정기관인 세른 위원회(CERN Council)에 의해 티링의 비엔나 고에너지 연구소가 p-pbar 프로젝트 협업에 합류하기도 했다. 그러나 이러한 노력에도 불구하고 UA1/UA2 연구활동에서의 국제적 협업은 모든 과학자들에게 동등하게 열린 기회를 제공하지는 못했다. 이는UA1/UA2 협업에 기여할 수 있는 전문성을 제공하는 연구기관들에게 더 많은 기회가 제공될 수밖에 없었던 실무적·현실적 이유에서였다. 또한 세른과 p-pbar 연구에 대한 해당 국가의 과학적·기술적·재정적·정치적·정책적 지원 역시 협업에의 참여 정도와 무관하지는 않았다. 이러한 부분적인 한계에도 불구하고, 세른의 SppS에서의 UA1/UA2 협력 연구는 다국적의 과학자 수백 명이 조직적으로 참여한 과학의 초국적 협업의 대표적인 사례라고 할 수 있다.

UA1/UA2 초국적 협업의 운영체제

SppS에서의 UA1/UA2 협력 연구에는 조직적인 운영이 필수였다. 애초에 충돌기(SppS)의 검출기 건설 단계에서 검출기의 규모(수천 톤의 무게)는 물론 검출기의 특징(모듈화된 각 구성단위)으로 인해 협업의 효과적인 분배는 필수적이었으며, 양성자-반양성자 충돌(p-pbar) 연구에 따른 대규모 데이터의 분석(입자물리학 연구 주제들) 작업의 복잡성과 참여 과학자들의 숫자(수십~수백 명) 역시 협업에 반영되어야 했다. 예를 들어 UA1과 UA2 검출기의 경우, 그 설계에서부터 운행 시험(commissioning)에 이르기까지 협업은 세밀하게 조직되어야 했다. UA1/UA2 검출기들은 세른 주연구소에서만 독점적으로 제작·건설된 것은 아니었으며, 대체로 참여 연구기관들이 검출기의 다양한 부분·부품들을 본국에서 제작하고 이들을 세른의 주연구소로 가져와 최종 테스트와 조립을 실행하는 방식이 사용되었다. 이에 참여기관들의 책임 분담은 처음부터 뚜렷한 계획을 가지고 이루어졌다. UA1에서 가장 중요하고 기술적으로도 혁신적인 부분인 중앙 검출기는 세른 주연구소에 의해 건설되었다. 중앙 검출기는 양성자-반양성자 충돌 후 입자를 추적하여 찍은 이미지를 대량으로 기록하고자 11,000여 개의 드리프트 검출기(drift chambers)[105]로 가득했다. 또한, 검출기의 전자 열량계 역시 전적으로 새로운 것이었는데, 세른은 전자 열량계와 기록 판독 장치(readout)를 포함한 장치 전체에 대한 총괄책임을 떠맡았다. 예산과 인력을 두루 갖추었다는 측면에서, 세른 주연구소는 중앙 검출기 건설에 적합한 중앙 집행부였다. 검출기 이외의 관련 부분의 작업에 대해서는 각 참여 연구기관들의 관심·역량·재원에 근거하여 조정을 통해 분배되었다. 예를 들어, UA1의 영국 그룹은 전자기

105) 기체를 태운 금속 튜브 다발을 이용하는 선 검출기(wire chamber)에서는 튜브 내부의 기체가 입자로 인해 이온화되면서 금속 튜브를 통해 전류가 흐르게 되는데, 그 전류를 분석해 입자가 지나간 위치를 파악한다. 선 검출기와 그 후신인 드리프트 검출기(drift chamber)의 검출 속도와 정확도는 고에너지 물리학에 놀라운 발전을 가져왔다.

에너지 열량계(electromagnetic calorimeter)[106] 건설과 같은 도전적인 작업에 관심을 보였지만, 이 작업은 파리 사클레 연구소에 할당되었으며 영국 그룹은 그리 까다롭지 않은 하드론(hadron, 강입자)[107] 에너지 열량계(hadron calorimeter) 작업을 부여받았다. 그러나 동시에 영국 그룹은 전자기/하드론 에너지 각각에 대한 열량계의 트리거 장치(trigger processor)를 떠맡았는데, 이 트리거는 데이터 취합에 중요한 역할을 했던 아이템이었다.

UA1/UA2 협업에는 마치 기업 조직체의 피라미드식과도 같은 구조가 강하게 드리우고 있었다. 그 정점에는 UA1/UA2 협업을 이끌어갔던 총괄 책임자로서의 '보스'의 역할을 수행했던 루비아가 있었으며, 그 아래 중간 관리 단계에서는 25여 명의 핵심 전문가들이 기술전문위원회(Technical Committee)에 배치되어 검출기 건설과 입자물리학 연구를 둘러싼 일련의 활동을 책임졌다. UA1/UA2 협업에서 가장 중요한 운영관리가 바로 이 25명의 중간관리자들이 모인 기술전문위원회의 몫이었다. 이들 중간관리자들은 각국의 연구기관을 대표하는, 전문성과 역량을 겸비한 과학자들이었으며, 기술전문위원회는 물론 세른 상부의 집행위원회에도 관여했다. 이들 중간관리자들의 정규회의에서 다룬 안건으로는 중앙 검출기, 뮤온 검출기, 열량계, 트리거, 가스 시스템, 온라인/오프라인 소프트웨어

106) 검출기는 기능에 따라 크게 입자의 궤적을 관찰하는 장치와 입자의 에너지를 측정하는 장치로 나눌 수 있는데, 이 중 에너지 검출기(calorimeter)는 후자에 해당한다. 전자기 에너지 검출기는 검출기 매질과의 전자기 상호작용을 통해 입자의 에너지를 받아들이며, 하드론 에너지 검출기는 주로 검출기 매질의 핵과 하드론의 강한 상호작용을 통해 하드론을 검출한다. 하드론은 강입자를 의미하는데, 다음 각주 107번을 참조하라.

107) 강입자란 원자핵에서 양성자와 중성자를 서로 묶어두는 근거리 핵력인 강한 상호작용(strong interaction)에 반응하는 원자구성 입자를 의미한다. 하드론이라고도 하며, 보손 입자들이 이에 속한다.

데이터베이스, 그래픽 등에 대한 기술적 안건들이 있었으며, 정규 회의의 회의록은 관련자들에게 회람되었다. 이들 기술전문위원회의 중간관리자들 중에는 UA1 중앙 검출기 건설 책임자인 프랑스의 사둘렛, 참여 과학자 그룹의 전반적 운영을 총괄했던 스위스의 모린(Guy Maurin), SppS 충돌형 가속기 데이터 수집 체계를 책임졌던 이탈리아의 치톨린(Sergio Cittolin) 등이 있었다. 맨 하부 단계에서는 과학자 그룹(1980년 UA1의 경우 100여 명의 물리학자・공학자)들이 배치되어 있었으며, 이들은 협업에 관련된 이슈에서 직접적인 의사결정 참여자는 아니었다.

이러한 피라미드식 구조는 하부단계의 과학자들이 협업의 중요한 결정과정으로부터 소외되는 위험성이 있다고 볼 수도 있지만, 그러한 위험성은 다른 방식으로 보완되었다. 예를 들어 협업과정에서 열렸던 다양한 회의들은 상부로부터의 지시사항을 전달하는 것이 아니라 참여 과학자들 상호 간의 정보 공유, 소통과 토론을 위한 창구 역할에 목적을 두었다. 하부 단계에 있었던 과학자들에게 회의 참여는 의무는 아니었지만, 그들은 업무・문제에 대한 정보를 접하기 위해 자발적으로 참여하였다. 협업의 곳곳에서 이루어졌던 다양한 회의들은 특정 문제의 논의를 위해 임기응변식으로 주재되기도 했으며, 해결책의 모색이 즉석에서 이루어지기도 했다. 협업에 참여한 과학자들 각자의 과학적 책임은 상이했지만, 과학자들 간의 연구 업무는 상부에서 하부단계로 일방적으로 전달되는 상향식 운영이 아니라 다양한 회의 장치를 통해 상호 간에 공유하는 결정 과정을 거치는 것이 다반사였다. 요컨대, 과학자・공학자들은 상부의 리더급 물리학자로부터 대학원생에 이르기까지 적절하게 이루어진 상호 간의 소통을 십분 활용하면서, 동시에 가속기 기술자(technician)와의 접촉을 통한 소통을 쌓으면서 관련 논의를 통해 해법을 찾고 수많은 결정을 내렸다. 현장의 즉석회의는 현장의 구체적 문제를 해결하고 해결의 아이디어를 논의하는 등 과학자들의 소통을 용이하게 했던 지름길이었던 것이다.

물론 그 조직의 방대성으로 인해 UA1/UA2 협업에는 크고 작은 문제들도 발생하였다. 협업의 피라미드식 조직에 혼란이 있기도 했으며, 관료제적 수직적 관계는 모호하게 작동되기도 했다. 그러나 UA1/UA2 협업을 위한 운영관리는 고정적인 틀을 고수하기보다는 유연하게 작동되었으며, 리더십은 상황에 걸맞게 유연하게 발휘되었다. 예를 들어 UA1/UA2 협업의 중간 관리단계에서 25여 명의 중간관리자들의 역할이 지지부진했을 때, UA1/UA2를 이끌었던 보스 루비아가 그들을 대신하여 전권을 맡았다. 루비아의 결단력과 카리스마는 UA1/UA2 협업의 도처에 투영되었다.

협업은 시간과 연구 단계에 따라서도 유연하게 전개되었다. 검출기 건설 단계에서는 기업 조직체와 비슷하게 하향식 운영관리가 불가피했다. 그러나 검출기 완성 이후의 단계에서는 입자물리학 연구는 다소 느슨한 구조로 운영되어야 했다. 물리학자들은 자율적으로 자유롭게 연구를 추구하는 경우가 많기 때문에 입자물리학 연구를 검출기 건설 단계에서와 같은 방식으로 관리하는 것은 적합하지 않았다. 특히 UA1/UA2 검출 데이터 분석을 통해 W와 Z 보손 입자 발견으로 나아가는 과정은 고도의 전문성과 창의성을 요하는 작업으로, 이 단계에서는 검출기 건설 단계에서의 운영관리와는 상이한, 보다 유연하고 자율적인 관리가 발휘되어야 했다. 과학의 권위는 전문성과 경험으로부터 파생되며, 실험설계와 연구에 관한 결정은 과학자 상호 간의 협의와 설득에 근거한다는 것이 과학자 공동체에 만연한 믿음이었다. 짧게 말해, 과학연구라는 것은 상부로부터의 강요에 의해서 진행되는 것이 아니라는 것이다. 따라서, 입자물리학 연구에서는 과학자들로 하여금 협업의 수직적·관료적 관리 운영의 제한으로부터 어느 정도 자유롭게 벗어나게 해 줄 필요가 있었다. 이에 세른은 UA1/UA2 참여 과학자·공학자들이 수직적이 아닌 수평적 조직 기반 위에서 연구 권한과 책임을 분산하여 나누어가질 수 있도록 운영 관리의 유연성을 추구하였다. 이는 과학자·공학자들이 협업 연구의 일원이라는 자부심을 느끼고 업무를 자신의 일로 인식할 수 있었던 바탕이 되었다. SppS를 사용한 UA1/UA2 협업이 W 보손과 Z 보손 입자의 새로운 발견에 도달하였던 과정의 이면에는, 체계적이면서도 유연한 협업의 운영을 통해 입자물리학의 연구의 효율성을 끌어올리는 과정이 있었던 것이다.

초국적 협업에서 초분야적 협업으로

학계에서 출간물(publications)은 새로운 지식의 기여에 대한 지표라 할 수 있으며, 해당 연구 분야에서의 성취에 대한 근거자료이다. 따라서 출간물은 학자의 연구 능력을 평가하는 잣대가 되며, 출간물, 특히 논문에 저자로 이름을 올리는 것은 과학자들에게 상당한 중요한 일이 된다. 그런데 협업연구에는 다수의 과학자·연구자들이 참여하는 것이 일반적이어서, 어디까지를 저자로 인정해야 하는지의 기준은 항상 뜨거운 감자와도 같은 문제였다. 이는 UA1/UA2

협업의 경우에도 마찬가지였다. 많은 물리학자들은 자신의 이름이 등재된 출간물이야말로 과학자로서 자신의 능력에 대한 객관적 지표라고 여겨, 저자로 등재될 수 있는 자격을 엄격하게 한정해야 한다고 보는 경향이 있었다. 그러나 일부 물리학자들은 그들과 협업한 장비 공학자·기술자와 프로그래머 등 공학자·기술자들은 비록 입자물리학 연구의 결론 도출에 직접적으로 관여하지는 않지만 검출기 사용을 가능케 해 준다는 점에서, 입자물리학 연구 출간물에 그러한 공학자·기술자들을 저자로 포함시켜 기여를 인정해줘야 한다고 보기도 했다. 공학자·기술자들은 직업의 특성상 논문이 업무평가의 최중요 기준은 아니었기에 저자 등재 여부에 대해 물리학자들만큼 민감하지는 않았지만, 그래도 출간물이 자신의 평판을 높여줄 수는 있었기에 저자 등재를 둘러싸고 물리학자들과 마찰을 빚기도 했다.

바로 이러한 상황에서, 세른이 채택한 "관용의 원칙"(policy of generosity)은 UA1/UA2 협업에서 저자등재를 둘러싼 상이한 참여 주체들 간의 이해관계의 갈등과 대립을 조정하는 역할을 했다. 이에 따르면, 일정 기간 동안 협업연구에 관여했던 과학자뿐 아니라 공학자 역시 그 협업연구에 대한 기여가 있다고 판단되면 저자로 등록될 수 있었다. 방문연구자나 대학원생이라도 일정기간 이상(대체로 1년) 협업에 참여했다면 저자 목록에 오를 수 있었다. 협업의 성과물에 관한 저자 등록에 대한 이러한 원칙은 세른에서 널리 준수되었다.

UA1/UA2에서의 협업은 물리학자의 정체성에도 변화를 가져왔다. 각 물리학자는 다른 국가의 물리학자들과 협업했을 뿐 아니라 컴퓨터 과학자·전자공학자·기타 관련 분야 기술자 등 다른 분야의 전문가들과도 협업해야만 했다. 물리학자에게는 실험장치에 대한 이해가 필수적이었으며, 이러한 이해는 해당 장치를 설계 또는 설치한 공학자·기술자들의 도움 없이는 불가능했다. 뿐만 아니라 물리학자들은 이들 공학자·기술자들과의 공조 아래 직접 장치를 설계하고 건설하기도 했다. 이는 실험을 수행하고 데이터를 취합, 분석하는 본격적인 단계의 입자물리학 연구는 그 전 단계인 장치의 설치와 설정 작업과도 밀접하게 맞물려 있기 때문이었다. 예를 들어 UA1/UA2에서 검출기로부터의 입자 데이터에 관한 분석과 연구라는 입자물리학자로서의 역할을 수행하기 위해서는, 애초에 검출기 등의 연구시설의 설계와 건설 단계에도 입자물리학적 아이디어와 요구사항을 반영시켜야 했다. 따라서 물리학자들은 직접적인 입자물리학 연구 이외에도 그것에 필요한 여러 다른 지식, 예를 들어 검출기 건설에 관한 공학적 지식 역시 숙달해야 할 필요가 있었다. 따라서 UA1/UA2 협업에서 입자물리학자들은 점차 과학자와 공학자·기술자의 양 경계를 넘나드는 일종의 탈경계적 상황에 처했으며, 이들은 물리학자이자 공학자·기술자라는 이중의 정체성을 획득하게 되었다.

흔히, 과학 협업은 수많은 과학자·공학자들의 공동연구를 전제로 하는 만큼 개인적 자율성과 창의력은 말살되는 경향이 있다는 것이 속설이다. 사회학자들에 의하면, 개별 연구자에 의한 연구는 개인의 창의성·독창성을 특징으로 하는 반면, 협업 등 그룹 연구에서는 집단의 관료적·비창의적 속성이 부각된다는 것이다. 그러나 UA1/UA2 협업 작업의 방대함, 그리고 이러한 방대한 작업들의 배분은 도리어 개별 과학자들로 하여금 전체의 일부로서 매몰되어 기계적으로 기능하는 것을 방지해 주었다. 검출기는 매우 복잡하고 그로부터 얻은 데이터는 실로 방대했기 때문에 검출기 하드웨어 연구개발·전자장치·컴퓨터 계산기·검출기 데이터 분석 등의 실로 다양한 활동이 필요했다. 이에 물리학자들은 대체로 5~6명의 과학자로 구성된 소그룹으로 나뉘어 각 소그룹은 검출기의 특정 부분이나 특정한 데이터 세트에 대한 연구에 종사하였으며, 각 그룹은 그것이 종사하는 전문 영역에서만큼은 자체적인 판단 아래 연구와 문제 해결을 위한 자율성과 창의성을 발휘해야만 했다. 역설적으로, 대규모 협업을 향한 협동작업에서 개별 과학자의 자율성과 창의성이 독려되고 있었던 것이다.

물론 이러한 자율성과 창의성은 자동적으로 보장되는 것은 아니었다. 물리학자들은 협업을 지휘하는 상부의 지침을 추종하기보다는 자율성과 창의성을 발휘하는 가운데서도 존중되는 협동작업을 이루어낼 수 있도록 각별한 주의를 기울였다. 예를 들어, 과학자들은 팀이나 그룹 조성에도 매우 신중했다. UA2 협업에 참여했던 한 대학 물리학자에 의하면, 자신은 UA1과 같은 대그룹으로 이루어진 협업보다도 5~6명으로 구성된 소그룹으로 이루어진 협업을 선호했다고 했는데, 이유인즉 복잡하고 난해한 연구 수행에는 보다 소규모의 그룹 체제가 유리하다고 보았기 때문이었다. 물론 반대의 체제를 선호하는 경우도 있었다. 예를 들어, 영국의 3개 소그룹이 하나의 그룹으로 뭉쳐 UA1으로 입성한 경우도 있었는데, 이는 이들 3개 소그룹이 일체된 이해관계를 가진 공동의 목표 아래 연합함으로써 보다 규모 있는 연구를 더 잘 수행할 수 있다고 판단했기 때문이었다. 중요한 것은 UA1/UA2 협업에서 물리학자들은 자신과 자신이 속한 그룹의 여건을 고려하여 자율성과 창의성을 발휘할 수 있는 전략을 채택할 수 있었다는 점이었다. 즉, UA1/UA2 협업에서 개별 과학자의 자율성과 창의성은, 그들이 공통의 목적을 향하여 수행하는 협동작업을 통해 말살되었다기보다는 도리어 강화되었다고 볼 수 있다. 예들 들어 검출기로부터 얻어진 데이터를 둘러싸고 과학자 그룹이 벌인 아이디어 교류와 토론 등은 입자물리학의 최신 이슈에 대한 다양한 해석이 수렴점을 찾는 기회를 제공하였으며, 따라서 협동작업의 가치가 빛을 발휘한 지점이기도 했다.

나가면서

제2차 세계대전으로 인해 황폐해진 유럽 물리학계의 부흥과 입자물리학 및 핵물리학 분야에서의 경쟁력 회복에 대한 유럽 과학계의 열망, 그리고 미소 냉전의 시대에 유럽 자유 진영의 통합을 향한 정치적 열망이 어우러져 출범한 것이 세른이었다. 그러나 세른과 관련하여 우리가 주목해야 할 또 하나의 의의는, 그것이 성공적인 초국적 협업의 전형을 보여주었다는 것이다. 과학의 초국적 협업에서는 다양한 국가로부터의 과학자들이 조직적으로 기구를 구성하여 지속적인 협업을 통해 과학연구를 수행한다. 따라서 초국적 협업에서는 연구자 개인들 간의 국적을 초월한 협력이 요구되는 것은 물론, 이러한 협력이 체계적인 분업과 협업을 통해 조직적으로 수행되어야 함이 요구된다. 세른은 공통의 목표 아래 다양한 국적의 연구자들이 연구활동의 방향성을 유지하는 가운데서도 연구의 창의성과 자율성을 보존하는 운영의 묘를 발휘함으로써 초국적 맥락에서 출범된 거대과학 프로젝트의 성공적 사례를 보여주었다.

특히 탈국가적 과학활동이라는 측면에서 세른에 주목할 이유는, 세른의 연구활동이 본서의 이전 장들에서 소개한 탈국가적 과학활동들에 비해 두드러지는, 체계적인 조직성과 규모의 거대함에 있다. 세른의 사례가 보여준 과학의 초국적 협업은 연구자 개인이나 학회와 같은 비교적 소규모의 느슨한 집단에 의한 국제적 협력과는 차원을 달리하는 고도화된 작업이라고 할 수 있다. 이러한 협업이 가속기를 사용한 입자물리학 연구라는 거대과학의 분야에서 수행되었다는 사실은, 세른 자체는 물론이고 그 회원국들의 적극적인 물적·제도적 지원이 아니라면 불가능한 일이었다고 할 수 있다. 달리 말해, 세른은 탈국가적 과학활동에 대한 국가들의 지원이 어느 정도의 수준에 이르렀는지를 보여주는 동시에, 그러한 지원이 어떻게 하면 결실을 맺을 수 있는지를 보여주는, 탈국가적 과학활동의 결정판 격인 사례라고 할 수 있다.

에필로그

과학의 다극적 세계화를 향하여

과학의 발달과정을 들여다보면 과학지식은 탈국가적 교류를 통한 이동성·역동성을 보여주었다. 그러나 앞서 1부에서 보았듯 제국주의로 얼룩진 근대 세계에서 과학지식의 교류는 제국의 중심부에서 식민지로의 일방적 교류가 상대적으로 두드러지는 측면이 있었다. 과학의 탈국가화에는 식민 모국·제국의 주도적 역할이 크게 작용하여 주체들 쌍방향 간의 교류라는 측면은 상대적으로는 약했던 것이다.

그러나 본서 2부에서 다루었듯이, 근대에서 현대로 넘어오는 시기, 그리고 그 이후로 과학의 국제화는 한 층 더 진전되어, 점차 다극화된 여러 주체들 간의 탈국가적 교류라는 수준에까지 점차적으로 도달했음이 드러난다. 아프리카에서 발생한 수면병 발발에 대응하여, 아프리카를 식민 통치하던 유럽 열강들은 지식의 네트워크를 통해 질병 극복을 모색했다. 이들이 캠프제 시행에서부터 약물치료

연구에 이르기까지 수면병 대책을 모색해 간 과정은 어느 한 국가로부터 다른 국가로의 일방적 이식이 아닌 상호 간의 동등한 지위에서 과학의 국제적 공조의 가능성을 보여주었다.

이러한, 여러 주체들 간의 탈국가적 과학 교류는 20세기 초중반의 생태학의 부상과 발달에서도 확인할 수 있다. 20세기 생태학의 등장과 발달 과정은, 과학활동이 다양한 국가들에 의해 공유되는 글로벌 표준과 세계화를 향해 이행해 온 과정을 압축하여 보여주고 있다. 또한 분자생물학의 태동과 발전은 다국적 복수 연구자들 간의 탈국가적 협력의 산물이었으며, 세른의 사례는 과학지식을 둘러싼 탈국가적 교류가 다국적의 다수의 연구자들이 조직적으로 기구를 구성하여 협업하는 과학의 초국적 협업의 단계까지 도달했음을 보여준다.

이러한 흐름은 바로 과학의 국제화가 점차 다극화된 구도, 즉 한정된 소수의 국가들이 아니라 갈수록 다양한 국가들 사이의 공조와 교류를 통해 이루어지고 있음을 보여준다. 즉, 국가 간 협력과 경쟁이 갈수록 활발해지고 있는 현시대에는 서로 다른 문화와 전통 간의 상호작용이 활기를 띠고 있으며, 과학활동 역시 보다 범세계적으로 다양한 국가들과 주체들에 의해 수행되는 다극적 세계화의 시대를 맞이하고 있는 것이다. 이러한 과학의 다극적 세계화의 시대에, 본서는 그동안 과학이 걸어온 탈국가화 과정을 보여주는 사례들에 대한 거시적 회고와 고찰을 제공한다는 측면에서 의미가 있다. 여기서 한 걸음 더 나아가 과학의 다극적 세계화 시대를 본격적으로 다루는 미래지향적 후속 저술이 나오기를 기대해 본다.

참고문헌

프롤로그 : 탈국가적 지식활동으로서의 과학, 그리고 관련 프레임들

Claude Alvares, *Science, Development and Violence* (Delhi : Oxford Univ. Press, 1991).

Tony Ballantyne, "Race and the Webs of Empire : Aryanism from India to the Pacific," *Journal of Colonialism and Colonial History* 2(2001), 1-36.

George Basalla, "The Spread of Western Science," *Science* 156(1967), 611-622.

Brett M. Bennett and Joseph M. Hodge, eds., *Science and Empire : Knowledge and Networks of Science Across the British Empire, 1800-1970* (New York : Palgrave Macmillan, 2011).

Bernard S. Cohn, *Colonialism and Its Forms of Knowledge : the British in India* (Princeton : Princeton Univ. Press, 1996).

Fred Cooper and Ann L. Stoler, "Between Metropole and Colony : Rethinking a Research Agenda," in *Tensions of Empire : Colonial Culture in a Bourgeois World* (Berkeley : Univ. of California Press, 1997), 1-57.

James Delbourgo and Nicholas Dew, *Science and Empire in the Atlantic World* (New York : Routledge, 2008).

Fa-ti Fan, *British Naturalists in Qing China : Science, Empire, and Cultural Encounter* (Cambridge, MA : Harvard Univ. Press, 2004).

Andre Gunder Frank, *Capitalism and Underdevelopment in Latin America : Historical Studies of Chile and Brazil* (New York : Monthly Review Press, 1967).

Catherine Hall, ed., *Cultures of Empire, a Reader : Colonizers in Britain and the Empire in the Nineteenth and Twentieth Centuries* (New York : Routledge, 2000).

Daniel R. Headrick, *The Tools of Empire : Technology and European Imperialism in the Nineteenth Century* (New York : Oxford Univ. Press, 1981).

David Lambert and Alan Lester, eds., *Colonial Lives across the British Empire :*

Imperial Careering in the Long Nineteenth Century (Cambridge : Cambridge Univ. Press, 2006).

Roy M. MacLeod, "Reading the Discourse of Colonial Science," in Patrick Petitjean, ed., *Colonial Sciences : Researchers and Institution* (Paris : Orstom Editions, 1996), 87-96.

______________, "Nature and Empire : Science and the Colonial Enterprise," *Osiris* 15(2000), 1-13.

Ashis Nandy, "Introduction : Science as a Reason of State," in idem, ed., *Science, Hegemony and Violence : A Requiem for Modernity* (Delhi : Oxford Univ. Press, 1988), 1-23.

Paolo Palladino and Michael Worboys, "Science and Imperialism," *Isis* 84(1993), 91-102.

Simon Potter, "Webs, Networks, and Systems : Globalization and the Mass Media in the Nineteenth- and Twentieth-Century British Empire," *Journal of British Studies* 46(2007), 621-646.

Gyan Prakash, *Another Reason : Science and the Imagination of Modern India* (Princeton : Princeton Univ. Press, 1999).

Lewis Pyenson, "Science and Imperialism," in R.C. Olby et al, *Companion to the History of Modern Science* (London : Routledge, 1990), 920-933.

Lewis Pyenson, "Cultural Imperialism and Exact Sciences Revisited," *Isis* 84(1993), 103-108.

Nathan Reingold and Marc Rothenberg, *Scientific Colonialism : A Cross-Cultural Comparison* (Washington, D.C : Smithsonian Institution Press, 1987).

Brigitte Schroeder-Gudehus, "Nationalism and Internationalism," in R.C. Olby et al, *Companion to the History of Modern Science* (London : Routledge, 1990), 909—919.

Vandana Shiva, *Staying Alive : Women, Ecology and Development* (London : Zed Books, 1989).

Josep Simon and Nestor Herran, *Beyond Borders : Fresh Perspectives in History of Science* (Newcastle : Cambridge Scholar Publishing, 2008).

Simone Turchetti, Nestor Herran, and Soraya Boudia, "Introduction : Have We Ever Been 'Transnational'? : Toward History of Science across and beyond Borders," *British Journal for the History of Science* 45(2012), 319-336.

Sujit Sivasundaram, “Science and the Global : On Methods, Questions, and Theory,” *Isis* 101(2010), 95-97.

Richard White, *The Middle Ground : Indians, Empires, and Republics in the Great Lakes Region, 1650-1815* (Cambridge : Cambridge Univ. Press, 1991).

Lynn Zastoupil, “Intimacy and Colonial Knowledge,” *Journal of Colonialism and Colonial History* 3(2002).

김호연, “제국과 식민지 병리학 - 미국의 필리핀 지배 사례를 중심으로,” 『아시아연구』 11:2 (2008), 203-230.

신동경, “영제국의 대학 개발 정책, 1943-1948 - 아프리카 골드코스트 식민지를 중심으로 -,” 『영국 연구』 36:0 (2016), 135-164.

01 국민국가(nation-state) 이전의 탈경계(trans-boundary) 과학

Mohammed Abattouy, Hurgen Renn, and Paul Weinig, “Intercultural Transmission of Scientific Knowledge in the Middle Ages : Graeco-Arabic-Latin,” *Science in Context* 14(2001), 1-12.

Charles Burnett, “The Translating Activity in Medieval Spain,” in S.K. Jayyusi, ed., *The Legacy of Muslim Spain* (Leiden : Brill, 1992), 1036-1058.

Elisabeth Crawford, Terry Shinn, and Sverker Sorlin, eds., *Denationalizing Science : The Contexts of International Scientidic Practice* (London : Kluwer Academic Publishers, 2010), 7-11, 43-72.

Lorraine Daston, “The Ideal and Reality of the Republic of Letters in the Enlightenment,” *Science in Context* 4(1991), 367-386.

Dimitri Gutas, *Greek Thought, Arabic Culture, the Graeco-Arabic Translation Movement in Baghdad and Early Abbasid Society (2nd-4th/8th-10th Centuries)* (London and New York : Routledge, 1998).

Rob Iliffe, “Science and Voyages of Discovery,” in Roy Porter, *The Cambridge History of Science : Eighteenth-Century Science* (Cambridge : Cambridge Univ. Press, 2003), 618-645.

Hilde de Ridder-Symoens, ed., *A History of the University in Europe* (Cambridge : Cambridge Univ. Press, 1992).

김영식 『과학혁명 : 전통적 관점과 새로운 관점』 (아르케, 2001년).

이종흡 역(데이비드 C. 린드버그), 『서양과학의 기원들 : 철학 종교, 제도적 맥락에서 본 유럽의 과학전통』 (나남, 2009년).

이종찬, “열대 자연사(自然史) 탐험에서 근대 공간의 발명으로 - ‘훔볼트과학’ 과 풍경화를 중심으로-,” 『서양사론』 134:0 (2017), 186-216.

정혜경, “19세기 과학 탐험(179-1804)과 훔볼트 : 그의 식물 지리학을 통해 본 과학의 전위 활동으로서의 탐험의 승화,” 『한국과학사학회지』 31:1 (2009), 169-206.

02 북아메리카 식민지 시절, 그리고 독립국 미국에서의 과학

I. Bernard Cohen, “The New World as a Source of Science for Europe,” *ACTES DU IXe CONGRES INTERNATIONAL D'HISTOIRE DES SCIENCES* 1 (Barcelona and Madrid, 1959), 93-126.

__________, “Some Reflections on the State of Science in America during the Nineteenth Century,” *Proceedings of the National Academy of Sciences of the United States of America* 45(1959), 666-677.

Robert V. Bruce, *The Launching of Modern American Science, 1846-1876* (Ithaca : Cornell Univ. Press, 1987).

Donald Flemings, “Science in Australia, Canada, and the United States : Some Comparative Remarks,” *Proceedings of the 10th International Congress of the History of Science* (Ithaca, 1962), 179-196.

John C. Greene, *American Science in the Age of Jefferson* (Ames : Iowa State Univ. Press, 1984).

Brook Hindle, *The Pursuit of Science in Revolutionary America, 1735-1789* (Chapel Hill : Univ. of North Carolina Press, 1956).

Sally G. Kohlstedt, *The Formation of the American Scientific Community : The American Association for the Advancement of Science, 1848-1860* (Urbana : Univ. of Illinois Press, 1976).

Perry Miller, “The Experimental Philosophy,” in *The New England Mind : from Colony to Province* (Boston : Beacon Press, 1961), 437-446.

Alexandra Oleson and Sanborn C. Brown, eds., *The Pursuit of Knowledge in the Early American Republic* (Baltimore : Johns Hopkins Univ. Press, 1976).

Nathan Reingold, “The Peculiarities of the Americans or Are There National Styles in the Sciences?” *Science in Context* 4(1991), 347-366.

Raymond Stearns, *Science in the British Colonies of America* (Urbana : Univ. of Illinois Press, 1970).

George Basalla, "The Spread of Western Science," *Science* 156(1967), 611-622.

Kathleen G. Dugan, "The Zoological Exploration of the Australian Region and Its Impact on Biological Theory," in eds., Nathan Reingold and Marc Rothenberg, *Scientific Colonialism : A Cross-Cultural Comparison* (Washington: Smithsonian Institution Press, 1987), 79-100.

Donald Flemings, "Science in Australia, Canada, and the United States : Some Comparative Remarks," *Proceedings of the 10th International Congress of the History of Science* (Ithaca, 1962), 179-196.

R.W. Home, *Australian Science in the Making* (Cambridge : Cambridge Univ. Press, 1988).

__________, "The Beginnings of an Australian Physics Community," in eds., Nathan Reingold and Marc Rothenberg, *Scientific Colonialism : A Cross-Cultural Comparison* (Washington : Smithsonian Institution Press, 1987), 3-34.

Ian Inkster, "Scientific Enterprise and the Colonial 'Model' : Observations on Austrialian Experience in Historical Context," *Social Studies of Science* 15(1985), 677-704.

C.B. Schedvin, "Environment, Economy and Austrlian Biology, 1890-1930," in eds., Nathan Reingold and Marc Rothenberg, *Scientific Colonialism : A Cross-Cultural Comparison* (Washington : Smithsonian Institution Press, 1987), 101-128.

Jan Todd, "Science at the Periphery : An Interpretation of Australian Scientific and Technological Dependency and Development Prior 1914," *Annals of Science* 50(1993), 33-58.

________, *Colonial Technology : Science and the Transfer of Innovation to Australia* (Cambridge : Cambridge Univ. Press, 1995).

04 의존과 고립 사이의 딜레마에 선 라틴아메리카 과학

Victor S. Albis and Luis C. Arboleda, "Newton's Principia in Latin America," *Historia Mathematica* 15(1988), 376-379.

Jorge Canizzares-Esguerra, *Nature, Empire and Nation : Exploration of the History of Science in the Iberian World* (Stanford : Stanford Univ. Press, 2006).

David Wade Chambers, "Period and Process in Colonial and National Science," in eds., Nathan Reingold and Marc Rothenberg, *Scientific Colonialism : A Cross-Cultural Comparison* (Washington : Smithsonian Institution Press, 1987), 297-321.

Thomas F. Glick and David M. Quinlan, "Felix de Azara : The Myth of the Isolated Genius in Spanish Science," *Journal of the History of Biology* 8(1975), 67-83.

Thomas F. Glick, "Science and Independence in Latin America," *The Hispanic American Historical Review* 71(1991), 307-334.

Simon Schwartzman, *A Space for Science : the Development of the Scientific Community in Brazil* (University Park : Pennsylvania State Univ. Press, 1991).

05 탈국가적 접촉지대에서의 식민지 인도의 과학

George Basalla, "The Spread of Western Science," *Science* 156(1967), 611-622.

Fa-ti Fan, *British Naturalists in Qing China : Science, Empire, and Cultural Encounter* (Cambridge, MA : Harvard Univ. Press, 2004), 1-7.

Deepak Kumar, *Science and Empire : Essays in Indian Context, 1700-1947* (Delhi, India : Anamika Prakashan,, 1991).

Roy MacLeod, "Scientific Advice for British India, 1898-1923," *Modern Asian Studies* 9(1975), 343-384.

Kurt Mandelsohn, *Science and Western Domination* (London : Thames & Hudson Ltd, 1977).

Kapil Raj, *Relocating Modern Science : Circulation and the Construction of Knowledge in South Asia and Europe, 1650-1900* (New York : Palgrave Macmillan, 2007).

Satpal Sangwan, "Indian Response to European Science and Technology,

1757-1857," *British Journal for the History of Science* 21(1988), 211-232.

Satpal Sangwan, *Science, Technology and Colonisation : An Indian Experience, 1757-1857* (Delhi, India : Anamika prakashan, 1991).

06 아프리카 식민지 지배 첨병으로서의 제국주의 과학

Roy M. MacLeod, "On Visiting the"Moving metropolis " : Reflections on the Architecture of Imperial Science," in eds., Nathan Reingold and Marc Rothenberg, *Scientific Colonialism : A Cross-Cultural Comparison* (Washington, D.C : Smithsonian Institution Press, 1987), 217-249.

Michael A. Osborne, *Nature, the Exotic, and the Science of French Colonialism* (Bloomington : Indiana Univ. Press, 1994).

Lewis Pyenson, "Science and Imperialism," in eds., R.C. Olby et al, *Companion to the History of Modern Science* (London : Routledge, 1990), 920-932.

___________, *Civilizing Mission : Exact Sciences and French Overseas Expansion, 1830-1940* (Baltimore and London : Johns Hopkins Univ Press, 1993).

____________, *Cultural Imperialism and Exact Sciences : German Expansion Overseas, 1900-1930* (New York : peter Lang, 1985).

Helen Tilley, *Africa as a Living Laboratory : Empire, Development, and the Problem of Scientific Knowledge, 1870-1950* (Chicago and London : Univ. of Chicago Press, 2011).

07 과학의 국제공조와 지식의 네트워크 : 아프리카 수면병 캠페인

G.C. Cook, *Tropical Medicine : An Illustrated History of the Pioneers* (Paris : Academic, 2007).

J. Howard Cook, "Notes on Cases of 'Sleeping Sickness' Occurring in the Uganda Protectorate," *Journal of Tropical Medicine* 3-4 (1901), 236-239.

A.J. Duggan, "Sleeping Siciness Epidemics," in E.E. Sabben-Clare, David J. Bradley, and Kenneth Kirkwood, *Health in Tropical Africa during the Colonial Period* (Oxford : Clarendon Press, 1980), 19-34.

Wolfgang U. Eckart, "The Colony as Laboratory : German Sleeping Sickness

Campaign in German East Africa and in Togo, 1900-1914." *History and Philosophy of the Life Sciences* 24(2002), 69-89.

Timothy Lenoir, "A Magic Bullet : Research for Profit and the Growth of Knowledge in Germany around 1900," *Minerva* 26(1988), 66-88.

Maryinez Lyons, "From 'Death Camps' to Cordon Sanitaire : The Development of Sleeping Sickness Policy in the Uele District of the Belgian Congo, 1903-1914," *Journal of African History* 26(1985), 69-91.

Deborah J. Neill, "Paul Ehrlich's Colonial Connections : Scientific Networks and the Response to the Sleeping Sickness Epidemic, 1900-1914," *Social History of Medicine* 22(1909), 61-77.

______________, *Networks in Tropical Medicine : Internationalism, Colonialism, and the Rise of a Medical Speciality, 1890-1930* (Stanford, Calif : Stanford Univ. Press, 2012).

L. Westenra Sambon, "Sleeping Sickness in the Light of Recent Knowledge," *Journal of Tropical Medicine* 6(1903), 201-209.

John Todd, "The Prevention of Sleeping Sickness," *British Medical Journal* 2(1908), 1061-1063.

Michael Worboys, "The Comparative History of Sleeping Sickness in East and Central Afica, 1900-1914," *History of Science* 32(1994), 89-101.

정세권, "19세기 말 후발 제국 미국의 열대의학 연구와 존스 홉킨스 의과대학," 『미국사연구』 47 (2018), 35-73.

08 과학연구의 표준화에서 과학의 세계화로 : 생태학의 사례

David C. Coleman, "David C. Coleman, "How the International Biological Program Swept the Scientific World," *Big Ecology : The Emergence of Ecosystem Science* (Berkeley : University of California Press, 2010), pp. 15—88.

William Coleman, "Evolution into Ecology : The Strategy of Warming's Ecological Plant Geography," *Journal of the History of Biology* 19 (1986), pp. 181—196.

H.C. Cowles, "The International Phytogeographic Excursion in the British Isles. IV Impressions of the Foreign Members of the Party," *New Phytologist* 11 (1912), pp. 25—28.

Betty J. Craige, *Eugene Odum : Ecosystem Ecologist & Environmentalist* (Athens :

University of Georgia Press, 2002).

Elizabeth Crawford, Terry Shinn, and Sverker Sorlin, eds., *Denationalizaing Science : The Contexts of International Scientific Practice* (Dordrecht : Kluwer Academic Publishers, 2012).

Alfred Dachnowski, "The International Phytogeographic Excursion of 1913 and Its Significance to Ecology in America," *Journal of Ecology* 2 (1914), pp. 237—245.

Charles S. Elton, *Animal Ecology* (Chicago : University of Chicago Press, in re-print version of 2001), pp. 50—70.

Joel B. Hagen, *An Entangled Bank : The Origins of Ecosystem Ecology* (New Brunswick : Rutgers University Press, 1992).

Andrew Jamison, Ron Eyerman, and Jacqueline Cramer, *The Making of the New Environmental Consciousness* (Edinburgh : Edinburgh University Press, 1990).

Chunglin Kwa, "Representations of Nature Mediating between Ecology and Science Policy : The Case of the International Biological Programme," *Social Studies of Science* 17 (1987), pp. 413—442.

Raymond Lindman, "The Trophic-Dynamic Aspect of Ecology," *Ecology* 23 (1942), pp. 399-417.

Brigitte Schroeder-Gudehus, "Nationalism and Internationalism," R. Colby, G. N. Cantor, J. R. R. Christie, and M. J. S. Hodge, eds., *Companion to the History of Modern Science* (London and New York : Routledge, 1990), pp. 909-919.

Frederick E. Smith, "The International Biological Program and the Science of Ecology," *Proceedings of the National Academy of Science* 60(1968), 9-11.

John Sheail, *Seventy-five Years in Ecology : The British Ecological Society* (Oxford/London : Blackwell Scientific Publications, 1987).

Donald Worster, *Nature's Economy : A History of Ecological Ideas* (Cambridge : Cambridge University Press, 1994).

정혜경, "생태학의 지적 궤적으로 본 과학의 국제화 : 린네 식물학에서 국제 생물 사업 계획에 이르기까지," 『한국과학사학회지』 37:3 (2015), 593-622.

Ltty Abraham, "Postcolonial Science, Big Science, and Landscape," in Roddey Reid and Sharon Traweek, *Doing Science + Culture* (New York and London : Routledge, 2000), 49-70.

Robert Anderson, *Building Scientific Institutions in India : Saha and Bhabha* (Montreal : McGill/queen's Univ. Center for Developing Area Studies, 1975).

Warwick Anderson, "Postcolonial Technoscience," *Social Studies of Science* 32(2002), 643-658.

Zaheer Baber, *The Science of Empire : Scientific Knowledge, Civilization, and Colonial Rule in India* (Albany, N.Y. : SUNY Press, 1995).

Gyan Prakash, "Science 'Gone Native' in Colonial India," *Representations* 40(1992), 153-178.

______________, "The Modern Nation's Return in the Archaic," *Critical Inquiry* 23(1997).

______________, "Science in Motion : What Postcolonial Science Studies Can Offer," *Electronic Journal of Communication Information & Innovation in Health* 2(2008), 35-47.

____________, "Scientific Culture in the 'Other' Theatre of 'Modern Science' : An Analysis of the Culture of Magnetic Resonance Imaging (MRI) Research in India," *Social Studies of Science* 30(2005), 463-489.

____________, *Imperial Technoscience : Transnational Histories of MRI in the United States, Britain, and India* (Cambridge, M.A. : MIT Press, 2014).

Amit Prasad, "'Make in India' : Lessons from G. Suryan's NMR Research," *Current Science* 110(2016), 1402-1404.

10 분자생물학을 통해 본 과학의 탈국가적 협력(transnational cooperation) 연구의 발달

Pnina Abir-Am, "From Multidisciplinary Collaboration to Transnational Objectivity : International Space as Constitutive of Molecular Biology, 1930-1970," in Elisabeth Crawford, Terry Shinn and Sverker Sorlin, *Denationalizing Science : The Contexts of International Scientific Practice* (Dordrecht/Boston/London : Kluwer Acedemic Publishers, 2010), 153-186.

Matthew Cobb, "Who Discovered Messenger RNA?," *Current Biology* 25(2015), R523-R548.

S. de Chadarevian and B. Strasser, "Molecular Biology in Postwar Europe : Towards a 'Glocal' Picture," *Studies in History and Philosophy of Biological and Biomedical Sciences* 33(2002), 361-365.

J.P. Gaudilliere, "Paris-New York Roundtrip : Transatlantic Crossings and the Reconstruction of the Biological Sciences in Post War France," *Studies in History and Philosophy of Biological and Biomedical Sciences* 33(2002), 389-417.

L.E. Kay, *The Molecular Vision of Life : Foundation s and Natural Scientists, 1900-1945* (New York : Oxford Univ. Press, 1993).

J. Krige, The Birth of EMBO and the Difficult Road to EMBL, *Studies in History and Philosophy of Biological and Biomedical Sciences* 33(2002), 547-564.

Hans-Jorg Rheinberger, "Internationalism and the History of Molecular Biology," in Jurgen Renn, ed., *The Globalization of Knowledge in History* (Max Planck Research Library for the History and Development of Knowledge Studies, 2017), 737-744.

Wesley Shrum, "Collaborationism," in John N. Parker, Niki Vermeulen, and Bart Penders, *Collaboration in the New Life Sciences* (Burlington, VT : Ashgate, 2010).

11 과학의 초국적 협업(denational collaboration)의 발달 : 고에너지 입자물리학과 세른(CERN)

Owen Barr, "The European Organization for Nuclear Research : Exploration, Encounter, and Exchange through Particle Physics," https://www.nhd.org/sites/default/files/Barr_Paper.pdf (2021년 2월 21일 접속)

"CERN Makes History," *CERN Courier : International Journal of High Energy Physics* (March 1987), 27-31.

"A Brief History of CERN," *CERN Courier : International Journal of High Energy Physics* (September 1979), 228-232.

E. Crawford, "The Universe of International Science, 1880-1930," in T. Frangsmyr ed., *Solomon's House Revisited : The Organization and Institutionalization of Science* (Canton, MA : Science History Publications, U.S.A. 1990), 251-269.

Hans Falk Hoffmann, "The Role of Open and Global Communication in Particle Physics," in Jurgen Renn, *The Globalization of Knowledge in History* (http://mprl-series.mpg.de/studies/1/), 713-736.

John Krige, *History of CERN*, Vol. 3 · Supplementary (Amsterdam, Netherlands : ELSEVIER SCIENCE B.V, 1996).

John Krige, "Some Socio-Historical aspects of Multinational Collaborations in High-Energy Physics at CERN between 1975 and 1985," in Elisabeth Crawford, Terry Shinn and Sverker Sorlin, *Denationalizing Science : The Contexts of International Scientific Practice* (Dordrecht/Boston/London : Kluwer Academic Publishers, 2010), 233-262.

Andrew Pickering, *Constructing Quarks : A Sociological History of Particle Physics* (Edinburgh : Edinburgh Univ. Press, 1984).

S. Traweek, *Beamtimes and Lifetimes : The World of High Energy Physicists* (Cambridge : Harvard Univ. Press, 1988), chs, 4-5.

Peter Watkins, *The Story of the W and the Z* (Cambridge : Cambridge Univ. Press, 1986), ch. 9.

감사의 글

한국연구재단 인문저술출판지원사업의 3년에 걸친 지원 덕분에 본서는 세상에 나올 수 있었다. 연구와 집필 과정에서의 정신적 스트레스를 극복하는 데는 친구와 같은 어머니의 위안이 늘 큰 도움이 되었다. 무엇보다도 가장 큰 힘이 되었던 것은 돌아가신 아버지의 신조인, 일근천하무난사(一勤天下無難事), 즉, 한결같이 부지런한 사람은 천하에 어려움이 없다는 가르침이었다.

정혜경

부산대학교를 졸업하고, 미국 위스컨신 대학교(메디슨) 과학사학과에서 석박사 학위를 취득하였다. 현재 한양대학교 창의융합교육원 부교수로 재직 중이다. 연구논문으로는 〈필드 과학, 과학 서비스 그리고 해충 방제 : 20세기 초 미국 남부 목화 바구미 대발생을 중심으로〉(한국과학사학회지 39권, 2017년) 등 다수가 있으며, 저술로는 『왓슨 & 크릭 : DNA 이중나선의 두 영웅』(김영사, 2006년), 『내가 유전자 쇼핑으로 태어난 아이라면』(뜨인돌, 2008년), 『엘리트생물학과 대중생물학 사이에서』(한국학술정보(주), 2016년)가 있으며, 번역서로는 『우연을 길들이다』(Ian Hacking 저, 바다출판사, 2012년)가 있다.

탈국가의 역사로 본 과학의 궤적 :
서구과학의 태동기부터 세른(CERN)까지(큰글자도서)

초판인쇄 2023년 1월 31일
초판발행 2023년 1월 31일

지은이 정혜경
발행인 채종준
발행처 한국학술정보(주)

주소 경기도 파주시 회동길 230(문발동)
문의 ksibook13@kstudy.com
출판신고 2003년 9월 25일 제406-2003-000012호

ISBN 979-11-6983-062-1 93400